观念读本

ECOLOGY

生态

杨通进 编

生活·讀書·新知 三联书店

图书在版编目（CIP）数据

生态／杨通进编．—北京：生活·读书·新知三联书店，
2017.1

（观念读本）

ISBN 978 - 7 - 108 - 05855 - 3

Ⅰ．①生…　Ⅱ．①杨…　Ⅲ．①生态文明－研究
Ⅳ．① B824.5

中国版本图书馆 CIP 数据核字（2016）第 290277 号

责任编辑　孙　玮

装帧设计　康　健

责任校对　曹忠苓

责任印制　徐　方

出版发行　**生活·讀書·新知** 三联书店

　　　　　（北京市东城区美术馆东街 22 号 100010）

网　　址　www.sdxjpc.com

经　　销　新华书店

印　　刷　北京铭传印刷有限公司

版　　次　2017 年 1 月北京第 1 版

　　　　　2017 年 1 月北京第 1 次印刷

开　　本　635 毫米 × 965 毫米　1/16　印张 24

字　　数　334 千字

印　　数　0,001 - 6,000 册

定　　价　53.00 元

（印装查询：01064002715；邮购查询：01084010542）

总序

何怀宏

  观念在一个急剧转型的社会中往往起着非常有力的，甚至时常是核心和引领的作用，尤其是一些基本的价值观念，而中国自近代以来，首先是思想观念，其次是社会制度出现了前所未有的激荡和巨变。思想和制度在中国将近两百年的历史中紧密连接，互相影响，古今纠缠，中西碰撞，有一些已凝结成形，还有一些则尚在未定之天。未定的需要审慎选择，而成形的也可能重启辩端。随着中国近年来经济和国家实力的快速发展，人们的心态和期望有了大幅的更新或提升，而曾经一度作为先导和共识的一些基本思想和理论或者趋于空洞化和分歧化，或者与真实的社会生活严重脱节，这就迫切需要我们比较全面地对中国百年来的思想观念予以重新认识和深入解释，以期中华的思想文化在引来活水和充分激荡之后有一较大的复兴。这套"观念读本"就是希望做一点这方面的准备工作。

  追溯人类文明的历史，拥有语言形式的思想观念是人猿揖别的一个标志，各民族、各文明在自己的发展历程中都对丰富人类的精神宝库做出了自己的贡献，有必要互相参照。当世界进入"现代"之际，甚至在商品、资本的全球大规模流通之前，观念的流动其实就早已经开始，乃至后来引发了世界性的激荡。在这一"现代化"和"全球化"的发轫过程中，西方观念相比于其他文明的观念起了更重要的作用，而我们的母邦中国在最近一百多年中也发生了包括深刻的观念变革在内的一系列变革，故而我们对观念的关注的确是以近代以来舶来的西方观念为主，或更准确地说，是从中西古今思想观念互动的角度来观察西方观念。

对人的"思想"及其产品可分离出三个要素或过程：一是个人思想的主观过程，即思考、判断、分析、反省等；二是已经具有某种客观化形式以至载体的概念与理论；三是成为许多人头脑中的观念。我们这里所理解的"观念"是这样一些关键词，它已经不仅是思想家处理的"概念"，而且是社会上流行的、被许多人支持或反对的东西。对"概念"的处理是需要一些特殊能力或训练的，而"观念"则是人人拥有的，虽然不一定能清楚系统地表达，甚至有时不一定被自身明确地意识到，比方说，每个人都有自己的"人生观""价值观"——不管有没有或有多大的独创性。这种"观念"的源头虽然还是"概念"或者说"思想"，但它已经不是一两个人的思想，而是千百万人的思想。这套读本要处理的"观念"就是这样一些共享而非独享的思想。

凯恩斯在《就业、利息和货币通论》一书中写道："经济学家以及政治哲学家之思想，其力量之大，往往出乎常人意料。事实上统治世界者，就只是这些思想而已。许多实行者自以为不受任何学理之影响，却往往当了某个已故经济学家之奴隶。狂人执政，自以为得天启示，实则其狂想之来，乃得自若干年以前的某个学人。我很确信，既得利益之势力，未免被人过分夸大，实在远不如思想之逐渐侵蚀力之大。"

耐人寻味的是，凯恩斯作为一个主要研究经济或者说物质事物之运动的学者，却对思想观念的力量给予了如此之高的评价。当然，这可能是因为他生活在一个思想转型和社会剧变的历史时期。凯恩斯这里所强调的主要是观念对个人，哪怕是无意识地接受了某种观念的个人的影响，尤其是对政治家的影响；他还强调观念接受中的"时间"因素：观念从提出到接受可能是相当漫长的、隔代传递的一个过程。但无论如何，他还是倾向于思想观念支配着世界的观点。而韦伯的观点可能稍稍折中，他在《宗教与世界》中认为："直接支配人类行为的是物质上与精神上的利益，而不是理念。但是由理念所创造出来的世界图像，常如铁道上的转辙器，决定了轨道的方向，在这轨道上，利益的动力推动着人类的行为。"也就是说，直接的还是"利益"决定着人们的行为，但是，人们如何理解"利益"，或者说，这轨道往什么方向去，却取决于人们的观念，尤其是人们的价值观，取决于他们认为什么是他们最重要的"利益"目标，什么是他们觉得最好的东西、最值得追求的东西。当然，这里对"利益"的理解就必须采取极其宽泛的观点，它不只是物质上、经济上的利益，甚至也包括精神上的"利益"。比方说，西方中世纪人们的主流价值观就并非追求俗世的好处，而是希冀彼岸的"永生"。但这样一来，"利益"与"观念"也就容易混淆不清。我们一般所说的"利益"，还是多指物质和经济上的利益。

影响人类行为、活动和历史的因素可以分为三类：一是自然环境，二是社会制度，三是思想文化。每类又可再分为两种。属于自然的两种：一是人类共居的地球；二是各民族、国家、群体所居的特定地理环境。属于制度的两种：一是经济制度，包括生产、生活、交换、分配等方式；二是政治制度，包括权力、法律、军事等机构。属于思想的两种：一是比较稳定外化，为一个群体共有的文化、风俗和心灵习性；二是比较个人化，经常处在争论和辩驳之中的思想、观念、主义和理论。那么，这三类，或者更往细处说，这六种哪一个对人类的活动和历史有更大的影响呢？或者用通俗的话来说，是地球或者地理环境，还是经济或者政治，抑或是人们的心灵习性或者思想理论更具有"决定性"呢？

"地球决定论"一般不会进入我们的视野，除非整个地球家园面临灾难乃至毁灭，但今天我们在一些生态哲学中已经依稀可以看到这样一种思想。一些面向人类比较广阔和长远的文明和民族进行观察和思考的人们，也曾提出过"地理环境决定论"的思想。在一个以经济为活动主线的时代，比较盛行的是"经济决定论"，而"政治决定论"乃至"军事决定论"则往往在传统书写的历史中占据主导地位。在一个变化激烈的时期，则不时还有"文化决定论""国民性决定论"乃至"思想观念决定论"的出现。但在今天，我们也许首先要审慎地反思"决定"这一概念本身，因为"决定"的含义本身就难以"决定"。也许一切都有赖于具体情况具体分析，以及对范围、时段、条件的规定。不同的观察角度，会发现不同的决定因素，这样，客观上就呈现出一种多元的所谓"决定论"。

人们只有吃饭才能生存，才能从事其他活动，这诚然是颠扑不破的道理，但由此引出"经济决定一切"的结论却必须放到某些条件下才能有效。从更为根本和长远的观点看，地球千百万年来决定着人类生存和发展的基本可能性，地理环境则构成对一个民族的活动，包括经济活动在内的很难逾越的制约。人们如何生存、如何找饭吃要受这些基本条件的限制。而从更高的角度，或者虽然较短但可能更为关键的时段看，吃饭并非一切。政治常常更直接，更有力，并有它自己的逻辑杠杆。文化风俗和国民性常常造成一种政治经济改革的"路径依赖"。至于心态和观念，则无时无刻不在历史活动的主体——人——那里发生作用，尤其重要的是，它们往往在某些"转折"或"革命"时期起着关键的作用。如对于美国革命，白修德甚至认为，美国是由一个观念产生的国家，不是这个地方，而是这个观念缔造了美国政府，这个观念就是《独立宣言》中所揭示的平等、自由以及每个人追求自己所认为的幸福的权利。同样地，拿破仑也谈道，法国大革命是18世纪启蒙观念的结果。

还有一点值得注意的是，当我们说观念起了巨大的作用时，并不是说它起的都是好作用，或者说，起了作用的观念并非都是正确的。推介《进步的观念》一书的比尔德说："世界在很大程度上由观念支配，既有正确的观念，也有错误的观念。英国的一位智者断言，观念对人类生活所具有的支配力量，与其中错误的程度恰好成正比。"而吊诡的是，过度引申和扩张的"单线进步观念"可能也恰好在某种程度上属于这样的观念：它最真实的成分往往不那么引人注意乃至显得苍白，而它最有力的部分却是不那么正确或周全的。

总之，我们不想夸大观念的力量，但观念的确还是起了巨大的作用，尤其在某些剧变时期：这时其他条件都没有什么明显的改变，但由于人们的想法变了，也就酿成了社会之变，虽然这里也可以进一步追溯说，人们的想法改变是其他条件变化累积的结果。

不过，对学者和思想者来说，可能还是会更关注思想观念，就像剑桥大学教授阿克顿1895年在其就职演说中所说的："我们的职责是关注和指导观念的运动；观念不是公共事件的结果而是其原因。"但知识者自然有时也得警惕这种对思想观念的偏爱，警惕自己不要逾越某些界限。观念不仅在接受的个人那里常常是滞后的，它的社会结果是滞后的，对观念及其后果的认识也是滞后的。我们往往要通过一个观念的后果才能比较清楚地认识这观念。而除了时间的"中介"，我们还要注意作为人的"中介"，观念往往通过少数人，尤其是行动着的少数人而对多数人发生作用。指望由自身在当代即实现某种理想观念的"观念人"往往要在实践中碰壁。

所以，在这套观念读本中，我们将特别注重时间和时段，注重历史。我们将进行回顾。柏拉图说一个人的"学习就是回忆"，而一个民族的学习大概要更多地来自回顾，这种回顾也似乎更有可能，更有意义，也更容易着手。但我们将立足于现在来进行回顾，甚至观照未来进行回顾。我们是在一个历史剧变时期之后——但也可能还是在这之中——来进行回顾的。的确，我们只是从一个侧面，即从观念的历史来回顾，但我们也意识到观念在一个历史剧变时期的特殊的、重要的力量。

这套读本就是这样一种试图从观念回顾历史，而又从历史追溯观念的初步尝试。从"五四"时期的"德先生"（民主）、"赛先生"（科学），一直到最近中国共产党十八大报告所提出的二十四个字的"社会主义核心价值观"，其中如富强、民主、自由、平等、公正、法治等，都是一些长期感动或激荡过中华民族的声音。它们有些在这片古老辽阔的大地上掀起过风暴，有些则一直在对众多的人们产生一种"润物细无声"的影响。的确，这些观念的来源虽然可以追溯到久远之前，其思想萌芽或雏形也可以在几乎所有的民族和文明中发现，其意义有待于各民族和文明去补充、修正乃至更改和替代，但是，就像"现代性"是从西方发源一样，本套读本选择的这些颇具现代意义的观念，从源头上来说主要是西方的产品，或者西方人对之有过特别的解释。所以，我们先选择阅读这些观念在西方发展的历史，希望首先尽可能原原本本地厘清这些观念在西方的源流，尤其是那些对中国发生过较大影响的观念和文本。而今后如果可能，我们还希望能有一个更全面的观念的文库，包括中国人对这些观念的介绍和改造，乃至一些观念的新造。

中国自 19 世纪上半叶与西方大规模接触和冲撞以来，对于西方开始还只是注意"利器"和"长技"，继而则更注意制度，最后则相当强调观念与思想理论。20 世纪初，尤其是 1905 年废除科举从而知识人失去体制依托之后，更是纷纷出洋寻求救国的新知识和自己的新出路，哪怕一时不容易去千山万水相阻隔的西洋，也赶到一衣带水的东瀛，因此中国人接触的许多西方观念都通过了"日译"的转手。目前我们所使用的大部分西方观念都是先通过日译，后通过不仅涉及名称更涉及思想内容的俄译。日译提供其名，俄译提供其实，日译阶段尚称多元，俄译阶段已趋一元。作为我们先辈的阅读者和翻译者常常不仅坐而言，而且起而行，不仅自己身体力行，而且动员他人和大众力行。

如上所述，"五四"时期，最著名的"观念先生"当推"德先生"和"赛先生"。很快这些观念又被"革命""阶级"等观念遮蔽。今天人们又反省，还应该有"莫先生"（道德）、"洛先生"（法律）等，类似的重要观念还有多少自可商议，而一个毋庸置疑的事实是，西方观念大举登陆中国已逾百年，深刻地激荡了 20 世纪的中国。如果不参照西方的观念，一部中国近现代的历史将不知从何说起。这些观念已经深深地积淀在我们的日常生活和各种制度之中。与其他一些民族的观念改变世界的变革例证不同，这里的许多观念并非土生土长的，而是舶来的。今天，这些观念我们已经耳熟能详，有的甚至成为响亮的口号，但是，对于这些已经深深影响着我们生活的观念，我们是否真正了解或了解得足够透彻呢？我们是否真的对这些观念有足够清醒的认识和反省呢？不断兴起的一代代年轻人在享受或忍受这一原动力乃至主轴仍是来自西方的"现代性"或"全球化"的过程中，是否也愿意系统地思考一下打造这些动力和主轴的关键词呢？

总之，中国在近代以来发生了天翻地覆的变化，现在也许可以做一点回顾整理——回首一个多世纪以来我们对这些观念的认识和实践。我们必须离得足够远才能对观念的成果或后果看得比较清楚。而今天，当风暴的尘埃基本落定，我们也许的确有条件可以看得比较清楚了，是故首先有编辑本套读本之议，我们想从西方经典著作里重点选择这样一些主题词编辑成书：它们体现了在中国发生过巨大影响的西方文化的核心或重要价值，但在中国文化中迄今仍有所缺失或需要重新认识，或者本身具有某种普遍意义。

我们希望，未来全套读本包括的观念大致可分为三类：一类是具有实质价值意义的观念，如平等、自由、宪政、法治、民主等，它们相对来说是西方特有的观念；另一类观念是指称某一学科、理论的领域，或者实践、感受的范围，如科学、婚姻、性爱、幸福等，它们自然为各民族所有，但我们这里所关注的是西方人对之特殊的理解和特别的重视；最后还有一类初看不像观念，比如指称某一类人或某一地域的名词，例如知识分子、哲人等，这些名词在西方人那里实际也已经形成独特思想的范畴，常常表现为一种自我或他者的镜像。

另外，这套读本也可视为对一个翻译大国百年成果的回顾和利用。

最早的思想作品的系统"中译"，我们或可以严复的翻译为代表，称之为"严译"。但可能受文言的限制，严复的译名虽然"旬月踟蹰"，相当精审，却大都没能留传下来，而是被"日译"的名称所代替。今天我们不必恢复"严译"的名称与文字，但可以考虑恢复和发扬颇具远见卓识的本土"严译"的严谨态度，包括他在选文方面的精审。无论如何，我们希望这套读本努力从具有经典意义的著作中遴选阅读篇章。

经典中总是凝结了时间，时间使它更有味道，更加醇厚。时间是书籍最好的试金石，甚至是它的"克星"。许多出版物挨不过一年半载，甚至从出世时就无人问津。但经典不害怕时间，它是"陈年老酒"，而不是"明日黄花"。出生伊始，它和其他出版物差不多一样，有时无声无息，遭到冷遇，有时甚至被非议和攻击。当然，也有的一开始就受到好评，但这样的幸运儿并不多见，尤其是具有深刻思想性和超前性的著作。经典要依赖时间来和其他作品分出等级，经典本身也会被时间分出等级：有百年一遇的经典，也有千年一遇的经典。

经典会被一代代人重读，这样文化就有了传承。当然有些也是隔代遗传，甚至经过世纪尘封。但一般来说，还是需要每一代都有人真正喜欢它，哪怕只有很少的人喜欢它。有些经典的命运非常孤独，有些则好一些。经典是时间的造物。在时间中，它又有了自己的历史，一些读者会把自己的生命又加入进来。经典不怎么时髦，经典是安静的，它一旦出生，就不再说话了。经典等待着，它只能等待。它有时寂静无声，但并没有死去。它必须等到一个好的读者才能复活：这个读者有多好，它就能够复活得多好。

这是就经典本身以及文化的传承而言的，从我们个人而言，为什么要读经典？这也许是为了获得或者说加入更广大和更深刻的经验。因为我们每个人的外在和内在的直接经验都是有限的。我们还常常受到时代的限制，尤其是在一个快速变化、追新骛奇的时代。但还是有人会注意更深沉和更广大的东西。比如西方《伟大的书》的作者大卫·丹比就这样总结自己阅读经典的经验:"我是在把自己暴露于某种比我的生活更广阔、更强大的东西之中,同时我也是在暴露我自己。"

所以,问我们为什么要读经典,尤其在一个印刷品泛滥的时代里,甚至可以简单地回答说:"因为书太多了。"我们读不过来,所以我们不得不尽量读那些最好的书。当然,单纯反映时代的书也是不能不读的。我们要培养对时代的一种感觉,我们也自然而然关心切近的事,另外,我们的本性也自然而然地有喜欢轻松的一面。但我们还是应该努力"摸高",我们还要通过一种更高的经验获得一种鉴别力和鉴赏力。就像歌德所说的:"趣味是靠杰作来培养的……如果你通过阅读这些杰作打好了基础,你对其他作品就会有一个标准。"对于深入准确地理解观念来说更是如此,我们希望读者能够直接阅读阐述这些观念的最有力的原典,而不满足于二手的介绍。

即便强调经典的意义,我们也并不认为阅读经典就一定意味着总是要和艰涩打交道。我们这套读本的定位是希望具有中学及以上文化程度的读者就能基本看懂的、主要是面向大学生和文化人的通识读物,故选文不求思想艰深、学科专精或知识新锐,只求既具有经典意义而又比较好读的作品。在一般读者能读的前提下,我们遴选在西方思想中具有重要性或对社会有影响力的篇章。选文亦不限体裁,包括讲演、对话、书信、论文、论著节选、散文、随笔等,乃至很少量的能鲜明体现这一观念的小说或戏剧的节选。尽管如此,一番阅读的功夫和努力恐怕还是必不可少的。

我们还希望可以借此给读者提供一条通过阅读经典来把握观念的进路。阅读经典有各种方法和进路,我们可以从某个我们喜欢的作者切入,可以围绕着某个领域来阅读,也可以围绕着某个时代来阅读。我们还可以从观念着手,毕竟,所有的经典都是试图提出、阐述和传达某种观念的,而我们由观念入手,也可以集中注意经典中的基本观念,并巡视观念的历史,在一种交相辉映或互相辩驳中察看它们。但是,这套读本毕竟只是一个初步的编选,虽然我们努力挑选重要的观念和上乘的编者以保证质量和水准，但难免还是会有疏漏，会受编选者的视野以至个人见解的影响。但我们深信，它一定还是能够开启好学深思的读者进一步阅读完整的经典，系统把握那些深邃而有力的思想的道路。我还是相信我们的编者有精选的眼光，也相信我们的读者有深入的能力。

2015 年 4 月改定于北京褐石

目录

编者序

杨通进

一、自然与人类文明

大自然是一位伟大的艺术家。它通过进化之手奇迹般地创造出了生命，创造出了人类。与生命大家庭中的其他成员一样，人类的生存和发展也离不开"大地母亲"的恩惠。但是，人类又是生命进化旅程中一个特殊的旅客。由于他的到来，生命进化的故事发生了翻天覆地的变化，甚至连"大地母亲"的健康和生存都受到了威胁。

人类改变地球命运的这种能力，是由他们的生存方式所创造的文明决定的。不同的生存方式预制或决定了人与自然的不同的关系模式。从人与自然关系的角度看，人类的历史经历了三个不同的阶段，即原始文明阶段、农业文明阶段和工业文明阶段。

原始文明（采集－狩猎文明）是人类初期的生存方式。以直接利用自然物为特征的采集和渔猎活动，是人们主要的物质生产方式。这种生产活动的成果，主要依赖于盲目的自然力。与自然的巨大威力（特别是自然灾害）相比，人类的力量相当渺小。人类相当有限的认识能力也难以撩起自然的神秘面纱。在大自然面前，人类显得相当渺小和脆弱。因而在原始文明时代，人类对于自然的基本态度主要是敬畏。

在距今约一万年前，人类文明的发展出现了第一次飞跃，即由原始文明进入农业文明。以利用和强化自然过程为特征的农耕和畜牧活动，是农业文明主要的物质生产方式。与原始文明时代的人类相比，农业文明时代的人类认识和改造自然的力量有了相当大的提高。尽管如此，农业生产的成果仍主要取决于人力资源与自然资源的相互配合。自然环境的优劣以及气候的好坏，是决定人们物质生产的主要力量。因而，在农业文明时代，人类对自然的基本态度主要是尊重。

大约在18世纪，人类文明首先在西欧步入了工业文明阶段。这是人类文明发展的第二次巨大转折。工业生产（包括工业化的农业生产）是工业文明的主要生产方式，其基本特征是通过科学技术来控制、改造和驾驭自然过程，制造出在自然状态下不可能出现的产品。大城市的崛起、城市化浪潮、人口剧增、快捷的交通、消费社会、依赖于以矿物燃料为主的能源体系——这些都是工业文明的重要特征。在工业文明时代，人类的物质生产基本上摆脱了对自然环境的直接依赖。人类在物质生产和知识积累方面的巨大进步不仅使人类征服和控制自然的能力得到空前的提高，而且也使得人类在自然面前显得更加自信，甚至自大和自负。在现代技术武装起来的人类面前，自然已经显得弱不禁风，危如累卵。因而，在工业文明时代，征服和统治自然逐渐成为人们对待自然的基本态度。

二、工业文明的生态危机

在工业文明时代，人类文明取得了辉煌的成就。人类的生产能力得到了空前的提高，人们的物质生活和精神生活也得到了极大的改善和丰富。借助于强大的科技力量，人类不仅使自己的足迹遍布地球的每一个角落，还把探索的计划延伸到了太空，正所谓"可上九天揽月，可下五洋捉鳖"。然而，到了 20 世纪下半叶，工业文明向自然吹响的进军号角，却变成了向人类文明敲响的警钟。

20 世纪五六十年代，环境污染开始成为西方工业化国家普遍面临的社会问题。这就是所谓的第一次人类环境危机。这次危机主要表现为大气污染、水污染、土壤污染、固体废弃物污染、有毒化学物品污染以及噪声、电磁波等物理性污染。许多著名的环境公害事件都发生在这一时期。面对这一问题，西方工业化国家普遍采取了环境保护的措施。到 20 世纪 80 年代初期，西方国家的城市污染问题基本上得到了控制或解决。

然而，从全球层面看，到了 20 世纪 80 年代，人类所面临的环境危机不仅没有得到有效控制和解决，反而变得越来越严重。这就是所谓的第二次人类环境危机。与第一次危机相比，第二次危机的特点表现为：五六十年代发生在西方工业化国家的污染事故，开始在发展中国家普遍上演；资源短缺（如生产、生活用水短缺，耕地短缺，能源短缺和矿产资源短缺等）成为绝大多数国家面临的发展瓶颈；人口剧增使地球变得越来越拥挤；物种锐减、森林消失、沙漠化与荒漠化等全球环境问题威胁着人类的生存；因过度排放温室气体而导致的全球气候变暖问题则使人类面临灭顶之灾，成为人类在 21 世纪所面临的最严重，也是最难以解决的挑战之一。

因此，无论从广度还是深度上看，第二次危机都要比第一次危机严重得多。这种危机不再是个别国家或局部地区的危机，而是全球性的危机。它们对作为人类文明生存母体的地球本身构成了威胁。这对于人类文明的延续和发展来说，无异于釜底抽薪。

三、生态危机的根源与出路

人类在原始文明阶段生活了数十万年，在农业文明阶段生活了一万多年，在工业文明阶段才生活了二百多年，但却遇到了总体性的生存危机。这究竟是怎么回事？为什么在科学技术高度发达的现代，人类的生存反而陷入了危机？人类对自然的态度和行为究竟出了什么问题？沿着工业文明的传统发展道路，人类能够走出目前的生态危机吗？

通过反思，人们发现，生态危机是工业文明的必然产物，工业文明的基本结构和运行机制必然导致对自然资源的过度开垦和耗费。环境问题并不是一个技术问题。生态危机并不是源于人类的技术不够发达。人类在原始文明和农业文明时代的技术水平要远远低于工业文明时代。但是，那时的人类并未遭遇全球性的生态危机。技术只是一种工具，它是实现我们所选择的目标的手段。如果我们的目标选择错了，那么，无论我们手中握有怎样强大的武器，我们都不可能走出当前的生态危机。

环境问题的实质是文明的发展模式和方向问题，是价值取向和人生态度问题。工业文明所倡导的那种鼓励人们追求感性欲望满足的价值理念，导致了享乐主义和消费主义的盛行。"我消费，所以我存在"成为很多人的时尚追求，拥有财富和金钱成为衡量成功的唯一标尺。如果把人生的意义和价值仅仅理解为获取、占有和最大限度地消费物质财富，那么，人们就只会穷奢极欲地满足自己的占有欲，直至把地球上的所有自然存在物都毁灭殆尽。我们的地球支撑不起建立在这种享乐主义和消费主义价值观之上的文明。在这种价值观的引领下，人类只能在生态危机的泥潭中越陷越深。此外，工业文明时代形成的狭隘的民族国家观念和民族国家体系也把人类推向了整体性的"修昔底德陷阱"或"霍布斯陷阱"，使得人类在面对全球环境问题时难以形成有效的合作。秉持现实主义国际伦理观——"民族国家是自利自助的行为体"——的民族国家之间彼此互不信任。裹挟着民粹主义的狭隘民族主义也使得各国的政治领导人瞻前顾后，难以在全球环境合作方面达成有效的共识。这种根深蒂固的国际伦理文化使得人类在解决和克服全球环境危机方面举步维艰。

因此，人类要想走出目前的生态危机，彻底解决困扰工业文明的环境问题，就必须全面反思工业文明的主流价值观，选择全新的文明发展模式，即生态文明的发展模式。生态文明是工业文明之后人类文明发展的又一个新阶段。生态文明强调人与自然的和谐，其基本理念是尊重自然、顺应自然与保护自然。尊重是基础，顺应是手段，保护是目标。生态文明的经济模式不是强行把生态系统纳入人类的经济系统，而是把人类的经济系统视为生态系统的一部分。生态文明强调人类整体利益的优先性，倡导全球治理和世界公民理念。在生态文明时代，科学技术不再是人类征服自然的工具，而是修复生态系统、实现人与自然和谐的助手。凸显自然的整体性及其内在价值的有机自然观是生态文明的重要价值理念。生态文明的价值观既关注人的权利（特别是普遍人权），更强调人的责任，倡导和谐与理性消费。

在人与自然的关系问题上，生态文明倡导生态伦理（环境伦理）。生态伦理的根本精神，就是扩展伦理关怀的范围，使人与自然的关系建立在一种新的伦理原则的基础之上。这意味着，我们不仅要关心他人，关心后代，为他人和后代留下一个可生存的环境，而且还要超越狭隘的人类中心主义，扩展我们的伦理关怀的范围，关心动物的命运，热爱所有的生命，尊重大自然，对养育了人类的地球心存感激之情。

反思并超越工业文明那种狭隘的人类中心主义，是生态伦理最具挑战性的内容之一。传统的人类中心主义认为，人是宇宙的中心，是大自然的主宰，所有的自然存在物都是为了人类的目的而存在的。因此，自然存在物仅仅是为人类服务的工具，人之外的自然存在物不是人类义务的对象，人类对待它们的行为无须接受道德的约束。在许多有识之士看来，这种把自然排除在伦理关怀之外的人类中心主义对于现代的生态危机负有不可推卸的责任。因此，我们要想避免工业文明的环境危机，就必须把自然纳入伦理共同体的范围，承认自然的内在价值，确立自然物作为人类伦理关怀对象的地位，使关心自然成为人类的一项伦理义务。

在西方，系统地扩展伦理关怀范围的努力，始于18、19世纪。在欧洲大陆，倡导仁慈对待动物的动物保护运动，是人类扩展伦理关怀范围的第一次浪潮。倡导动物权利，关注动物福利，是当时的动物保护运动的重要指导思想。英国著名思想家边沁在《道德与立法原理导论》（1789）一书中明确指出，皮肤的黑色不是一个人遭受暴君任意折磨的理由。同样，腿的数量、皮肤上的绒毛或脊骨终点的位置也不是使有感觉能力的存在物遭受同样折磨的理由。他预言道："这样的时代终将到来，那时，人性将用它的'披风'（指道德地位和法律保护——编者注）为所有能呼吸的动物遮风挡雨。"

在大洋彼岸的美洲大陆，以缪尔为代表的自然保护主义思想也风起云涌，成为现代生态中心主义环境伦理的重要精神遗产。在缪尔等人看来，自然是一个有机的整体。自然中的所有存在物都是完美的，它们首先是为自己而存在的。地球不是一个僵死的、没有活力的物体，而是一个拥有精神的、生生不息的有机体。人与自然界中的其他存在物都是一个伟大共同体的成员。植物和动物也是人类的邻居和伙伴。人类只是自然共同体的一个普通成员，他没有理由过分抬高自己的地位和价值。自然不属于人类，而人类却属于自然。人是自然的一部分，是自然的产物，那种试图把人从自然中孤立出来的观点在哲学上是错误的，在道德上是荒谬的。

20世纪上半叶，在整体主义思维范式和环境科学知识的帮助下，由19世纪的思想家们埋下的生态伦理思想的种子，终于长出了生态伦理学的嫩芽。一般认为，史怀哲和利奥波德是现代生态伦理学的创始人，他们对生态伦理基本理念的阐述为现代生态伦理的发展奠定了必要的基础。

20世纪60年代，卡逊的《寂静的春天》一书普遍唤醒了人们的环境意识。1972年，罗马俱乐部出版的《增长的极限》一书打破了经济无限增长的神话。同年，联合国在斯德哥尔摩召开了第一次人类环境会议，会议通过的《人类环境宣言》是人类开始反思工业文明、寻求新的发展模式的标志。

在人们的环境意识普遍觉醒的同时，西方的生态思想家扩展伦理关怀范围的工作也在如火如荼地进行着。动物解放论、动物权利论、生物中心主义、大地伦理学、自然价值论、深层生态学、生态神学、生态女性主义、生态区域主义等生态伦理和生态哲学理论在20世纪70和80

年代纷纷"登台亮相",成为现代环境保护运动的重要精神动力。受现代生态伦理和生态哲学的影响,"绿色和平""地球之友""动物解放阵线""地球至上"等民间环保组织纷纷采取"公民不服从"行为,试图突破主流体制的局限,寻求环境保护的全新模式。他们的行动和言论使20世纪后半叶的环境主义运动更加引人注目。

四、本书主题

本书所选的二十二位作者的风格迥异的作品,从不同的方面反映了这样一个基本主题:反思工业文明,倡导生态文化与生态伦理。有的作者侧重于从哲学高度反思人类中心主义(莫尔特曼、莫斯科维奇、普鲁姆德、杜维明),有的作者从正面阐述了生态伦理的基本理念(史怀哲、利奥波德、辛格、雷根、哈格洛夫、罗尔斯顿);有的篇目展示了生态伦理实践者的勇气和内心追求(第三、四、十七讲),有的篇目从科技和经济方面反思了工业文明的局限,并展现了对生态文明的追求(第八、九、十一、十五、十六、十九、二十、二十二讲),其他篇目则展示了作者对一种与自然和谐的生活方式的思考和体验(第一、二、三、十八、二十一讲)。

本书的大部分作者都生活于20世纪,对工业文明的环境危机都有深切的感受。通过阅读他们的作品,也许能够唤起我们亲近自然、热爱生命、保护生态环境的渴望和激情,并找回被现代消费主义浪潮所掩埋的自我。

中华民族有着尊重自然的悠久传统。"天人合一"思想是对中华民族传统生态智慧的高度概括。然而,我们的先辈在古代尚未遇到我们今天所面临的威胁人类文明根基的生态问题,因而,我国古代的生态智慧和生态伦理主要还是一种理念,并没有转化成像现代生态伦理那样的具体的行为规范。通过与现代生态伦理的对话与交流,使中国古代的生态智慧焕发出时代生机,这是摆在现代中国人面前的一项艰巨任务。如果中华民族能够创造性地把传统智慧与现代文明结合起来，为中华民族的环境保护运动提供足够的精神动力和伦理资源，使中华民族能够成功地化解并克服发展过程中所遇到的资源瓶颈和生态危机，那么，这不仅是中华民族的福音，也是对全人类做出的一项重要贡献。本书把杜维明先生的《新儒家人文主义的生态转向》放在最后，意在表明中国传统文化对于人类解决工业文明之生态危机的可能贡献，更想提示人们重新思考并创造性地转化中国传统的思想资源，为解决人类共同面临的全球性问题提供某种具有普遍意义的价值和理念，这既是当代中国人的使命，也是中国文化重新焕发生机的必由之路。

　　自然是人类文明的根基。愿每一位读者都能加入夯实文明根基的伟大事业中来。

第一讲　自然沉思录

[法] 卢梭

卢梭（Jean-Jacques Rousseau，1712—1778），法国启蒙思想家、哲学家和文学家，19 世纪欧洲浪漫主义文学的先驱。1749 年他发表了题为《论科学与艺术》的论文，一举成名。卢梭的著名作品有《新爱洛漪丝》《社会契约论》《爱弥儿》等。晚年写的自传《忏悔录》及其续篇《漫步遐想录》是卢梭人生观的自白。

自然遐想录

[法] 卢梭

【编者按：在卢梭眼里，大地是充满生机、兴趣盎然、魅力无比的，它是我们的眼睛百看不厌、我们的心百思不厌的唯一景象。当我们身处自然之中，与天地万物融为一体时，我们就会感到心醉神迷，欣喜若狂，非言语所能形容。】

大树、灌木、花草是大地的饰物和衣装。再也没有比只有石子、烂泥、沙土的光秃秃的田野更悲惨凄凉的了。而当大地在大自然的吹拂下获得勃勃生机，在潺潺流水和悦耳的鸟鸣中蒙上了新娘的披纱，它就通过动物、植物、矿物三界的和谐，向人们呈现出一派充满生机、兴趣盎然、魅力无比的景象——这是我们的眼睛百看不厌、我们的心百思不厌的唯一景象。

沉思者的心灵越是敏感，他就越加投身于这一和谐在他心头激起的心旷神怡的境界之中。甘美深沉的遐想吸引了他的感官，他陶醉于广漠的天地之间，感到自己已同天地融为一体。这时，他对所有具体的事物也就视而不见。要使他能对他努力拥抱的天地的细节进行观察，那就得有某种特定的条件来限制他的思想，控制他的想象。

当我的心受到痛苦的压抑，集中全部思绪来保持那随时都会在日益加深的沮丧中挥发熄灭掉的一点余热时，自然就会产生这一状况。这时我就无精打采地在树林和山岭之间徘徊，不敢动脑思想，唯恐勾起我的愁绪，我既不愿把我的想象力使在痛苦的所见之物①上，就只好让我的感官沉湎于周围事物的轻快甘美的印象之中。我左顾右盼，周围的事物是那么多种多样，难免总有一些会吸引我的目光，使我久久凝视。

我对这种观赏产生了兴趣，在厄运之中，这种观赏使我的精神得到歇息，得到消遣，使我把痛苦一时忘怀。所见之物的性质大大有助于这种消遣，使它更加迷人。芬芳的气味、绚丽的色彩、最优美的形态仿佛各不相让，争相吸引我的注意。你只要对此感到有乐趣，就能产生甜蜜的感觉。如果说并非所有的人面对这种景象都能达到那种境界，那是因为有的人缺少天然的敏感，而另外大多数人则是因为心有旁骛，对投进他们感官的事物只是蜻蜓点水似的看上一眼之故。

还有一件事使趣味高尚的人对植物不加注意，那就是有人把植物仅看成是药物的来源这样一种习惯。提奥夫拉斯图斯②就不是这样，这位哲学家可说是古代唯一的一位植物学家，因此，他几乎不为我们所知，而由于一位名叫狄奥斯克里德斯③的伟大药方收集家，由于他的著作的注释者们，医学就霸占了整个植物领域，植物也就都成了药草，结果使得人们在植物身上所见到的都是它们身上根本见不到的东西——这就是说，他们所见到的仅仅是张三李四任意赋予它们的所谓药性。他们就不能设想，植物的组织本身就有值得我们注意的地方。那些一辈子摆弄研钵的人瞧不起植物学，说什么研究植物而不研究植物的功用就一无用处，也就是说，如果你不放弃对自然的观察，不一心一意去接受人们的权威教导，那就一无用处。其实，大自然是从不自欺的，也从没有讲过那样的话，而人却是爱撒谎的，他们硬要我们去信他们的话——这些话

---

① 指一路所见的景物也许能勾起他的愁绪。
② 公元前3世纪希腊哲学家，是柏拉图和亚里士多德的学生，著有《植物研究》等书。
③ 公元前1世纪希腊人，著有《论药物》，此书为希腊人、拉丁人和阿拉伯人广泛使用。

又时常是从别人那里搬来的。你要是在被鲜花装饰得五彩缤纷的草地上停下来把各种花一一观察一番，你身旁的人就会把你当成江湖郎中，问你讨药草治孩子的瘙痒、成人的疥疮、骒马的鼻疽。

这种可恶的偏见在别的国家，特别是在英国，已部分消除了。这应该归功于林奈，他把植物学从各派药物学中解救出来，让它重新回到博物之中，回到经济效用之中。而在法国，植物学的研究在上流社会人士中还如此有欠深入，人们依然如此无知，以致有位巴黎的才子，当他在伦敦一个植物园中看到那么多奇花异卉时，居然大声赞道："多美的药草图哪！"如此说来，最早的药草师该是亚当了。因为，我们很难设想还有哪个园子比伊甸园 ① 的各类植物更齐备的了。

这种把什么植物都看成药草的观点显然不会使植物学的研究饶有兴趣，然而这种观点却使花草的绚丽色彩变得暗淡无光，使树林的清新气氛变得枯燥乏味，使绿色的田野和浓密的林荫变得情趣全无，令人生厌。所有这些美妙动人的形象，那些只知道用研钵舂捣的人是不会感兴趣的，而人们也就不会在调制灌肠剂的花草中去搜寻为牧羊女编织花冠的材料了。

这一套药物学却不能玷污田野在我心中留下的形象，什么汤剂，什么膏药，都跟我这些形象相去十万八千里。当我仔细地观察田野、果园、林中的花木时，我倒时常想，植物界是大自然赐给人类和动物的食物仓库。我从没有想到要在这里去找什么药物。在大自然这些多种多样的产物中，我看不出有什么东西表明它们有这样的用途，如果大自然规定了它们有这样的用途的话，它就会像告诉我们怎样去挑选可食用的植物一样，告诉我们怎样去挑选可供药用的植物。我甚至感到，当我在林中漫步时，如果想到什么炎症，什么结石，什么痛风，什么癫痫，那么我的乐趣就会遭到这些疾病的败坏。再说，我也并不否认人们赋予植物的那些奇效，我只是说，如果这些奇效果然如此，那么让病人久病不愈，岂

---

① 《圣经》中上帝安排给人类始祖亚当和夏娃居住的园子，园内果木繁茂，景色优美。

不就纯粹是恶作剧了？在人们所患的种种疾病中，哪一种不是有二十来种药草可以根治的呢？

把什么都跟物质利益联系起来，到处都寻求好处或药物，而在身体健康时对大自然就无动于衷，这种思想从来就和我格格不入。我觉得我在这一点上与众不同。凡是跟我的需要有关的东西都能勾起我的愁肠，败坏我的思绪，我从来就只在把肉体的利益抛到九霄云外时才能体会到思维之乐的真正魅力。所以，即使我相信医学，即使药物可爱，如果要我去搞，我也绝不会得到纯粹的、摆脱功利的沉思所能提供的乐趣。只要我感到我的心受到我的躯壳的束缚，它就不会激昂起来，就不会翱翔于天地之间。此外，我虽从没有对医药有多大的信赖，但对我所尊敬、我所爱戴、把我的躯壳交给他们全权支配的医生却是有过充分的信任的。十五年的经验使我吃一堑长一智，现在我仅仅听从大自然法则的支配，结果却恢复了健康。即使医生们对我没有什么别的可抱怨之处，单凭这一点，他们对我的仇恨，又有谁会感到奇怪呢？他们医术虚妄，治疗无效，我就是一个活生生的明证。

不，任何与个人有关的事，任何与我肉体的利害有关的事，都不会在我心中占据真正的地位。只有当我处于忘我的境界时，我的沉思、我的遐想才最为甜美。当我跟天地万物融为一体，当我跟整个自然打成一片时，我感到心醉神迷，欣喜若狂，非言语所能形容。当人们还是我的兄弟时，我也曾有过种种关于人间幸福的盘算，由于这些盘算牵涉到一切因素，我只能在大家都幸福时才感到幸福，而直到我看到我的兄弟们一心在我的痛苦中寻求他们的幸福之前，我从没有起过要什么个人幸福的念头。那时，为了不去恨他们，我就只好躲开他们，我逃到所有的人的共同的母亲身边，躲在她的怀抱中避免她的孩子们的袭击。就这样我变得离群索居，或者像他们所说的那样，变得不齿于人类，变得愤世嫉俗。我觉得最孤寂的离群索居也比和那些心地邪恶的人交往强些，这些人全都是靠叛卖和仇恨过日子的。

我被迫不动脑子思想，唯恐不由自主地想到我的不幸，我被迫抑制我那残存的、乐观的，然而已经衰退的想象力，因为那么多揪心的事终将把它惊退。我被迫把那些对我备加凌辱的人忘怀，唯恐愤怒之情激起我对他们的愤恨，然而我却不能一心一意只去想自己的事情，因为我那外向的心灵总是爱把自己的情感推而及于他人，同时我也不能再像过去那样莽莽撞撞地投进这广阔无垠的大自然的海洋中，因为我的各种智能已经衰退松弛，再也找不到相当明确、固定而又力所能及的事物可以用作运用的对象，同时我也感到已经没有足够的精力在我从前为之欣喜若狂的混沌世界中纵横驰骋了。我已经差不多没有思想，只有感觉，而且我那智力活动的范围也已超不出我身边的事物了。

我逃避世人，寻求孤寂，不再从事想象，更少去进行思维，然而我却天生具有一种活跃的气质，不能无所事事，因此开始对周围的一切事物产生了兴趣，并由一种十分自然的本能，更加偏爱最能给人以快意的事物。矿物界本身并没有什么可爱而又吸引人的东西，它的宝藏深埋于大地的胸怀之中，仿佛是要躲避人们的耳目，免得引起他们的贪婪之心。它们是一种储备，当人们越来越败坏，对比较容易到手的真正的财富失去兴趣时，它们可以作为一种补充。那时，他们就不得不借助于技艺、劳动和辛劳来摆脱他们的贫困。他们挖掘大地的深处，冒着牺牲健康和生命的危险，到它的中心去探寻虚幻的财富，却把当他们懂得享受时大地向他们提供的真正财富撇在一边，他们避开他们已不配正视的阳光和白昼，把自己活活深埋在地下，因为他们已不配在阳光下生活。在地下，矿坑、深井、熔炉、铁砧、铁锤、烟雾、火焰代替了田间劳作的甘美形象。在矿井有毒气体中受尽煎熬的可怜的人们、浑身漆黑的熔铁匠、从事可怕的笨重劳动的苦力、他们瘦削苍白的脸——这就是采矿设备在地底造成的景象，它替代了地面上青翠的田野、盛开的鲜花、蔚蓝的天空、相恋的牧羊人和牧羊女、健壮有力的劳动人民。

出去找点沙子和石头，装满衣兜和工作室，从而摆出一副博物学家的派头，这是容易的。然而这些一心一意热衷于这种收藏的人，通常都是些无知的阔佬，他们所追求的无非是摆摆门面的乐趣而已。要从矿物的研究中得益,那就必须当化学家和物理学家,那就必须进行一些费力费钱的实验,在实验室里工作,时常冒着生命危险,而且经常是在有损健康的条件下,在煤炭、坩埚、炉子、曲颈瓶间,在令人窒息的烟雾和蒸气中耗费很多金钱、很多时间。从这凄惨而累人的劳作中所得的经常是虚妄的骄傲多于真正的知识,又有哪一个最平庸的化学家不是纯粹出于偶然而发现一点他那一行的微不足道的门道,就自以为窥透了大自然的全部奥秘呢?

动物界比较容易为我们所掌握,显然也更值得我们研究,然而这种研究毕竟也有着许多困难、麻烦、可憎之处和费劲的地方。特别是对一个孤独的人来说,无论是在消遣或工作之中,他都不可能指望得到任何人的援助,怎么能观察、解剖、研究、认识空中的鸟儿、水中的鱼类,以及那比风更轻快、比人更强大的走兽?它们既不愿送上我的门来让我研究,我也没有力量去追上它们,让它们乖乖就范。这样,我也只能搞点蜗牛、虫子、苍蝇的研究。我这一辈子就只好气喘吁吁地去追逐蝴蝶,去把昆虫钉在标本盒里,去把碰巧逮着的老鼠、碰巧捡到的死动物解剖解剖了。要是没有解剖学的知识,对动物的研究也就等于零,正是通过解剖学,我们才学会把动物进行分类,确定它们的类属。要通过动物的习性对它们进行研究,那就得有大鸟笼、鱼池、动物园,那就得想方设法强制它们聚在我的身边,我却既没有兴趣,也没有办法把它们囚禁起来,而当它们自由自在时,我的身子又没有那么灵巧,能跟在它们后面奔跑。这样一来,我就只好等到它们死了以后再进行研究,把它们撕裂肢解,不慌不忙地在它们还在抽动的脏腑中去探索了!解剖室是何等可怕的地方!那里尽是发臭的尸体、鲜血淋漓的肉、腥污的血、令人恶心的肠子、吓人的骨骼,还有那臭不可闻的水汽!说实话,让-雅克是决不会上那儿去找什么消遣的。

烂漫的鲜花、五彩缤纷的草地、清凉的树荫、潺潺的溪水、幽静的树丛、青翠的草木,请你们来把我的被那些可憎的东西玷污了的想象力净化净化吧!我的心灵对那些重大问题已经死寂了,现在只能被感官还可感受的事物感动，我现在只有感觉了，痛苦和乐趣也只有通过感觉才能及之于我。我被身边令人愉快的事物吸引，对它们进行观察、思考、比较，终于学会了怎样把它们分类，就这样，我突然也成了一个植物学家，成了一个只是为了不断取得热爱自然的新的理由而研究大自然的那么一个植物学家。

我根本不想学什么东西，这为时已经太晚了，再说，我也从没有见过学问多了会对生活中的幸福有利的，我但求得到甘美简单的消遣，可以不费力地享受，可以排遣我的愁绪。我既不需什么花销，也不费什么气力，就可漫不经心地散步于花草之间，对它们进行考察，把它们的特性加以比较，发现它们之间的关系和差异，总之是观察植物的组织，以便领会这些有生命的机械的进程和活动，以便有时成功地探索出它们的普遍规律以及它们各种结构形成的原理和目的，同时也可怀着感激之情，叹赏使我得以享受这一切的那只巨掌。

跟天空的群星一样，植物仿佛被广泛播种在地面上，为的是通过乐趣和好奇这两种引力，吸引人们去研究自然。星体离我们太远，我们必须有初步的知识、仪器、机械、长而又长的梯子才能够得着它们，才能使它们进入我们的掌握之中。植物却极其自然地就在我们的掌握之内。它们可以说是就长在我们脚下，长在我们手中。它们的主要部分由于形体过小而有时为我们的肉眼所不见，然而所需的仪器在使用时却比天文仪器简单很多。植物学适合一个无所事事而又疏懒成性的孤独的人去研究，要观察植物，一根针和一个放大镜就是他所需的全部工具。他自由自在地漫步于花草之间，饶有兴趣、怀着好奇之心去观察每一朵花，而一旦开始掌握它们的结构的规律，他在观察时就能尝到不费劲就可到手的乐趣，而这种乐趣跟费尽九牛二虎之力才取得的同样强烈。这种悠闲的工作有着一种人们只在摆脱一切激情、心平气和时才能感到的魅力，然而只要有了这种魅力，我们的生活就能变得幸福和甜蜜。不过，一旦我们为了要担任某一职务或写什么著作而掺进了利害和虚荣的动机，一旦我们只为教别人而学习，为了要当作家或教员而采集标本，那么这种温馨的魅力马上就化为乌有，我们就只把植物看成我们激情的工具，在研究中得不到任何真正的乐趣，就不再是求知而是卖弄自己的知识，就会把树林看成上流社会的舞台，一心只想博得人们的青睐，要不然就是一种局限在研究室或小园子里的植物学，却不去观察大自然中的树木花草，一心只搞什么体系和方法，而这些都是永远争吵不清的问题，既不会使我们多发现一种植物，也不会使我们对博物学和植物界增长什么知识。正是在这方面，竞相追求名声的欲望在植物学的著作者中激起了仇恨和妒忌，跟其他各界的科学家如出一辙，甚至有过之而无不及。他们把这项愉快的研究加以歪曲，把它搬到城市和学院中去进行，这就跟栽在观赏园中的外国植物一样，总不免要蜕化变质。

一种完全不同的心情却使我把这项研究看成一种嗜好，来填补我已不再存在的种种嗜好所留下的空白。我翻山越岭，深入幽谷树林之中，尽可能不去回忆众人，尽可能躲避坏心肠的人对我的伤害。我似乎觉得，在森林的浓荫之下，我就被别人遗忘了，就自由了，就可以太平无事，好像已没什么敌人了；我又似乎觉得，林中的叶丛使我不去想他们对我的伤害，多半也该能使我免于他们的伤害；我也傻里傻气地设想，只要我不去想起他们，他们也就不会想起我了。我从这个幻想中尝到了如此甜蜜的滋味，如果我的处境、我那软弱的性格和我生活的需求许可我这样做的话，我是会全身心地沉溺在这一幻想之中的。我的生活越是孤寂，我就越需要有点什么东西来填补空虚，而我的想象力和我的记忆力不愿去设想，不愿去追忆的东西，就被不受人力强制的大自然，那到处都投入我视线中的自发的产物所替代。到荒无人烟的所在地去搜索新的植物，这种乐趣能和摆脱迫害我的人的那种乐趣相交织。到了见不到人迹之处，我就可以更自由自在地呼吸，仿佛是进入了他们的仇恨鞭长莫及的一个掩蔽之所。

…………

当时我对这样一个发现感到的错综矛盾的激动心情，真是难以用言语形容。我的第一个反应是高兴，为在刚才自以为是孑然一身的地方重见人迹而高兴，但是这个反应却消失得比闪电还快，马上就让位于难以摆脱的痛苦之感，原来即使是在阿尔卑斯山的洞穴里，我也难逃一心一意要折磨我的人的魔掌。我当时深信，在这厂子里，没有参加过以蒙莫朗牧师①为首的阴谋的人，恐怕连两个也数不出来。我赶紧把这阴郁的念头驱走，不免为我幼稚的虚荣心以及遭到的惩罚的那种滑稽可笑的方式暗自好笑。

不过，说真的，谁又能料到一个绝壁之下会发现什么工厂！世上只有在瑞士这个地方，才能看到粗犷的自然和人们的技艺这两方面的结合。整个瑞士也可说是一座大城市，街道比圣安东尼街②还宽还长，两旁长着森林，耸立着山岭，房屋零星散布，相互之间都有英国式的庭园相沟通。讲到这里，我又想起前些日子迪·佩鲁、德谢尼、皮里上校以及克莱克法官跟我一起进行的一次标本采集。那是在夏斯隆山，站在那山顶上可以看到七个湖③。有人对我们说，那山上只有一所房子，要是他们不告诉我们说房主是个书商，而且在瑞士买卖亨通的话，我们是绝不会猜出他是何许人的。④我觉得像这一类的事，比游历家的一切记载都更能帮助我们取得对瑞士的正确的认识。

另外还有一件差不多同样性质的事，也有助于加深我们对和我们很不一样的人的认识。当我住在格勒诺布尔时⑤，我时常跟当地一位律师波维埃先生到城外采集植物标本，倒不是因为他喜欢植物学，也不是因为他精于此道，而只是因为他自告奋勇跟随在我的左右，只要有可能，就和我寸步不离。有一天，我们沿着伊泽尔河，在一块长满刺柳的地方散步。我看到这些矮树上的果子有些已经成熟，出于好奇，

---

① 1762年7月，卢梭逃亡至莫蒂埃村。1765年9月，住宅被砸，再度出走。卢梭怀疑是当地牧师蒙莫朗在幕后煽动的。

② 在巴黎第四区，自圣保罗教堂直通巴士底广场。

③ 卢梭记忆有误。能看到七个湖的山不是夏斯隆山，而是夏斯拉尔山。两山都是在讷沙泰尔邦，关于此行，德谢尼在他的《杂记》(1811)中有所记载。

④ 这里所说的书商并不住在山上，这又是卢梭记忆有误的一例。

⑤ 时在1768年7—8月。

摘一些放到嘴里尝尝，觉得味道极佳，略微带酸，就吃将起来解渴。波维埃先生站在我身旁，既不学我的样，又一言不发。他有一个朋友突然来临，见我嚼这些果子，就对我说："哎！先生，您这是在干什么呢？您不知道这果子有毒吗？""这果子有毒！"我吃惊地高叫。"当然了，谁都知道这东西有毒，本地人谁也不会尝一尝的。"我瞧着波维埃先生说："那您为什么不早告诉我呢？""啊，先生！"他恭恭敬敬地答道，"我可不敢这等冒昧。"对多菲内省人的这种谦卑，我不禁笑了起来，可是还继续吃我的果子。我一向相信，现在依然相信，任何可口的天然产物都不会有碍身体，只要别吃得太多就是了。然而我现在还得承认，自那天后我还是多少加以注意，除了心里有点嘀咕外，后来倒还平安无事。我晚饭吃得很香，觉也比平常睡得更熟，虽然头天吃了十五六颗果子，第二天起来时却安然无恙。第二天，格勒诺布尔城里所有的人都对我说，这种果子稍微吃一点便会置人于死命。我觉得这件事是如此可笑，每当我想起来时，总不免对波维埃律师这种古怪的谨慎哑然失笑。

所有那些采集标本之行、植物所在地给我留下的各种印象、这些地方使我产生的想法、采集过程中穿插的那些趣事，所有这一切给我留下的印象，每当我看到在当地采到的标本时都重新浮上我的脑际。这些美丽的景色，这些森林、湖泊、树丛、岩石、山岭，它们的景象一直都在激动着我的心，然而我却再也看不到了。不过我现在虽不能再回到这些可爱的地方去，但只要把标本册打开，它就会把我领回那里。我在那里收集到的标本足以使我回顾那美妙的景象。这标本册就是我的采集日记，它使我以新的喜悦重温往日的采集生活，也跟光学仪器一样把当年的景象再次呈现在我的眼前。

正是这些附带的想法所构成的链子使我对植物学产生依恋之情。它把植物学显得更加可爱的一切思想都串联起来，唤起我的想象：草地、河流、树林、荒凉，特别是寂静，还有在这一切之中感到的安宁，都通过这条链子不断地勾起我的回忆。它使我忘掉了人们对我的迫害，忘掉了他们的仇恨、他们的蔑视、他们的污辱，以及他们用来报答我对他们的诚挚温馨的感情的一切祸害。它把我带到安安静静的住处。带到从前跟我生活在一起的淳朴和善的人们之中。它使我回忆起我的童年，回忆起我那些无邪的乐趣，使我重新去回味它，也时常使我在世人从未遭到的悲惨的命运中尝到幸福。

（选自 ［法］卢梭《漫步遐想录》，徐继曾译）

第二讲　生活在自然中

[美] 梭罗

　　梭罗（Henry David Thoreau，1817—1862），作家、思想家。20岁于哈佛大学毕业，曾任教师，从事过各种体力劳动。梭罗的著作大多根据他在大自然中的体验写成。1839年写成《在康科德与梅里马克河上一周》（1849），发挥了他对自然、人生和文艺问题的见解。代表作《瓦尔登湖》（1854）记录了他于1845—1847年在康科德附近的瓦尔登湖畔度过的一段隐居生活。梭罗的文章简练有力，朴实自然，富有思想内容，在美国19世纪散文中独树一帜。

生活在自然中

[美] 梭罗

【编者按：梭罗认为，亲近自然是人类精神健康的构成要素。自然是生命的源泉，是个人保持精神独立性的避难所。只有在自然之中，人的灵性才能得到更新和提高。自然还能医治在社会中滋生的许多道德罪恶，增进人的道德，因为自然的简朴、纯洁和美丽能够砥砺我们的道德本性，更新和提高我们的灵性。这里所选的文字，从一个侧面展现了梭罗亲近自然、崇尚简朴的精神追求。】

我为何生活

到达我们生命的某个时期，我们就习惯于把可以安家落户的地方一个个地加以考察了。正是这样，我把住所周围一二十英里内的田园统统考察到了。我在想象中已经接二连三地买下了那儿的所有田园，因为所有的田园都得要买下来，而且我都已经知道它们的价格了。我步行到各个农民的田地上，尝尝他的野苹果，和他谈谈稼穑，再请他随便开出什么价钱，就照他开的价钱把它买下来，心里却想着以何价钱把它押给他，甚至付给他一个更高的价钱——把什么都买下来，只不过没有立契约——而是把他的闲谈当作他的契约，我这个人原来就很爱闲谈——我耕耘了那片田地，而且在某种程度上，我想，耕耘了他的心田，如是尝够了乐趣以后，我就扬长而去，好让他继续耕耘下去。这种经营，竟使我的朋友们当我是一个地产掮客。其实我是无论坐在哪里都能够生活的，哪里的风景都能相应地为我而发光。家宅者，不过是一个座位——如果这个座位是在乡间就更好些。我发现，许多家宅的位置似乎都是不容易很快加以改进的，有人会觉得它离村镇太远，但我觉得倒是村镇离它太远了点。我总说，很好，我可以在这里住下，我就在那里过一小时夏天的和冬天的生活。我看到那些岁月如何地奔驰，挨过了冬季，便迎来了新春。这一区域的未来居民，不管他们将要把房子造在哪里，都可以肯定那儿过去就有人住过了。只要一个下午就足够把田地化为果园、树林和牧场，并且决定门前应该留着哪些优美的橡树或松树，甚至于砍伐了的树也都派定了最好的用场了。然后，我就由它去啦，好比休耕了一样，一个人越是有许多事情能够放得下，他越是富有。

　　我的想象却跑得太远了些，我甚至想到有几处田园会拒绝我，不肯出售给我——被拒绝正合我的心愿呢——我从来不肯让实际的占有这类事情灼伤过我的手指头。几乎已实际地占有田园那一次，是我购置霍乐威尔那个地方的时候，都已经开始选好种子，找出了木料来，打算造一架手推车，来推动这事，或载之而他往了；可是在原来的主人正要给我一纸契约之前，他的妻子——每一个男人都有一个妻子的——发生了变卦，她要保留她的田产了，他就提出赔我10元钱，解除约定。现在说句老实话，我在这个世界上只有1角钱，假设我真的有1角钱的话，或者有了田园，有了10元钱，或有了所有的这一切，那我这点数学知识可就无法计算清楚了。不管怎样，我退回了那10元钱，退还了那田园，因为这一次我已经做过头了。应该说，我是很慷慨的，我按照我买进的价格，按原价再卖了给他，更因为他并不见得富有，还送了他10元，但保留了我的1角钱和种子，以及备而未用的独轮车的木料。如此，我觉得我手面已很阔绰，而且这样做无损于我的贫困。至于那地方的风景，我却也保留住了，后来我每年都得到丰收，却不需要独轮车来载走。关于风景——

我勘察一切，像一个皇帝，

谁也不能够否认我的权利。

　　我时常看到一个诗人，在欣赏了一片田园风景中的最珍贵部分之后，就扬长而去，那些固执的农夫还以为他拿走的仅是几枚野苹果。诗人却把他的田园押上了韵脚，而且多少年之后，农夫还不知道这回事，这么一道最可羡慕的、肉眼不能见的篱笆已经把它圈了起来，还挤出了它的牛乳，去掉了奶油，把所有的奶油都拿走了，他只把去掉了奶油的奶水留给了农夫。

　　霍乐威尔田园的真正迷人之处，在我看是：它的遁隐之深，离开村子有两英里，离最近的邻居有半英里，并且有一大片地把它和公路隔开了。它傍着河流，据它的主人说，由于这条河，而升起了雾，春天里就不会再下霜了，这却不在我心坎上。而且，它的田舍和棚屋带有灰暗而残败的神色，加上零落的篱笆，好似在我和先前的居民之间，隔开了多少岁月。还有那苹果树，树身已空，苔藓满布，兔子咬过，可见得我将会有什么样的一些邻舍了。但最主要的还是那一度回忆，我早年就曾经溯河而上，那时节，这些屋宇藏在密密的红色枫叶丛中，还记得我曾听到过一条家犬的吠声。我急于将它购买下来，等不及那产业主搬走那些岩石，砍伐掉那些树身已空的苹果树，铲除那些牧场中新近跃起的赤杨幼树，一句话，等不及它的任何收拾了。为了享受前述的那些优点，我决定干一下了，像那阿特拉斯①一样，把世界放在我肩膀上好啦——我从没听到过他得了哪样报酬——我愿意做一切事：简直没有别的动机或任何推托之辞，只等付清了款子，便占有这个田园，再不受他人侵犯就行了，因为我知道我只要让这片田园自生自展，它将要生产出我所企求的最丰美的收获。但后来的结果已见上述。

　　所以，我所说的关于大规模的农事（至今我一直在培育着一座园

────────

① 神话中负载了天体的巨人。

林），仅仅是我已经预备好了种子。许多人认为年代越久的种子越好。我不怀疑时间是能分辨好和坏的，但到最后我真正播种了，我想我更不像是会失望的。可是我要告诉我的伙伴们，只说这一次，以后永远不再说了：你们要尽可能长久地生活得自由，生活得并不执着才好。执迷于一座田园，和关在县政府的监狱中，简直没有分别。

老卡托——他的《乡村篇》是我的"启蒙者"，曾经说过——可惜我见到的那本唯一的译本把这一段话译得一塌糊涂——"当你想要买下一个田园的时候，你可以在脑中多多地想着它，可绝不要贪得无厌地买下它，更不要嫌麻烦而再不去看望它，也别以为绕着它兜了一个圈子就够了。如果这是一个好田园，你去的次数越多你就越喜欢它。"我想我是不会贪得无厌地购买它的，我活多久，就去兜多久的圈子，死了之后，也要葬在那里。这样才能使我更加喜欢它。

目前要写的，是我的这一类实验中其次的一个，我打算更详细地描写描写，而为了便利起见，且把这两年的经验归并为一年。我已经说过，我不预备写一首沮丧的颂歌，可是我要像黎明时站在栖木上的金鸡一样，放声啼叫，即使我这样做只不过是为了唤醒我的邻人罢了。

我第一天住在森林里，就是说，白天在那里，而且又在那里过夜的那一天，凑巧得很，是 1845 年 7 月 4 日，独立日，我的房子没有盖好，过冬还不行，只能勉强避避风雨，没有灰泥墁，没有烟囱，墙壁用的是饱经风雨的粗木板，缝隙很大，所以到晚上很是凉爽。笔直的、砍伐得来的、白色的间柱，新近才刨得平坦的门户和窗框，使屋子具有清洁和通风的景象，特别在早晨，木料里饱和着露水的时候，总使我幻想到午间大约会有一些甜蜜的树胶从中渗出。这房间在我的想象中，一整天里还将多少保持这个早晨的情调，不禁使我想起上一年我曾游览过的一个山顶上的房屋。这是一所空气好的、不涂灰泥的房屋，适宜于旅行的神仙途中居住，在那里，还适宜于仙女移动，曳裙而过。吹过屋脊的风，正如那扫荡山脊而过的风，唱出断断续续的调子来，也许是天上人间的音乐片段。晨风永远在吹，《创世记》的诗篇至今还没有中断，可惜听得到它的耳朵太少了。灵山只在大地的外部，处处都是。

除了一条小船之外，从前我曾经拥有的唯一屋宇，不过是一顶帐篷，夏天里，我偶或带了它出去郊游。这顶帐篷现在还卷了起来，放在我的阁楼里。只是那条小船，辗转经过了几个人的手，已经消隐于时间的溪流里。如今我却有了这更实际的躲避风雨的房屋，看来我活在这世间已大有进步。这座屋宇虽然很单薄，却是围绕我的一种结晶了的东西，这一点立刻在建筑者心上发生作用。它富于暗示的作用，好像绘画中的一幅素描。我不必跑出门去换空气，因为屋子里面的气氛一点儿也没有失去新鲜。坐在一扇门背后，几乎和不坐在门里面一样，即便是下大雨的天气，亦如此。哈利梵萨说过："并无鸟雀巢居的房屋像未曾调味的烧肉。"①寒舍却并不如此，因为我发现我自己突然跟鸟雀做起邻居来了，但不是我捕到了一只鸟把它关起来，而是我把自己关进了它们邻近的一只笼子里。我不仅跟那些时常飞到花园和果树园里来的鸟雀弥形亲近，而且跟那些更野性、更逗人惊诧的森林中的鸟雀亲近了起来，它们从来没有，就是有也很难得，向村镇上的人民唱出良宵的雅歌的——它们是画眉、东部鸫鸟、红色的碛鹨、野麻雀、怪鸥和许多别的鸣禽。

我坐在一个小湖的湖岸上，离开康科德村子南面约一英里半，较康科德高出些，就在市镇与林肯乡之间那片浩瀚的森林中央，也在我们的唯一著名地区，康科德战场之南的两英里地，但因为我是低伏在森林下面的，而其余的一切地区都给森林掩盖了，所以半英里之外的湖的对岸便成了我最远的地平线。在第一个星期内，无论什么时候我凝望着湖水，湖给我的印象都好像山里的一泓龙潭，高高在山的一边，它的底还比别的湖沼的水平面高了不少，以致日出的时候，我看到它脱去了夜晚的雾衣，它轻柔的粼波，或它波平如镜的湖面，都渐渐地在这里那里呈现了。这时的雾，像幽灵偷偷地从每一个方向，退隐入森林中，又好像

---

① 印度古代梵文叙事诗《摩诃婆罗多》的附录。

是一个夜间的秘密宗教集会散会了一样。露水后来要悬挂在林梢，悬挂在山侧，到第二天还一直不消失。

8月里，在轻柔的斜风细雨暂停的时候，这小小的湖做我的邻居，最为珍贵，那时水和空气都完全平静了，天空中却密布着乌云，下午才过了一半却已具备了一切黄昏的肃穆，而画眉在四周唱歌，隔岸相闻。这样的湖，再没有比这时候更平静的了。湖上的明净的空气自然很稀薄，而且给乌云映得很黯淡了，湖水却充满了光明和倒影，成为一个下界的天空，更加值得珍视。从最近被伐木的附近一个峰顶上向南看，穿过小山间的巨大凹处，看得见隔湖的一幅愉快的图景，那凹处正好形成湖岸，那儿两座小山坡相倾斜而下，使人感觉到似有一条溪涧从山林谷中流下，但是，却没有溪涧。我是这样地从近处的绿色山峰之间和之上，远望一些蔚蓝的地平线上的远山或更高的山峰的。真的，踮起了足尖来，我可以望见西北角上更远、更蓝的山脉，这种蓝颜色是天空的染料制造厂中最真实的出品，我还可以望见村镇的一角。但是要换一个方向看的话，虽然我站得如此高，却给郁茂的树木围住，什么也看不透，看不到了。在邻近，有一些流水真好，水有浮力，地就浮在上面了。便是最小的井也有这一点值得推荐，当你窥望井底的时候，你发现大地并不是连绵的大陆，而是隔绝的孤岛。这是很重要的，正如井水能冷藏牛油。当我的目光从这一个山顶越过湖向萨德伯里草原望过去的时候，在发大水的季节里，我觉得草原升高了，大约是蒸腾的山谷中显示出海市蜃楼的效果，它好像沉在水盆底下的一个天然铸成的铜币，湖之外的大地都好像薄薄的表皮，成了孤岛，给小小一片横亘的水波浮载着，我才被提醒，我居住的地方只不过是干燥的土地。

虽然从我的门口望出去，风景范围更狭隘，我却一点不觉得它拥挤，更无被囚禁的感觉。尽够我的想象力在那里游牧的了。矮橡树丛生的高原升起在对岸，一直向西去的大平原和鞑靼式的草原伸展开去，给所有的流浪人家一个广阔的天地。当达摩达拉的牛羊群需要更大的新牧场时，他说过："再没有比自由地欣赏广阔的地平线的人更快活的人了。"

时间和地点都已变换，我生活在更靠近了宇宙中的这些部分，更挨紧了历史中最吸引我的那些时代。我生活的地方遥远得跟天文家每晚观察的太空一样。我们惯于幻想，在天体的更远更僻的一角，有着更稀罕、更愉快的地方，在仙后星座的椅子形状的后面，远远地离了喧闹和骚扰。我发现我的房屋位置正是这样一个遁隐之处，它是终古常新的没有受到污染的宇宙一部分。如果说，居住在这些部分，更靠近昴星团或毕星团，牵牛星座或天鹰星座更加值得的话，那么，我真正是住在那些地方的，至少是，就跟那些星座一样远离我抛在后面的人世，那些闪闪的小光，那些柔美的光线，传给我最近的邻居，只有在没有月亮的夜间才能够看得到。我所居住的便是创造物中那部分——

> 曾有个牧羊人活在世上，
> 他的思想有高山那样
> 崇高，在那里他的羊群
> 每小时都给予他的营养。

如果牧羊人的羊群老是走到比他的思想还要高的牧场上，我们会觉得他的生活是怎样的呢？

每一个早晨都是一个愉快的邀请，使得我的生活跟大自然自己同样地简单，也许我可以说，同样地纯洁无瑕。我向曙光顶礼，忠诚如同希腊人。我起床很早，在湖中洗澡。这个是宗教意味的运动，我所做到的最好的一件事。据说在成汤王的浴盆上就刻着这样的字："苟日新，日日新，又日新。"[1]我懂得这个道理。黎明带回来了英雄时代。在最早的黎明中，我坐着，门窗大开，一只看不到也想象不到的蚊虫在我的房中飞，它那微弱的吟声都能感动我，就像我听到了宣扬美名的金属

---

[1] 引自《汤之盘铭》。

喇叭声一样。这是荷马①的一首安魂曲，空中的《伊利亚特》和《奥德赛》，歌唱着它的愤怒与漂泊。此中大有宇宙本体之感，宣告着世界的无穷精力与生生不息，直到它被禁。黎明啊，一天之中最值得纪念的时节，是觉醒的时辰。那时候，我们的昏沉欲睡的感觉是最少的了，至少可有一小时之久，整日夜神魂颠倒的官能大都要清醒起来。但是，如果我们并不是给我们自己的禀赋所唤醒，而是给什么仆人机械地用肘子推醒的，如果并不是由我们内心的新生力量和内心的要求来唤醒我们，既没有那空中的芳香，也没有回荡的天籁的音乐，而是工厂的汽笛唤醒了我们的——如果我们醒时并没有比睡前有了更崇高的生命，那么这样的白天，即便能称为白天，也不会有什么希望可言。要知道，黑暗可以产生这样的好果子，黑暗是可以证明它自己的功能并不下于白昼的。一个人如果不能相信每一天都有一个比他亵渎过的更早、更神圣的曙光时辰，他一定是已经对于生命失望的了，正在摸索着一条降入黑暗去的道路。感官的生活在休息了一夜之后，人的灵魂，或者就说是人的官能吧，每天都重新精力弥漫一次，而他的禀赋又可以去试探他能完成何等崇高的生活了。可以纪念的一切事，我敢说，都在黎明时间的氛围中发生。《吠陀经》②说："一切知，俱于黎明中醒。"诗歌与艺术，人类行为中最美丽最值得纪念的事都出发于这一时刻。所有的诗人和英雄都像曼侬，那曙光之神的儿子，在日出时他播送竖琴音乐。以富于弹性的和精力充沛的思想随着太阳步伐的人，白昼对于他便是一个永恒的黎明。这和时钟的鸣声不相干，也不用管人们是什么态度，在从事什么劳动。早晨是我醒来时内心有黎明感觉的一个时辰。改良德行就是为了把昏沉的睡眠抛弃。人们如果不是在浑浑噩噩地睡觉，那为什么他们回顾每一天的时候要说得这么可怜呢？他们都是精明人嘛。如果他们没有给昏睡所

---

① 荷马（Homer，约公元前9至前8世纪），古希腊著名的诗人，相传著名史诗《伊利亚特》和《奥德赛》是他所唱的唱本。

② 印度婆罗门教的古代经典，共4卷。

征服，他们是可以干成一些事的。几百万人清醒得足以从事体力劳动，但是一百万人中只有一个人才清醒得足以有效地服役于智慧，一亿人中才能有一个人生活得诗意而神圣。清醒就是生活。我还没有遇到过一个非常清醒的人。要是见到了他，我怎敢凝视他呢？

我们必须学会再苏醒，更须学会保持清醒而不再昏睡，但不能用机械的方法，而应寄托无穷的期望于黎明，就在最沉的沉睡中，黎明也不会抛弃我们的。我没有看到过更使人振奋的事实了，人类无疑是有能力来有意识地提高他自己的生命的。能画出某一张画，雕塑出某一个肖像，美化某几个对象，是很了不起的。但更加荣耀的事是能够塑造或画出那种氛围与媒介来，从中能使我们发现，而且能使我们正当地有所为。能影响当代的本质的，是最高的艺术。每人都应该把最崇高的和紧急时刻内他所考虑到的做到，使他的生命配得上他所想的，甚至小节上也配得上。如果我们拒绝了，或者说虚耗了我们得到的这一点微不足道的思想，神示自会清楚地把如何做到这一点告诉我们的。

我到林中去，因为我希望谨慎地生活，只面对生活的基本事实，看看我是否学得到生活要教育我的东西，免得到了临死的时候，才发现我根本就没有生活过。我不希望度过非生活的生活，生活是这样的可爱。我却也不愿意去修行过隐逸的生活，除非是万不得已。我要生活得深深地把生命的精髓都吸到，要生活得稳稳当当，生活得斯巴达式的①，以便根除一切非生活的东西，画出一块刈割的面积来，细细地刈割或修剪，把生活压缩到一个角隅里去，把它缩小到最低的条件中，如果它被证明是卑微的，那么就把真正的卑微全部认识到，并把它的卑微之处公布于世界。或者，如果它是崇高的，就用切身的经历来体会它，在我下一次远游时，也可以做出一个真实的报道。因为，我看，大多数人还确定不了他们的生活是属于魔鬼的还是属于上帝的呢，然而又多少有点轻率地下了判断，认为人生的主要目标是"归荣耀于神，并永远从神那里

---

① 吃苦耐劳，简单而严格。

得到喜悦"。

　　然而我们依然生活得卑微，像蚂蚁；虽然神话告诉我们说，我们早已经变成人了；像小人国里的人，我们和长脖子仙鹤作战；这真是错误之上加错误，脏抹布之上更抹脏。我们最优美的德行在这里成了多余的本可避免的劫数。我们的生活在琐碎之中消耗掉了。一个老实的人除十指之外，便用不着更大的数字了，在特殊情况下也顶多加上十个足趾，其余不妨笼而统之。简单，简单，简单啊！我说，最好你的事只两件或三件，不要一百件或一千件。不必计算一百万，半打不是够计算了吗？总之，账目可以记在大拇指甲上就好了。在这浪涛滔天的文明生活的海洋中，一个人要生活，得经历这样的风云和流沙和一千零一种事变，除非他纵身一跃，直下海底，不要作船位推算去安抵目的港了，那些事业成功的人真是伟大的计算家啊。简单化，简单化！不必一天三餐，如果必要，一顿也够了。不要百道菜，五道够多了。至于别的，就在同样的比例下来减少好了。我们的生活像德意志联邦，全是小邦组成的。联邦的边界永在变动，甚至一个德国人也不能在任何时候把边界告诉你。国家是有所谓内政的改进的，实际上它全是些外表的，甚至肤浅的事务，它是这样一种不易运用的生长得臃肿庞大的机构，壅塞着家具，掉进自己设置的陷阱，给奢侈和挥霍毁坏完了，因为它没有计算，也没有崇高的目标，好比地面上的一百万户人家一样。对于这种情况，和对于他们一样，唯一的医疗办法是一种严峻的经济学，一种严峻得更甚于斯巴达人的简单的生活，并提高生活的目标。生活现在是太放荡了。人们以为国家必须有商业，必须把冰块出口，还要用电报来说话，还要一小时驰奔30英里，毫不怀疑它们有没有用处。但是我们应该生活得像狒狒呢，还是像人，这一点倒又确定不了。如果我们不做出枕木来，不轧制钢轨，不日夜工作，而只是笨手笨脚地对付我们的生活，来改善它们，那么谁还想修筑铁路呢？如果不造铁路，我们如何能准时赶到天堂去呐？可是，我们只要住在家里，管我们的私事，谁还需要铁路呢？我们没有乘坐铁路，铁路倒乘坐了我们。你难道没有想过，铁路底下躺着的枕木是什么？每一根都是一个人，爱尔兰人，或北方佬。铁轨就铺在他们身上，他们身上又铺起了黄沙，而列车平滑地驰过他们。我告诉你，他们真是睡得熟呵。每隔几年，就换上了一批新的枕木，车辆还在上面奔驰着。如果一批人能在铁轨之上愉快地乘车经过，必有另一批不幸的人是在下面被乘坐被压过去的。当我们奔驰过了一个梦中行路的人，一根出轨的多余的枕木，他们只得唤醒他，突然停下车子，吼叫不已，好像这是一个例外。我听到了真觉得有趣，他们每五英里路派定了一队人，要那些枕木长眠不起，并保持应有的高低，由此可见，他们有时候还是要站起来的。

为什么我们应该生活得这样匆忙，这样浪费生命呢？我们下了决心，要在饥饿以前就饿死。人们时常说，及时缝一针，可以将来少缝九针，所以现在他们缝了一千针，只是为了明天少缝九千针。说到工作，任何结果也没有。我们患了跳舞病，连脑袋都无法保住静止。如果在寺院的钟楼下，我刚拉了几下绳子，使钟声发出火警的信号来，钟声还没大响起来，在康科德附近的田园里的人，尽管今天早晨说了多少次他如何如何地忙，没有一个男人，或孩子，或女人，我敢说是会不放下工作而朝着那声音跑来的，主要不是要从火里救出财产来，如果我们说老实话，更多的还是来看火烧的，因为已经烧着了，而且这火，要知道，不是我们放的。或者是来看这场火是怎么被救灭的，要是不费什么劲，也还可以帮忙救救火。就是这样，即使教堂本身着了火也是这样。一个人吃了午饭，还睡了半小时的午觉，一醒来就抬起了头，问，"有什么新闻？"好像全人类在为他放哨。有人还下命令，每隔半小时唤醒他一次，无疑的是并不为什么特别的原因，然后，为报答人家起见，他谈了谈他的梦。睡了一夜之后，新闻之不可缺少，正如早饭一样的重要。"请告诉我发生在这个星球之上的任何地方的任何人的新闻"——于是他一边喝咖啡，吃面包卷，一边读报纸，知道了这天早晨的瓦奇多河上有一个人的眼睛被挖掉了，一点儿不在乎他自己就生活在这个世界的深不可测的大黑洞里，自己的眼睛里早就是没有瞳仁的了。

拿我来说，我觉得有没有邮局都无所谓。我想，只有很少的重要消息是需要邮递的。我一生之中，确切地说，至多只收到过一两封信是值得花费那邮资的——这还是我几年之前写过的一句话。通常，一便士邮资的制度，其目的是给一个人花一便士你就可以得到他的思想了，但结果你得到的常常只是一个玩笑。我也敢说，我从来没有从报纸上读到什么值得纪念的新闻。如果我们读到某某人被抢了，或被谋杀或者死于非命了，或一幢房子烧了，或一只船沉或炸了，或一条母牛在西部铁路上给撞死了，或一只疯狗死了，或冬天有了一大群蚱蜢——我们不用再读别的了。有这么一条新闻就够了。如果你掌握了原则，何必去关心那亿万的例证及其应用呢？对于一个哲学家，这些被称为新闻的，不过是瞎扯，编辑的人和读者就只不过是在喝茶的长舌妇。然而不少人都贪婪地听着这种瞎扯。我听说那一天，大家这样抢啊夺啊，要到报馆去听一个最近的国际新闻，那报馆里的好几面大玻璃窗都在这样一个压力之下破碎了——那条新闻，我严肃地想过，其实是一个有点头脑的人在十二个月之前，甚至在十二年之前，就已经可以相当准确地写好。比如，说西班牙吧，如果你知道如何把唐·卡洛斯和公主、唐·彼得罗、塞维利亚和格拉纳达这些字眼时时地放进一些，放得比例适合——这些字眼，自从我读报至今，或许有了一点变化了吧——然后，在没有什么有趣的消息时就说说斗牛好啦，这就是真实的新闻，把西班牙的现状以及变迁都给我们详详细细地报道了，完全跟现在报纸上这个标题下的那些最简明的新闻一个样。再说英国吧，来自那个地区的最后的一条重要新闻几乎总是 1649 年的革命。如果你已经知道其谷物每年的平均产量的历史，你也不必再去注意那些事了，除非你是要拿它来做投机生意，要赚几个钱的话。如果你能判断，谁是难得看报纸的，那么在国外实在没有发生什么新的事件，即使一场法国大革命，也不例外。

什么新闻！要知道永不衰老的事件，那才是更重要得多！卫大夫蘧伯玉派人到孔子那里去。孔子与之坐而问焉。曰：夫子何为？对曰：夫子欲寡其过而未能也。①使者出。子曰：使乎！使乎！②在一个星期过去了之后，疲倦得直瞌睡的农夫们休息的日子里——这个星期日，真是过得糟透的一星期的适当的结尾，但绝不是又一个星期的新鲜而勇敢的开始啊——偏偏那位牧师不用这种或那种拖泥带水的冗长的宣讲来麻烦农民的耳朵，却雷霆一般地叫喊着："停！停下！为什么看起来很快，但事实上你们却慢得要命呢？"

哄骗和谬见已被高估为最健全的真理，现实倒是荒诞不经的。如果世人只是稳健地观察现实，不允许他们自己被骗，那么，用我们所知道的来譬喻，生活将好像是一篇童话，仿佛是一部《天方夜谭》了。如果我们只尊敬一切不可避免的并有存在权利的事物，音乐和诗歌便将响彻街头。如果我们不慌不忙而且聪明，我们会认识唯有伟大而优美的事物才有永久的绝对的存在——琐琐的恐惧与碎碎的欢喜不过是现实的阴影。现实常常是活泼而崇高的。由于闭上了眼睛，神魂颠倒，任凭自己受影子的欺骗，人类才建立了他们日常生活的轨道和习惯，到处遵守它们，其实他们是建筑在纯粹幻想的基础之上的。嬉戏地生活着的儿童，反而更能发现生活的规律和真正的关系，胜过了大人，大人不能有价值地生活，还以为他们是更聪明的，因为他们有经验，这就是说，他们时常失败。我在一部印度的书中读到："有一个王子，从小给逐出故土之城，由一个樵夫抚养成长，一直以为自己属于他生活其中的贱民阶级。他父亲手下的官员后来发现了他，把他的出身告诉了他，他的性格的错误观念于是被消除了，他知道自己是一个王子。"所以，那印度哲学家接下来说："由于所处环境的缘故，灵魂误解了他自己的性格，非得由神圣的教师把真相显示了给他。然后，他才知道他是婆罗门。"我看到，我们新英格兰的居民之所以过着这样低贱的生活，是因为我们的视力看不透事物表面。我们把似乎是当作了是。如果一个人能够走过这一个城

---

① 主人要减少他的错误而办不到。
② 何等有价值的一位使者，何等有价值的一位使者啊！

镇，只看见现实，你想，"贮水池"就该是如何的下场？如果他给我们一个他所目击的现实的描写，我们都不会知道他是在描写什么地方。看着会议厅，或法庭，或监狱，或店铺，或住宅，你说，在一个真正的目光底下，这些东西到底是什么啊，在你的描绘中，它们都纷纷倒下来了。人们尊崇超遥疏远的真理，那在制度之外的，那在最远一颗星后面的，那在亚当以前的，那在末代以后的。自然，在永恒中是有着真理和崇高的。可是，所有这些时代，这些地方和这些场合，都是此时此地的啊！上帝之伟大就在于现在伟大，时光尽管过去，他绝不会更加神圣一点的。只有永远渗透现实，发掘围绕我们的现实，我们才能明白什么是崇高。宇宙经常顺从地适应我们的观念，不论我们走得快或慢，路轨已给我们铺好，让我们穷毕生之精力来意识它们。诗人和艺术家从未得到这样美丽而崇高的设计，然而至少他的一些后代是能完成它的。

　　我们如大自然一般谨慎地过一天吧，不要因硬壳果或掉在轨道上的蚊虫的一只翅膀而出了轨。让我们黎明即起，用或不用早餐，平静得并无不安之感，让人去人来，让钟去敲，孩子去哭——下个决心，好好地过一天。为什么我们要投降，何至于随波逐流呢？让我们不要卷入在子午线浅滩上的所谓午宴之类的可怕急流与旋涡，而惊慌失措。熬过了这种危险，你就平安了，以后是下山的路了。神经不要松弛，利用那黎明似的魄力，向另一个方向航行，像尤利西斯①那样拴在桅杆上过活。如果汽笛啸叫了，让它叫得沙哑吧。如果钟打响了，为什么我们要奔跑呢？我们还要研究它算什么音乐？让我们定下心来工作，并用我们的脚跋涉在那些淤泥似的意见、偏见、传统、谬见与表面中间，这蒙蔽全地球的淤土啊，让我们越过巴黎、伦敦、纽约、波士顿、康科德，教会与国家，诗歌、哲学与宗教，直到我们达到一个坚硬的底层，在那里的岩盘上，我们称之为现实，然后说，这就是了，不错的了，然后你可以在

---

① 罗马神话中的英雄，即希腊神话中的奥德修斯。他勇敢机智，在特洛伊战争后回国途中历尽艰险。

这个 pointd' appui^①之上，在洪水、冰霜和火焰下面，开始在这地方建立一道城墙或一片国土，也许能安全地立起一个灯柱，或一个测量仪器，不是尼罗河水测量器了，而是测量现实的仪器，让未来的时代能知道，哄骗与虚有其表曾洪水似的积了又积，积得多么深啊。如果你直立而面对着事实，你就会看到太阳闪耀在它的两面，它好像一柄东方的短弯刀，你能感到它甘美的锋镝正剖开你的心和骨髓，你也欢乐地愿意结束你的人间事业了。生也好，死也好，我们仅仅追求现实。如果我们真要死了，让我们听到我们喉咙中的咯咯声，感到四肢上的寒冷好了。如果我们活着，让我们干我们的事务。

时间只是我垂钓的溪。我喝着它，喝水时候我看到，那河的底层多么浅啊。它的汩汩的流水逝去了，可是永恒留了下来。我愿饮得更深，在天空中打鱼，天空的底层里有着石子似的星星。我不能数出"一"来，我不知道字母表上的第一个字母，我常常后悔，我不像初生时聪明了。智力是一把刀子，它看准了，就一路切开事物的秘密。我不希望我的手比所必需的忙得更多些。我的头脑是手和足。我觉得我最好的官能都集中在那里。我的本能告诉我，我的头可以挖洞，像一些动物，有的用鼻子，有的用前爪，我要用它挖掘我的洞，在这些山峰中挖掘出我的道路来。我想那最富有的矿脉就在这里的什么地方，用探寻藏金的魔杖，根据那升腾的薄雾，我要判断，在这里我要起始开矿。

（选自 [美] 梭罗《瓦尔登湖》，徐迟译）

---

① 法语，意为支点。

第三讲　自然的赞美者梭罗

[美] 爱默生

　　爱默生（Ralph Waldo Emerson，1803—1882），19 世纪美国著名哲学家、文学家、超验主义代表人物。爱默生于 1803 年 5 月 23 日出生于马萨诸塞州波士顿。1817—1821 年就读于哈佛大学。1832 年到欧洲各国旅行，1833 年回来后在美国各地巡回演讲，开始以演讲为生。在哈佛大学演讲时，结识了梭罗。他的思想不仅是美国自由传统思想的一部分，而且已成为世界性的文化遗产。他的主要著作有《论自然》《代表人物》《英国特色》等。他的诗也独创一格，造诣极高。

自然的赞美者梭罗

[美] 爱默生

【编者按：梭罗和爱默生都是美国超验主义文学运动的代表人物。在这篇简短的传记中，爱默生描绘了梭罗独特的性格和热爱自然的文学思想。】

亨利·大卫·梭罗的祖先是法国人，从古恩西岛迁到美国来，他是他的家族里最后一个男性的后嗣。他的个性偶尔也显示由这血统上得到的特性，很卓越地与一种非常强烈的撒克逊天才混合在一起。

他生在麻省康科德镇，1817年7月12日诞生。他1837年在哈佛大学毕业，但是并没有在文学上有优异的成绩。他在文学上是一个打破偶像崇拜的人，他难得感谢大学给他的益处，也很看不起大学，然而他实在得益于大学不浅。他离开大学以后，就和他的哥哥一同在一个私立学校里教书，不久就离开了。他父亲制造铅笔，亨利有一个时期也研究这行手艺，他相信他能够造出一种铅笔，比当时通用的更好。他完成他的实验之后，将他的作品展览给波士顿的化学家与艺术家看，取得他们的证书，保证它的优秀品质与最好的伦敦品相等，此后他就满足地回家去了。他的朋友们向他道贺，因为他现在辟出了一条致富之道。但是他回答说，他以后再也不制造铅笔了。"我为什么要制造铅笔呢？我已经做过一次的事情我绝不再做。"他重新继续他的漫长的散步与各种各样的研究，每天都对于自然界有些新的认识，不过他从未说到动物学或是植物学，因为他对于自然界的事实虽然好学不倦，对于专门科学与文字上的科学却并没有好奇心。

在这时候他是一个强壮健康的青年，刚从大学里出来，他所有的友伴都在选择他们的职业，或是急于要开始执行某种报酬丰厚的职务，当然他也不免要想到这同一个问题。他这种能够抗拒一切通常的道路，保存他孤独的自由的决心，实在是难得的——这需要付出极大的代价，辜负他的家庭与朋友们对他的天然的期望；唯其因为他完全正直，他要自己绝对自主，也要每一个人都绝对自主，所以他的处境只有更艰难。但是梭罗从来没有踌躇。他是一个天生的倡异议者。他不肯为了任何狭窄的技艺或是职业而放弃他在学问与行动上的大志，他的目标是一种更广博的使命，一种艺术，能使我们好好地生活。如果他蔑视而且公然反抗别人的意见，那只是因为他一心一意要使他的行为与他自己的信仰协调。他从来不懒惰或是任性，他需要钱的时候，情愿做些与他性情相近的体力劳动来赚钱——譬如造一只小船或是一道篱笆，种植，接枝，测量，或是别的短期工作——而不愿长期地受雇。他有吃苦耐劳的习惯，生活上的需要又很少，又精通森林里的知识，算术又非常好，他在世界上任何地域都可以谋生。他可以比别人费较少的工夫来供给他的需要。所以他可以保证有闲暇的时间。

他对于测量有一种天然的技巧，由于他的数学知识，并且他有一种习惯，总想探知他认为有兴趣的物件的大小与距离、树的大小、池塘与河流的深广、山的高度，与他最爱的几个峰顶的天际的距离——再加上他对于康科德附近地域知道得非常详细，所以他渐渐地成了个土地测量员。对于他，这职业有一个优点：它不断地将他领到新的幽僻的地方，能够帮助他研究自然界。他在这工作中的技巧与计算的精确，很快地赢得人们的赞许，他从来不愁找不到事做。

他可以很容易地解决关于土地测量的那些难题，但是他每天被较严重的问题困扰着——他勇敢地面对这些问题。他质问每一种风俗习惯，他想把他的一切行为都安放在一个理想的基础上。他是一个极端的新教徒，很少有人像他这样，生平放弃这样多的东西。他没有学习任何职业，他没有结过婚，他独自一人居住，他从来不去教堂，他从来不参加选举，他拒绝向政府付税，他不吃肉，他不喝酒，他从来没吸过烟，他虽然是个自然学家，从来不使用捕机或是枪。他宁愿做思想上与肉体上的独身汉——为他自己着想，这无疑的是聪明的选择。他没有致富的才能，他知道怎样能够贫穷而绝对不污秽或是粗鄙。也许他逐渐采取了他这种生活方式，而事先自己也不大知道，但是事后他智慧地赞成这种生活。"我常常想到，"他在他的札记里写着，"如果我富敌王侯，我的目标一定也还是一样，我的手段也是基本上相同的。"他用不着抵抗什么诱惑——没有欲望，没有热情，对于精美的琐碎东西没有嗜好。精致的房屋、衣服、有高级修养的人们的态度与谈话，他都不欣赏，他宁可要一个好印第安人，他认为这些优雅的品质妨碍谈话，他希望在最简单的立场上与他的友伴会见。他拒绝参加晚宴，因为那种场合，每一个人都妨碍另一个人，他遇见那些人，也无法从中得到任何益处。他说："他们因为他们的晚餐价昂而自傲，我因为我的晚餐价廉而自傲。"在餐桌上有人问他爱吃哪一样菜，他回答："我最近的一碗。"他不喜欢酒的滋味，终身没有一样恶习惯。他说："我模糊地记得我未成年的时候吸干百合花梗做的烟，似乎有点快感。这样东西我那时候通常总预备着一些。我从来没吸过比这更有害的东西。"

他宁愿减少他日常的需要，并且自给自足——这也是一种富有。他旅行起来，除了有时候要穿过一带与他当前的目标无关紧要的地区，那才利用铁路以外，他经常步行几百英里，避免住旅馆，在农人与渔人家里付费住宿，认为这比较便宜，而且在他觉得比较愉快，同时也因为在那里他比较容易获得他所要的人，打听他所要知道的事。

他脾气里有一种军人的性质，不能被屈服，永远是丈夫气的，干练的，而很少温柔的时候，仿佛他只有在与人对敌的时候才觉得自身的存在。他要有人家说谎言，让他来拆穿；要人家做错事，让他来嘲笑；也可以说他需要稍稍有一种胜利的感觉，需要打一通鼓，方才能充分运用他的能力。要他说一个"不"字，是轻而易举的事。事实是，他觉得说"不"比说"是"容易得多。他听到一个建议的时候，他的第一种本能就是要驳倒它，因为他对于我们日常的思想的限制觉得不耐烦。当然这习惯未免使朋友们对他的友爱稍稍冷淡下来，虽然他的同伴最后总会相信他没有任何恶意，也没有说谎，然而他这习惯确是妨害谈话。所以他虽然是这样纯洁无邪的一个人，他竟没有一个平等的友伴与他要好。他有一个朋友说："我爱亨利，但是我无法喜欢他，我绝不会想到挽着他的手臂，正如我绝不会想去挽着一棵榆树的枝子一样。"

　　然而他虽然是隐士与禁欲主义者，他却真正地喜欢同情，他热心地稚气地投身到他所喜爱的年轻人的集团中，他喜欢叙述他在田野间与河边的经验，那形形色色无数的故事，给他们作为消遣——也只有他能供给他们这样好的娱乐：他永远愿意领导他们去采浆果野餐，或是去寻找栗子与葡萄。有一天亨利谈到一篇演说，他说凡是听众爱听的都是坏的。我说："谁不愿意写出一篇任何人都能读的作品，像《鲁滨孙漂流记》？如果看见自己的文字不是充实的，缺少一种人人都喜欢的正确的物质主义的处理方法，谁不感觉惋惜？"亨利当然反对，夸耀着那些只有少数人欣赏的较好的演说。但是在晚餐的时候，一个年轻的女孩子因为知道他要在文学讲座演说，她很伶俐地问他，他的演说词可是一个很好的有兴趣的故事，像她爱听的那种，还是她不感兴趣的那种老套的哲学性的东西。亨利转过脸来对着她，思考着，我可以看出他在那里努力使自己相信他有些材料可以配她和她兄弟的胃口——如果那篇演说于他们适宜，他们预备睡得晚些，去听演讲。

　　他的言行都是真理，他天生如此，永远为了这原因而陷入种种戏剧化的局面中。在任何情形下，一切旁观者都很想知道亨利将要持什么态度，将要说什么话。他并不使人失望，每逢一个急变总运用一种别致的判断力。在 1845 年他为自己造了一座小木房子，在华尔敦塘的岸上，在那里住了两年，过着劳动与学习的生活。这行为，在他是出于天性，于他也很适宜。任何认识他的人都不会责备他故意做作。他在思想上和别人不相像的程度，比行动上更甚。他利用完了这孤独生活的优点，就立刻放弃了它。在 1847 年，他不赞成公款的某些开支，就拒绝向他的城市付税，被关到监狱里。一个朋友替他纳了税，他被释放了。第二年他又被恐吓着，可能遇到同样的麻烦。但是，因为他的朋友不顾他的抗议，仍旧替他纳了税，我想他停止抵抗了。无论什么反抗或是嘲笑，他都不拿它当回事。他冷冷地充分地说出他的意见，并不假装相信它也是大家共同的意见。如果在场的每一个人坚持相反的意见，那也没有关系。有一次他到大学图书馆去借书，图书馆员拒绝借给他。梭罗去见校长，校长告诉他那里的规则与习俗，准许居留的毕业生借书，此外还有当牧师的校友，还有些住在大学周围半径 10 英里以内的人，也有借书的权利。梭罗向校长解释，说铁路已经破坏了老的距离的比例——依照校长这些规则里的条件，这图书馆是无用的；连校长也是无用的，他从大学得到的唯一的益处就是它的图书馆——目前他不但急需这几本书，而且他要许多书。他告诉校长，他比图书馆员更适于管理这些书。总之，那校长发现这位请愿者咄咄逼人，而那些规则似乎变得那么可笑，终于给了他一种特权，而在他手里，那特权从此就变成无限的。

从来没有一个人比梭罗更是一个真正的美国人。他对他的国家与国内情形的喜爱是真诚的，而他对于英国与欧洲的礼仪与嗜好具有一种反感，几乎到了蔑视的程度。他不耐烦地听着从伦敦社会中搜集来的新闻或是隽语，虽然他很想保持礼貌，这些逸事使他感到疲倦。那些人全都彼此模仿着，而且是模仿一个小模型。为什么与他们不能住得距离彼此越远越好，每人独自做一个人？他所寻求的是精力最旺盛的天性，他想到奥利根去，不是到伦敦去。"在大不列颠的每一部分，"他在他日记里写着，"都发现罗马人的遗迹，他们的骨灰瓮，他们的营盘，他们的道路，他们的房屋。但是新英格兰至少不是建基于任何罗马的废墟上。我们用不着将我们的房屋的基础建在一个前期的文明的灰炉上。"

　　他虽然是一个理想主义者，赞成废除奴隶制，废除关税，几乎赞成废除政府——不用说，他当然不但在实际政治中找不到代表，而且他几乎是同样地反对每一种改革者，然而他向"反奴隶制度党"表示他始终如一的敬意。他对一个后来认识的人特别有好感。那时候大家还没有拥护约翰·布朗①，他就向康科德大部分的人家分送通知书，说他将在星期日晚上在一个公众场所演讲，讲题是约翰·布朗的情况与个性，邀请一切人都来听。共和党委员会、废除奴隶制度委员会，差人带话给他说时机尚未成熟，不宜于这样做。他回答："我派人来并不是为了要求你们的忠告，而是为了宣布我要演讲。"那演讲厅时间很早就坐满了各党各派的人，大家全都恭敬地听着他恳切地赞美那英雄，许多人都非常感到同情，自己也觉得诧异。

　　据说普洛梯纳斯觉得他的身体是可耻的，大概他这种态度是有充分理由的——他的身体不听指挥，他没有应付这物质世界的技巧，抽象的理智性的人往往如此。但是梭罗生就一个最适合最有用的身体。他身材不高，很结实，浅色的皮肤，健壮的严肃的蓝眼睛，庄重的态度——在晚年他脸上留着胡须，于他很相宜。他的五官都敏锐，他体格结实，能够吃苦耐劳，他的手使用起工具来是强壮敏捷的。而他的身体与精神配合得非常好，他能够用脚步测量距离，比别人用尺量得还准些。他说他夜里在树林中寻找路径，用脚比用眼睛强。他能够用眼睛估计一棵树的高度，非常准确。他能够像一个牲畜贩子一样地估计一头牛或是一头猪的重量。一只盒子里装着许多的散置着的铅笔，他可以迅速地用手将铅笔一把一把抓出来，每次恰正抓出一打②之数。他善于游泳、赛跑、溜冰、划船，在从早至晚的长途步行中，大概能够压倒任何乡民。而他的

---

① 约翰·布朗（John Brown，1800—1859），美国主张废除黑奴制者，鼓动黑奴叛变，企图占领哈普斯渡（Harpers Ferry）兵工厂，事败被捕，被判绞刑。

② 12 个为一打。

身体与精神的关系比我们臆度的这些还要精妙。他说他的腿所走的每一步路，都是他要走的。照例他路走得越长，所写的作品也更长。如果把他关在家里，他就完全不写了。

他有一种坚强的常识，就像斯葛特所写的浪漫故事中那织工的女儿罗丝·佛兰莫克称赞她父亲的话，说他像一根尺，它量麻布与尿布，也照样能量花毡与织锦缎。他永远有一种新策略。我植林的时候，买了一斗橡树籽，他说只有一小部分是好的，他开始检验它们，拣出好的。但是他发现这要费很多的时间，他说："我想你如果把它们都放在水里，好的会沉下去。"我们试验了之后，果然如此。他能够计划一个花园或是房屋或是马厩，他一定能够领导一个"太平洋探险队"，在最严重的私人或大家的事件上都能给人贤明的忠告。

他为目前而生活，并没有许多累赘的回忆使他感到苦痛。如果他昨天向你提出一种新的建议，他今天也会向你提出另一个，同样地富于革命性。他是一个非常勤劳的人。一切有条不紊的人都珍视自己的时间，他也是如此。他仿佛是全城唯一的有闲阶级，任何远足旅行，只要它看上去可能很愉快，他都愿意参加。他永远愿意参加谈话，一直谈到深夜。他的谨慎有规律的日常生活从不影响到他尖刻的观察力，无论什么新局面他都能应付。他说："你可以在铁路旁边睡觉，而从来不被吵醒。大自然很知道什么声音是值得注意的，它已经决定了不去听那火车的汽笛声。而一切事物都尊敬虔诚的心灵，从来不会有什么东西打断我们心境的神往。"他注意到他屡次遇到这种事情：从远方收到一种稀有的植物之后，他不久就会在他自己常去的地方找到同样的植物。有一种好运气，只有精于赌博的人才碰得到，他就常常交到这种好运。有一天，他与一个陌生人一同走着，那人问他在哪里可以找到印第安箭镞，他回答"处处都有"，弯下腰去，就立刻从地下拾起一个。在华盛顿山上，在特克门的山谷里，梭罗跌了一跤，跌得很重，一只脚扭了筋。正当他在那里爬起来的时候，他第一次看见一种稀有的菊科植物的叶子。

他健旺的常识，再加上壮健的手、锐利的观察力与坚强的意志，依旧不能解释他简单而秘密的生活中照耀着的优越性。我必须加上这重要的事实。他具有一种优秀的智慧，一种极少数人特有的智慧，使他能够将物质世界看作一种工具与象征。诗人们有时候也有同样的发现，这种感觉偶然也给予他们一种间歇性的光明，作为他们作品的装饰，然而在他，这却是一种永不休息的洞察力。他或许有些缺点或是性情上的障碍，可能投下暗影，然而他永远服从那神圣的启示。他年轻的时候有一次说："我一切的艺术都属于另一个世界，我的铅笔不画别的，我的折刀不刻别的，我并不仅只将另一个世界当作一个工具。"这是他的灵感、他的天才，控制着他的意见、谈话、学习、工作与生命过程。这使他目光锐利，善于判断人。他一眼看到一个人，就能估量这人，虽然他对于某些文化的优美的特质毫不注意，他很能够说出那人的重要性与品质。他的谈话常常使人感到他是一个天才，这就是造成那印象的原因。

他只要看一眼，就能明了当前的事件，看出与他谈话的人们的有限的贫乏的个性，什么都瞒不过他那双可怕的眼睛。我屡次见到敏感的青年在一刹那就倾心于他，相信这正是他们所寻找的人，一切人中唯有他能够告诉他们应当做些什么事。他自己对他们的态度从来不是友善的，而是高傲的、教训式的，藐视他们渺小的习尚，经过很长的时期才肯——或是完全不肯——与他们交往，答应到他们家里去，或是甚至于让他们到他家里来。"他可肯和他们一同散步？""他不知道。在他看来，没有一样东西比他的散步更重要，他不能将他的散步浪费在客人身上。"有地位的人请他去游览，但是他拒绝了。钦佩他的朋友要出钱供给他到黄石河上去游历——到西印度群岛——到南美洲。他是经过最严肃的考虑才拒绝的，他的态度使人想起那纨绔子弟布勒穆尔，在一阵骤雨中，有一个绅士邀请他乘他的马车，布勒穆尔回答："但是我坐了你的马车，你坐到哪里去呢？"——梭罗的友伴们并且可以记得他那谴责性的沉默，那种锐利的、不可抗拒的言辞，击碎对方的一切抗辩。

梭罗以全部的爱情将他的天才贡献给他故乡的田野与山水，因而使一切识字的美国人与海外的人都熟知它们，对它们感兴趣。他生在河岸上，也死在那里。那条河，从它的发源处直到它与迈利麦克河交流的地方，他都完全熟悉。他在夏季与冬季观察了它许多年，日夜每一小时都观察过它。麻省委派的水利委员最近去测量，而他几年前早已由他私人的实验得到同样的结果。河床里、河岸上，或是河上方的空气里发生的每一件事：各种鱼类，它们的产卵、它们的巢、它们的态度、它们的食物，一年一次在某一个夜晚在空中纷飞着的浮蝇，被鱼类吞食，吃得太饱，有些鱼竟胀死了。水浅处的圆锥形的一堆堆小石头，小鱼的庞大的巢，有时候一只货车都装它不下。常到溪上来的鸟、苍鹭、野鸭、冠鸭、鹧鹕、鹗、岸上的蛇、麝香鼠、水獭、山鼠与狐狸，在河岸上的龟鳖、蛤蟆、蟾蜍与蟋蟀——他全都熟悉，就像它们是城里的居民，同类的生物。所以人们如果单独叙述这些生物中的某一种，尤其是说出它的尺寸大小，或是展览它的骨骼，或是将一只松鼠或一只鸟的标本浸在酒精里，他都觉得荒诞可笑，或是认为这是一种暴行。他喜欢描写那条河的作风，将它说成一个法定的生物，而他的叙述总是非常精确，永远以他观察到的事实作为根据。他对于这一个地段的池塘也和这条河一样的熟悉。

别人调查这些，最重要的工具是显微镜与酒精，而他有一种工具，对于他还更重要——那本来是一种兴致，他自己纵容自己，渐渐为这思想所支配，就连在最严肃的场合也表现出这种思想，那就是：赞美他自己的城市与近郊，说它是最宜于观察自然界的地点。他说麻省的植物几乎包括美国的一切重要植物——大部分的橡树，大部分的杨树，最好的松树、桦树、枫树、山毛榉，各种坚果树。他向一个朋友借了一本凯恩所著的《冰带旅行》，把书还给那人的时候，说"书中记录的大部分的现象，在康科德都可以观察到"。他仿佛有一点嫉妒北极，因为它那里日出与日落同时发生，六个月后才有五分钟的白昼：那是一件伟大的事实，他从来没有在别的地方发现。他有一次散步，找到红雪，他告诉我预料有一天还会在本地找到睡莲花。他总替土生的植物辩护，他承认他宁愿要莠草，不要外国输入的植物，正如他喜欢印第安人而不喜欢文明人，他很愉快地注意到他邻人的豆架比自己的长得快。

"你看这些莠草，"他说，"有一百万个农人整个的春天夏天锄它，然而它仍旧占优势，现在正在一切田埂、牧场、田野与花园上胜利地生了出来——它们这样精力旺盛。我们而且用卑贱的名字去侮辱它——例如'猪草''苦艾''鸡草''鲋花'。"他说："它们也有雅致的名字——长生草、繁缕、枙移、雁来红……诸如此类。"

他喜欢无论说到什么都要参照他本乡的地段，我想这并不是因为他不熟悉地球上别的地域或是低估了别的地域，而是戏谑地表示他深信一切地方都没有分别，对于一个人最适宜的地方就是他所在的地点。他有一次这样表示过："你脚下踏着这点土，你如果不觉得它比这世界上（或是任何世界上）任何别的土更甜润，那我就认为你这人毫无希望了。"

他用来征服科学上的一切阻碍的另一工具，就是忍耐。他知道怎样坐在那里一动也不动，成为他身下那块石头的一部分，一直等到那些躲避他的鱼鸟爬虫又都回来继续做它们惯常做的事，甚至于由于好奇心，会到他跟前来凝视他。

与他一同散步是一件愉快的事，也是一种特权。他像一只狐狸或是鸟一样地彻底知道这地方，也像它们一样，有他自己的小路，可以自由通过。他可以看出雪中或是地上的每一道足迹，知道哪一种生物在他之前走过这条路。我们对于这样的一个向导员必须绝对服从，而这是非常值得的。他夹着一本旧乐谱，可以把植物压在书里，他口袋里带着他的日记簿与铅笔、一只小望远镜预备看鸟、一只显微镜、大型的折刀、麻线。他戴着一顶草帽，穿着坚固的皮鞋和坚牢的灰色裤子，可以冒险通过矮橡树与牛尾菜，也可以爬到树上去找鹰巢或是松鼠巢。他徒步涉过池塘去找水生植物，他强壮的腿也是他盔甲中重要的一部分。我所说的那一天，他去找龙胆花，看见它在那宽阔的池塘对过，他检验那小花以后，断定它已经开了五天。他从胸前的口袋里把日记簿掏出来，读出一切应当在这一天开花的植物的名字，他记录这些，就像一个银行家记录他的票据几时到期。兰花要到明天才开花。他想他如果从昏睡中醒来，在这沼泽里，他可以从植物上看出是几月几日，不会算错在两天之外。红尾鸟到处飞着，不久那优美的蜡嘴鸟也出现了，它那鲜艳的猩红色非常刺眼，"使一冒失地看它的人不得不拭眼睛"，它的声音优美清脆，梭罗将它比作一只医好了沙哑喉咙的莺。不久他听到一种啼声，他称那种鸟为"夜鸣鸟"，他始终不知道那些是什么鸟，寻找了它十二年，每次他又看见它，它总是正在向一棵树或是矮丛中钻去，再也找不到它。只有这种鸟白昼与夜间同样地歌唱。我告诉他要当心，万一找到了它，把它记录下来，生命也许没有什么别的东西可以给他看的了。他说："你半生一直寻找着而找不到的东西，有一天你会和它对面相逢，得窥全豹。你寻它像寻梦一样，而你一找到它，就成了它的俘虏。"

他对于花或鸟的兴趣蕴藏在他心灵深处，与大自然有关——而他从来不去试着给大自然的意义下定义。他不肯把他观察所得的回忆录贡献给自然史学会。"为什么我要这样做？将那描写单独拆下来，与我脑子里别的与它有关的东西分开，在我看来，它就失去了它的真实性与价值；而他们并不要那些附属的东西。"他的观察力仿佛表示他在五官之外还有别的知觉。他看起东西来就像用显微镜一样，听起声音来就像用聚声筒一样，而他的记忆力简直就是他所有的见闻的一本摄影记录。然而没有人比他更知道这一点：事实并不重要，重要的是这事实给你心灵的印象，或是对于你心灵的影响。每一件事实都光荣地躺在他心灵里，代表整个结构的井井有条与美丽。

他决定研究自然史，纯是出于天性。他承认他有时候觉得自己像一条猎犬或是一头豹，如果他生在印第安人之间，一定是一个残忍的猎人。但是他被他那麻省的文化所约束，因此他研究植物学与鱼类学，用这温和的方式打猎。他与动物接近，使人想起汤姆斯·富勒关于养蜂家柏特勒的记录："不是他告诉蜜蜂许多话，就是蜜蜂告诉他许多话。"蛇盘在他腿上，鱼游到他手中，他把它们从水里拿出来，他抓住山拨鼠的尾巴，把它从洞里拉出来，他保护狐狸不被猎人伤害。我们这儿自然学家绝对慷慨，他什么都不瞒人：他肯带你到苍鹭常去的地方，甚至于他最珍视的植物学的沼泽那里——也许他知道你永远不再会找到那地方，然而无论如何，他是愿意冒这个险的。

从来没有任何大学要给他一张文凭，或是要请他去做教授，没有一个学院请他做它的特约撰述员、它的考察家，或是仅只做它的一个会员。也许这些饱学的团体怕被他讽刺。然而很少有人像他这样深知大自然的秘密与天才，这种知识的综合，没有一个比他更广大、更严正。因为他毫不尊敬任何人任何团体的意见，而只向真理本身致敬。他每逢发现一个学者有重视礼貌的倾向，就不信任这人了。本城的居民起初只认为他是一个怪人，后来渐渐地尊敬钦佩他，雇他测量的农民很快地就发现他稀有的精确与技巧，他熟知他们的田地、树木、鸟类、印第安人的遗迹与诸如此类的东西，这使他能够告诉他们许多事，关于他们的农场，都是他们闻所未闻的，所以他们开始有点觉得仿佛梭罗比他们更有权利拥有他们的田地。他们也觉得他的个性的优越性，这使他对于一切说话都有分量。

康科德有许多印第安人的遗物——箭镞、石凿、杵与陶器的碎片。在河岸上，大堆的蚌壳与灰是一种标志，表示那是野蛮人常去的地点。这些，与每一件与印第安人有关的事，在他眼中都是重要的。他到缅因州去游历，主要是为了印第安人。他可以看到他们制造树皮独木舟，同时还可以一试身手，在湍流上操舟。关于怎样制造石箭镞他极想研究，他临终的时候还嘱咐一个动身到落基山去的青年，叫他找一个知道怎样制造石箭镞的印第安人："为了学到这个，值得到加利福尼亚去一次。"偶尔有一小队潘诺布斯葛忒印第安人到康科德来，夏天在河岸上搭起帐篷，住几个星期。他总要和他们之间最好的一些人结交。他最后一次到缅因州游历，老城的一个聪明的印第安人，名叫约瑟·波利斯，做他的向导做了好几个星期，他从这人那里得到很大的满足。

他也同样地对每一件天然的事实都感兴趣。他深入的观察力在整个的自然界中都发现同样的法律，据我所知，没有另一个天才能像他这样迅速从一个单独的事实上推知普遍的定律。他不是只知道研究某一种部门学问的腐儒。他张开了眼睛接受美，耳朵随时接受音乐。他不是只在稀有的情形下才找到美与音乐，而是无论到哪里都找到。他认为最好的音乐是在单独的曲调中，他在电报线的嗡嗡声中也发现诗意的暗示。

　　他的诗有好有坏，无疑地，他缺乏一种抒情的能力与文字技巧，但是他在他心灵的知觉上有诗的源泉。他是一个好的读者与批评家，他对于诗的判断是基本性的。任何作品中有没有诗的元素，是瞒不过他的。他渴望得到诗的元素，这使他不注意浮面的美，也许还藐视它。他会撇开许多细致的韵节，而在一本书里可以看出每一段或是每一行活的诗，他也善于在散文中找出同样的诗意的魅力。他太爱精神上的美，所以相形之下，对于一切实际上写出来的诗都没有多大敬意。他钦佩埃斯库罗斯 [①] 与品达。但是，有一次有人在那里赞美他们，他却说埃斯库罗斯与别的希腊诗人描写阿波罗与俄耳浦斯，从来没有一段真的诗，或者可以说没有好的诗。"他们不应当一味缠绵悱恻，连木石都被感动了，而应当向诸神唱出那样一首赞美诗，唱得他们脑子里旧的思想统统排斥出来，新的吸收进去。"他自己的诗章往往是粗陋有缺点的。金子还不是纯金，而是粗糙的，有许多渣滓。百里香与玛菊伦花还没有酿成蜜。但是如果他缺少抒情的精美与技巧上的优点，如果他没有诗人的气质，他从不缺乏那启发诗歌的思想，这表示他的天才胜过他的才能。他知道幻想的价值，它能够提高人生，安慰人生。他喜欢每一个思想都化为一种象征。你所说的事实是没有价值的，只有它的印象有价值。因为这缘故，他的仪表是诗意的，永远惹起别人的好奇心，要想更进一层知道他心灵的秘密。他在许多事上都是有保留的，有些事物，在他自己看来依旧是神圣的，他不愿让俗眼看到，他很会将他的经验罩上一层诗意的纱

---

① 埃斯库罗斯（Aeschylus，前525—前456），希腊悲剧诗人。

幕。凡是读到《华尔敦》①这本书的人，都曾记得他怎样用一种神话的格式记录他的失望——

> 我很久以前失去一条猎犬、一匹栗色的马与一只斑鸠，至今仍旧在找寻它们。我向许多游历的人说到它们，描写它们的足迹，怎样唤它们，它们就会应声而至。我遇见过一两个人曾经听到那猎犬的吠声与马蹄声，甚至于曾经看到那斑鸠在云中消失，他们也急于要寻回它们，就像是他们自己失去的一样。

他的谜语是值得读的。我说老实话，有时候我不懂他的词句，然而那词句仍旧是恰当的。他的真理这样丰富，他犯不着去堆砌空洞的字句。他题为"同情"的一首诗显露禁欲主义的重重钢甲下的温情，与它激发的理智的技巧。他古典式的诗"烟"使人想起西蒙尼德斯②，而比西蒙尼德斯的任何一首诗都好。他的传记就在他的诗里。他惯常的思想使他所有的诗都成为赞美诗，颂扬一切原因的原因，颂扬将生命赋予他并且控制他的精神的圣灵——

> 我本来只有耳朵，现在却有了听觉，
> 以前只有眼睛，现在却有了视力；
> 我只活了若干年，而现在每一刹那都生活，
> 以前只知道学问，现在却能辨别真理。

尤其是在这宗教性的诗里——

> 其实现在就是我诞生的时辰，

---

① 即《瓦尔登湖》（*Walden*），梭罗名著之一。
② 西蒙尼德斯（Simonides），公元前 6 至前 5 世纪希腊抒情诗人。

也只有现在是我的壮年，

我决不怀疑那默默无言的爱情，

那不是我的身价或我的贫乏所买得来，

我年轻它向我追求，老了它还向我追求，

它领导我，把我带到今天这夜间。

虽然他的作品里说到教会与牧师有时候语气很暴躁，他是一个稀有的温柔的绝对信奉宗教的人，无论在动作或是思想上，他都绝对不会亵渎上帝。当然，他独创一格的思想与生活使他孤立，与社会上的宗教形式隔离。我们不必批评他这一点，也不必认为遗憾。亚里士多德早已解释过，说："一个人的德性超过他那城市中其他的公民，他就不复是那城市的一部分了。他们的法律不是为他而设的，因为他对于他自己就是一种法律。"

梭罗是最真挚的，先知们深信道德的定律，他圣洁的生活可以证明他们这种信仰是有根据的。他的生活是一种肯定的经验，我们无法忽视它。他说的话都是真理，他可以作最深奥、最严格的谈话，他能医治任何灵魂的创伤。他是一个友人，他不但知道友谊的秘密，而且有几个人几乎崇拜他，向他坦白一切，将他奉为先知，知道他那性灵与伟大的心的深奥的价值。他认为没有宗教或是某种信仰，永远做不出任何伟大的事，他认为那些偏执的宗派信徒也应当牢记这一点。

当然他的美德有时候太趋极端。他要求一切人都绝对诚实，毫不通融，我们很容易可以看出这是他那种严肃的态度的起因，而这严肃的态度使他非常孤独，他虽然是自愿做隐士，却并不想孤独到这个地步。他自己是绝对正直的，他对别人也要求得一样多。他憎嫌罪恶，无论什么荣华富贵也不能掩盖罪恶。庄严的富有的人们如果有欺骗的行为，也最容易被他看出来，就像他看见乞丐行骗一样，他对他们也同样地感到鄙夷。他以这样一种危险性的坦白态度处事，钦佩他的人称他为"那可怕的梭罗"，仿佛他静默的时候也在说话，走开之后也还在场。我想他的理想太严格了，它甚至干涉他的行动，使他不能够在人间得到足够的友情，这是不健康的。

一个现实主义者总惯于发现事物与它们的外表相反，这使他有一种倾向，总喜欢故作惊人之语，他那种敌意成了一种习惯，这习惯毁伤了他早期的作品的外貌——那是一种修辞学上的手法，就连他后来的作品也还没有完全摆脱这种作风，以一个完全相反的字眼或思想来代替那通常的字眼或思想。他赞美荒山与冬天的树林，说它们有一种家庭气氛，发现冰雪是闷热的，称赞荒野，说它像罗马与巴黎。"它这样干燥，你简直可以叫它潮湿。"

他有种倾向，要放大这一刹那，眼前的一个物件或是几个综合的物体，他要在那里面看出一切自然界的定律。有些人没有哲学家的观察力，看不出一切事物的一致性，在他们眼光中，他这种倾向当然是可笑的。在他看来，根本无所谓大小，池塘是一个小海洋，大西洋是一个大的华尔敦池塘。每一件小事实，他都引证宇宙的定律。虽然他的原意是要公正，他似乎有一种思想萦绕于心，以为当代的科学自命它是完美的，而他刚好发现那些有名的科学家忽略了某一点，没有鉴别某一种植物种类，没有描写它的种子，或是数它的花萼。我们这样回答他："那就是说，那些傻瓜不是生在康科德，但是谁说他们是生在这里的？他们太不幸了，生在伦敦，或是巴黎，或是罗马。但是，可怜，他们也尽了最大的努力，当然他们很吃亏，他们从来没有见过康科德附近的培次门池塘，或是九亩角，或是贝琪·史多沼泽，而且，上天派你到这世界上来，不就是为了加上这点观察？"

他的天才如果仅只是沉思性的，他是适于这种生活的。但是他这样精力旺盛，又有实际的能力，他仿佛天生应当创造大事业，应当发号施令，他失去了他稀有的行动力，我觉得非常遗憾，因此我不得不认为他没有壮志是他的一个缺点。他因为缺少壮志，他不为整个的美国设计一切，而做了一个采浆果远足队的首领。

但是这些弱点，不论是真的还是浮面上的，都很快地消失在这样健康智慧的一个心灵的不断的生长中，以它的新胜利涂抹它的失败。他对于大自然的研究是他永远的光荣，使他的友人们充满了好奇心，想从他的观点看这世界，听他的冒险故事。他的故事包含着各种各样的兴趣。

他一方面嘲笑世俗的文雅习惯，然而他自己也有许多文雅的习惯。他怕听他自己的脚步声，沙砾轧轧作响，所以他从来不是自愿在路上走，而喜欢在草上、山上和树林中行走。他的知觉是敏锐的，他说晚上每一个住宅都发出恶气，像一个屠宰场一样。他喜欢苜蓿纯洁的香味。他对于某些植物特别有好感，尤其是睡莲。次之，就是龙胆、常春藤、永生花与一棵菩提树，每年7月中旬它开花的时候他总去看它。他认为凭着香气比凭视觉来审查更为玄妙——更玄妙，也更可靠。当然，香气揭露了我们看不见、听不见、捉摸不到的东西。他凭香味可以嗅出俗气来。他喜欢回声，说它几乎是他所听到的唯一的同类的声音。他酷爱大自然，在大自然中独处感到非常快乐，甚至于使他仇视城市，城市的教化与谋略将人类与他们的住宅改变得不成模样。斧头永远在那里破坏他的树林。他说："幸而他们不能把云砍下来。""那蓝色的背景上用这纤维质的白色颜料画出各种形状。"

我从他未发表的原稿上摘出几句话来，附在这里，不但可以作为他的思想与感情的记录，而且也是为了它们的描写能力与文艺价值——

> 有些"情况证据"是非常有力的，譬如有时候你在牛奶里发现一条鲟鱼。
>
> 鲢鱼是一种柔软的鱼，滋味像煮熟的皮纸加上盐。
>
> 年轻人收集材料，预备造一座桥通到月亮上，或是也许在地球上造一座宫殿或庙宇，而最后那中年人决定用这些材料造一间木屋。
>
> 健康的耳朵里听到的声音，比吃糖还甜。
>
> 我搁上一些长青树枝，那腴美辛辣的爆炸声在耳朵里听来，有芥末的感觉，又像是无数联队的枪炮声。枯树爱火。
>
> 蓝鸟把天驮在它背上。

莺在绿色的枝叶中飞过，仿佛它会使树叶着火。

长生不老的水，连表面都是活的。

火是最不讨厌的第三者。

羊齿草纯是叶子，大自然制造它，是为了要给我们看它能造出多么好的叶子。

没有一种树有像山毛榉那样美丽的树干，那样漂亮的脚背。

那淡水蚌，埋在我们黑暗的河底的泥里，它壳上美丽的虹彩是从哪里来的？

如果那婴儿的鞋子是另一个小孩的旧鞋，那真是一个艰苦的时代了。

我们什么都不必怕，只怕恐怖。相形之下，上帝或者宁取无神论。

你能够忘记的东西是没有意义的。我们稍稍需要一点思想，用它作为全世界的庙祝，照管庙宇中的一切宝贵的物件。

我们没有经过品性上的播种时期，怎么能预期思想上有收获？

有期望而镇静处之，不动声色，只有这种人，我们能够将宝贵的礼物付托在他们手里。

我要求被熔化。金属品在火中熔化，你只能要求它对火温柔。它不能对任何别的东西温柔。

植物学者知道有一种花——我们那种夏季植物，叫作"永生花"的，与它同是"菊科"——生在提乐尔山上的危崖上，几乎连羚羊都不敢上去，猎人被它的美引诱着，又被他的爱情引诱着（因为瑞士姑娘们非常珍视这种花），爬上去采它，有时候被人发现他跌死在山脚下，手里拿着这朵花。植物学家叫薄雪草，但是瑞士人叫它 edelweiss，它的意义就是"纯洁"。我觉得梭罗仿佛一生都希望能采到这植物，它理应是他的。他进行的研究规模非常大，需要有极长的寿命才能完成，所以我们完全没想到他会忽然逝世。美国还没有知道——至少不知道它失去了多么伟大的一个国民。这似乎是一种罪恶，使他的工作没有做完就离开了，而没有人能替他完成。对于这样高贵的灵魂，又仿佛是一种侮辱——他还没有真正给他的同侪看到他是怎样的一个人，就离开了人世。但至少他是满足的。他的灵魂是应当和最高贵的灵魂做伴的。他在短短的一生中学完了这世界上一切的才技；无论在什么地方，只要有学问、有道德的、爱美的人，一定都是他的忠实读者。

（选自 ［美］爱默生《爱默生文选》、
张爱玲译）

第四讲　辉煌宁静的太阳

[美]惠特曼

惠特曼（Walt Whitman，1819—1892），美国最伟大的民主诗人，19世纪浪漫主义文学的杰出代表。惠特曼出生于纽约长岛的一个劳动人民之家，很小就独立谋生，先后干过排字工、小学教师、木工、泥瓦工、新闻编辑等工作。19世纪40年代开始写诗，后出版《草叶集》等。

辉煌宁静的太阳

[美] 惠特曼

【编者按：惠特曼是用诗歌表达超越主义文学理念的代表人物。与梭罗和爱默生一样，惠特曼也认为，自然是人类的母亲；文明要想保持长久的生命力，必须与自然保持平衡。】

自己之歌

6

一个孩子说：**草是什么呢**？他两手满满地摘了一把送给我，
我如何回答这个孩子呢，我知道的并不比他多。

我猜想它必是我的意向的旗帜，由代表希望的碧绿色的物质所织成。

或者我猜想它是神的手巾，
一种故意抛下的芳香的赠礼和纪念品，
在某一角落上或者还记着所有者的名字，所以我们可以看见并且认
　　识，并说**是谁的呢**？

或者我猜想这草自身便是一个孩子，是植物所产生的婴孩。

或者我猜想它是一种统一的象形文字，

它的意思乃是，在宽广的地方和狭窄的地方都一样发芽，

在黑人和白人中都一样地生长，

开纳克人、塔卡河人 ①、国会议员、贫苦人民，

我给予他们的完全一样，我也完全一样地对待他们。

31

我相信一片草叶所需费的工程不会少于星星，

一只蚂蚁、一粒沙和一个鹪鹩的卵都是同样的完美，

雨蛙也是造物者的一种精工的制作，

藤蔓四延的黑莓可以装饰天堂里的华屋，

我手掌上一个极小的关节可以使所有的机器都显得渺小可怜！

母牛低头啮草的样子超越了任何的石像，

一个小鼠的神奇足够使千千万万的异教徒吃惊。

我看出我是和片麻石、煤、藓苔、水果、谷粒、

可食的菜根混合在一起，

并且全身装饰着飞鸟和走兽，

虽然有很好的理由远离了过去的一切，

但需要的时候我又可以将任何东西召来。

逃跑或畏怯是徒然的，

火成岩喷出了千年的烈火来反对我接近是徒然的，

爬虫退缩到它的灰质的硬壳下面去是徒然的，

事物远离开我并显出各种不同的形状是徒然的，

海洋停留在岩洞中，大的怪物偃卧在低处是徒然的，

---

① 开纳克人，加拿大人之别称；塔卡河人，弗吉尼亚人之别称。

鹰雕背负着青天翱翔是徒然的，

蝮蛇在藤蔓和木材中间溜过是徒然的，

麋鹿居住在树林的深处是徒然的，

尖嘴的海燕向北飘浮到拉布多是徒然的，

我快速地跟随着，我升到了绝岩上的罅隙中的巢穴。

32

我想我能和动物在一起生活，它们是这样的平静，这样的自足，

我站立着观察它们很久很久。

它们并不对它们的处境牢骚烦恼，

它们并不在黑夜中清醒地躺着为它们自己的罪过哭泣，

它们并不争论着它们对于上帝的职责使我感到厌恶，

没有一个不满足，没有一个因热衷于私有财产而发狂，

没有一个对另一个或生活在几千年以前的一个同类叩头，

在整个地球上没有一个是有特别的尊严或愁苦不乐。

它们表明它们和我的关系是如此，我完全接受了，

它们让我看到我自己的证据，它们以它们自己所具有的特性作为
　　明证。

我奇怪它们从何处得到这些证据，

是否在荒古以前我也走过那条道路，因疏忽失落了它们？

那时，现在和将来我一直在前进，

一直在很快地收集着并表示出更多的东西，

数量无限，包罗无穷，其中也有些和这相似的，

对于那些使我想到过去的东西我也并不排斥，

在这里我挑选了我所爱的一个，现在且和他如同兄弟一样地再向
　　前行。

一匹硕大健美的雄马，精神抖擞，欣然接受我的爱抚，
前额丰隆，两耳之间距离广阔，
四肢粗壮而柔顺，长尾拂地，
两眼里充满了狂放的光辉，两耳轮廓鲜明，温和地转动着。

我骑上它的背部的时候，它大张着它的鼻孔，
我骑着它跑了一圈，它健壮的四肢快乐得微颤了。

雄马哟，我只使用你一分钟，就将你抛弃了，
我自己原跑得更快，为什么还需要你代步？
即使我站着或坐在这里也会比你更快。

给我辉煌宁静的太阳吧

1

给我辉煌宁静的太阳吧，连同它的全部炫耀的光束，
给我秋天多汁的果实，那刚从果园摘来的熟透了的水果，
给我一片野草丛生而没有割过的田畴，
给我一棵树，给我上了架的葡萄藤，
给我新鲜的谷物和麦子，给我安详地走动着教人以满足的动物，
给我完全寂静的像密西西比西边高原上那样的夜，让我仰观星辰，
给我一座早晨芳香扑鼻、鲜花盛开的花园，让我安静地散步，
给我一个我永远不会厌倦的美人，让她嫁给我，
给我一个完美的儿童，给我一种远离尘嚣的田园式的家庭生活，
给我以机会来吟诵即兴的诗歌，专门吟给自己听，

给我以孤独，给我大自然，还有大自然啊你那原始的聪明！
我要求享有这些（倦于不断的骚扰，苦于战争的动乱），
我连续地请求得到这些，从内心发出呼喊，
不过在不停地请求时我仍依附于我的城市，
城市哟，我日复一日、年复一年地在你的大街上行走，
你在一个时期抓着我，锁住我，拒不放手，
可是你同意让我吃饱，灵魂得到充实，永远给我看种种的面目；
（啊，我看见我所设法逃避的东西，它对抗着、回击着我的喊叫，
我看见我自己的灵魂在把它所要求的一切通通踏倒。）

2

保留你的辉煌宁静的太阳，
保留你的树林啊，大自然，还有树林周围那些安静的地方，
保留你的长着苜蓿和梯牧草的田野，以及你的玉米地和果园，
保留你那九月间蜜蜂在嗡嗡叫闹的开花的荞麦田；
给我这些面目和大街——给我人行道上这些络绎不绝的幻影！
给我无穷无尽的眼色——给我妇女——给我成千上万的同志和情人！
让我每天都看到新人——让我每天都同新来者握手吧！
给我以这样的陈列——给我以曼哈顿的街衢吧！
给我百老汇，连同那些行进的军人——给我喇叭和军鼓的声音！
（那些整连整团的士兵——有的在开走，那么兴奋和毫不在乎，
有些已服役期满，队伍稀疏地回来，年轻而显得衰老，心不在焉地
    行进；）
给我海岸和码头，连同那些密布的黑色船艇！
我要的就是这些啊！是一种紧张的生活，丰富而多样的人生！
剧院、酒吧间、大旅馆的生活哟，给我！
轮船上的沙龙！拥挤的游览！高举火炬的游行！
奉命开赴前线的密集的旅队，后面跟着堆载得高高的军车；

无穷无尽的、高声喧嚷的、热情的人流，壮丽的场景，

由于敲着军鼓而强烈地颤动着的曼哈顿大街，

那漫无休止的嘈杂的合唱，枪支瑟瑟和铿锵的声响（甚至那些伤兵
　　的伤情），

曼哈顿的群众，连同他们的骚动而有节奏的合唱啊！

都给我吧，曼哈顿所有的面貌和眼睛。

拂开大草原的草

拂开大草原的草，吸着它那特殊的香味，

我向它索要精神上相应的讯息，

索要人们的最丰饶而亲密的伴侣关系，

要求那语言、行动和本质的叶片纷纷站起，

那些在磅礴大气中的，粗犷、新鲜、阳光闪耀而富于营养的，

那些以自己的步态笔挺地、自由地、庄严地行走，领先而从不落
　　后的，

那些一贯地威武不屈，有着美好刚健和洁净无瑕的肌肤的，

那些在总统和总督们面前也漫不经心，好像说"你是谁？"的，

那些怀着泥土的感情，朴素而从不拘束、从不驯服的，

那些美利坚内地的——叶片啊！

（选自［美］惠特曼《草叶集》，楚图南、

李野光译）

63

第五讲　敬畏生命

[法] 阿尔贝特·史怀哲

　　阿尔贝特·史怀哲（Albert Schweitzer，1875—1965，亦译史怀泽、施韦兹），出生于德法边界的小城凯泽尔贝格，是当代具有广泛影响的思想家，他创立的以"敬畏生命"为核心的生命伦理学是当今世界和平运动，环保运动的重要思想资源。他先后获得哲学，神学和医学三个博士学位，还是著名的管风琴演奏家和巴赫音乐研究专家。史怀哲于1913年来到非洲。在加蓬的兰巴雷内建立了丛林诊所，服务非洲直至逝世。他获得了1952年的诺贝尔和平奖，被称为"非洲之子"。史怀哲的著作众多，横跨哲学、神学、音乐三大领域而且均具有极高的专业性，其中最重要的著作是《文明与伦理》（1923）。爱因斯坦曾经这样称赞史怀哲："像史怀哲这样理想地集善和对美的渴望于一身的人，我几乎还没有发现过。"

敬畏生命

[法] 阿尔贝特·史怀哲

【编者按：史怀哲认为，善的本质就是，保持生命，促进生命，使生命实现其最高价值；恶的本质就是，毁灭生命，损害生命，阻碍生命的发展。因此，敬畏生命是伦理的基本原则。】

敬畏生命理论的产生及其对我们文化的意义

1

在小时候，我就感到有同情动物的必要。当时，我们的晚祷只为人类祈祷，这使尚未就学的我感到迷惑不解。为此，在母亲与我结束祈祷并互道晚安之后，我暗地里还用自己编的祷词为所有生物祈祷："亲爱的上帝，请保护和赐福于所有生灵，使它们免遭灾祸并安宁地休息。"

发生在七八岁时的一件事使我难以忘怀。我的同学海因里希·布雷希和我用橡皮筋做了弹弓，它能用来弹小石块。当时是春天，正值耶稣受难期。在一个晴朗的星期天早晨，他对我说："来，现在我们到雷帕山打鸟去！"

这一建议使我吃惊，但由于害怕他会嘲笑我，就没敢反对。

我们走到一棵缺枝少叶的树附近，树上鸟儿们正在晨曦中动听地歌唱，毫不畏惧我们。我的同学像狩猎的印第安人一样弯着腰，给弹弓

66

装上小石块并拉紧了它。顺从着他命令式的目光，我也照着他的样子做了，但由于受到极度的良心谴责，我发誓把小石块射向旁边。

正在这一瞬间，教堂的钟声响了，并回荡在朝霞和鸟儿的歌唱声中。这是教堂大钟召唤信徒的"主鸣"之前半小时的"初鸣"。

对我来说，这是来自天国的声音。我扔下弹弓，惊走了鸟儿。鸟儿们因此免受我同学的弹弓之击，飞回了自己的窝巢。

从此，每当耶稣受难期的钟声在春天的朝霞和树林中回荡时，我总是激动地想到，它曾怎样在我心中宣告了"你不应杀生"的命令。

在我青年时代就存在的动物保护运动的复兴，也给我留下了深刻的印象。人们终于敢在公众中坚持并宣告：同情动物是真正人道的天然要素，人们不能对此不加理睬。我认为，这是在思想的昏暗中亮起的一盏新的明灯，并越来越亮。

从 1893 年起，我在斯特拉斯堡大学学习哲学和神学。在这世纪末期的日子里，我们大学生共同经历了一些值得注意的事件：尼采和托尔斯泰各种著作的传播。

弗里德里希·尼采（1844—1900），他的学业几乎还未结束，就被聘为巴塞尔大学的古典语言学教授。但是，他并不满足于只研究古希腊文化及其精神，也从事一般文化问题及其精神的研究。从 1880 年起，尼采表示反对希腊哲学和基督教传统的欧洲文化。他谴责这种欧洲文化，认为在其中占主导地位的是人的软弱和畏缩的精神，它产生要求爱他人的伦理。为了保护这种伦理，它还创立了天国希望的理论。

根据尼采的想法，真正文化的伦理只能是对生活的自豪和勇敢的肯定，"超人"并不受爱的"奴隶道德"的约束，他坚持"强力意志"的主人道德。

尼采以极大的激情阐述了这种关于文化和伦理的本质的新观点，对当时的人们，特别是年轻人，产生了很大的影响。

但就在那时，即那个世纪末期的时刻，托尔斯泰（1828—1910）的著作也在公众中流行。在他的长篇和短篇小说中，这位俄罗斯作家和思想家代表了一种不同于日耳曼的世界观。托尔斯泰肯定伦理的文化。他认为伦理的文化是他在自己的经历和思考中获得的深刻真理。通过他的短篇小说，托尔斯泰也使我们了解他是如何认识真正人道和质朴虔诚的。

我们19世纪末的年轻人就这样与两种不同的世界观打交道。

在这种状况中，我曾有过极大的失望。我曾期待宗教和哲学能共同有力地反对和驳斥尼采。但这种情况没有出现。也许它们已表示过反对尼采。可是我认为，宗教和哲学没能也没有尝试在尼采对它们挑战的深度上阐明伦理的文化。

作为一个大学生，我本人在世纪末期就开始思考这个问题：我们的文化是否真正具有不可缺少的伦理动能。这促使我研究文化和伦理问题。在19世纪后半叶，这个问题受到哲学界的普遍重视。我发现，当时欧洲最重要的哲学文献根本就不认为文化和伦理是一个问题，相反，它们把文化和伦理作为既成的精神成就而接受下来。

我自己则不能摆脱这种印象：人们认为永恒的伦理并没有向人类和社会提出重大的要求，它是"处于休息状态"的伦理。

从而，在19世纪末，当人们为了确认和评价这一世纪的成就而回顾和考察各个领域时，流行的是一种我无法理解的乐观主义。人们似乎普遍相信，我们不仅在发明和知识方面取得了进展，而且在精神和伦理领域也达到了一个前所未有和再也不会失去的高度。但是，我认为，我们的精神生活似乎不仅没有超过过去的时代，而且还依赖着前人的某些成就，更有甚者，其中有些遗产经过我们的手而逐渐消失了。

我清醒地意识到，在有些场合我只能确认：当非人道的思想公诸舆论时，它们不是遭到拒绝和指责，而是被简单地接受。所谓"现实政策"受到欢迎。尼采的"强力意志"开始发挥它的危险作用。在一些领域流行的"现实政策"为它开辟了道路。我认为，一种精神和心灵的疲乏似乎已经侵袭了为其工作和成就而自豪的当代人。

从而，我越来越注重探讨18世纪后期的文化和伦理。

对我生活于其中的时代精神状况，我决定进行深入研究并作批判性的考察，这一著作的标题应是《文化和伦理》。我觉得，我们正处于一个精神衰落的时代，因此，我试图把这种状况称为"我们模仿者"。

1900年夏季，我在柏林大学学习。在著名的古希腊语言、文化研究者恩斯特·库齐乌斯遗孀的家中，我经常遇见富有吸引力的柏林学者。一天下午，一些"普鲁士科学院"的院士在出席了科学院会议之后，来到那里喝咖啡。他们继续讨论一个大家关注的问题。突然，其中一位先生总结性地说道："我们大家都只是模仿者。"这句话深深地震撼了我：我并不是唯一意识到"我们生活在一个模仿者时代"的人。

20世纪初，我花时间研读近几十年来的哲学、伦理学著作，并考察它们就我们对生物的行为说了些什么。

这些著作的绝大部分都认为这是次要的，只有少数几本探讨了这个问题。

其中有些作者表示了对动物的同情，但他们为此甚至要请人原谅，因为动物似乎和我们人并不处于同一等级。人们几乎不能在任何一本书中看到：人们应该同情动物并给予更多的重视。

但是，我确信，人们在哲学、伦理学中也应该给予善待动物的要求以一个位置。我认为，诸如帮助动物保护运动，从理论上论证他们的行动等等，对此似乎都是很适宜的。

1913年，在结束医学专业的学习之后，为在兰巴雷内办一个诊所（1872年，美洲长老会的传教协会在那里建立了教区），我与妻子一起前往非洲。通过在这个地区活动的阿尔萨斯传教士，我知道那里迫切需要一个医生。当时，人们正同在非洲肆虐的昏睡病做斗争。

为了能够继续从事"我们模仿者"这个课题的研究，我在行李中也带上了足够的哲学书籍。

1914年8月，第一次世界大战爆发了，由此非洲陷于险恶的处境。作为阿尔萨斯人，我的妻子和我具有德国国籍。虽然，这并不妨碍我们来到法国殖民地，并在这里开办一个诊所，但现在处于战争状态，由于我们是德国人，就必然被当作俘虏来对待。

在战争爆发的当天晚上，人们就告诉我们，也许应把自己看作被拘留者。我们可以留在家里，但必须放弃与白人或黑人的任何交往。我们的住宅前出现了看守者，包括 1 名黑人低级军官和 4 名黑人士兵。

由于我被禁止在诊所工作，从而又有了时间来处理我多年思考的、由于战争的爆发又具有现实意义的问题，即"文化和伦理"的问题。

从现在起，战争作为文化衰落的现象而肆虐着，而我也不再考虑把"我们模仿者"作为这一著作的标题了。

为什么只批判文化？为什么满足于把我们作为模仿者来分析？时代要求建设性的工作。

我开始探寻伦理文化软弱无力的原因，它如何由战争的爆发而表现出来？直到 11 月底，我一直在研究这一问题。由于当地的白人和黑人都抱怨，没有什么理由剥夺当地唯一的医生的自由，我们的拘留被解除了。当然，我在巴黎政府内的朋友也为公正地对待我出了力。

在我重新开始诊所工作之后，我发现还有时间继续研究伦理文化变得无力的问题。

从那时起，我认为有必要探讨这样一个基本问题：一种持续的、深刻的和有活力的伦理文化是怎样产生的？

但是，已经发现问题的满足并没有持续多久。时间一个月一个月地过去了，而我在解答这些问题上却没有前进哪怕半步。我从伦理——哲学著作中所了解的一切，对此毫无帮助。

由于妻子的健康问题，当 1915 年夏末我和她前往海滨的卡帕洛帕茨时，我只带上了少得可怜的一些有关手稿。

1915 年 9 月，我在那里被告知，恩戈莫传教站的瑞士传教士彼洛特的太太病了，等待着我去治疗。

这样我就必须在奥戈维河中乘船向上游行驶 200 公里。一条正要起程的小旧汽船，是我能立即找到的唯一交通工具，它超负荷地拖着两条大驳船。船上除了我之外，只有几个黑人。由于仓促，我没准备口粮，他们就让我吃他们的食物。

我们慢慢地在河流中行驶。当时正值旱季，我们必须在大沙滩之间寻找水路。

我坐在其中的一条驳船上，打算在整个途中思考一种新的文化如何产生的问题，它将比我们的文化更具伦理深度和动能。只是为了能集中于这一问题，我逐页写着并不连贯的句子。疲乏和迷惑使我的思维几乎处于停顿状态。

第三天傍晚，日落时我们正在伊根德伢村附近，那时我们必须在一公里多宽的河中沿着一个岛向前行驶。在沙滩的左边，四只河马和它们的幼崽也在向前游动。这时，在极度疲乏和沮丧的我的脑海里突然出现了一个概念："敬畏生命。"据我所知，我还从未听到和读到过这个词。我立即意识到，这就是令我伤透脑筋的问题的答案：只涉及人对人关系的伦理学是不完整的，从而也不可能具有充分的伦理动能。

但是，敬畏生命的伦理学则能实现这一切。由于敬畏生命的伦理学，我们不仅与人，而且与一切存在于我们范围之内的生物发生了联系。关心它们的命运，在力所能及的范围内避免伤害它们，在危难中救助它们。我立即明白了：这种根本上完整的伦理学具有完全不同于只涉及人的伦理学的深度、活力和动能。

由于敬畏生命的伦理学，我们与宇宙建立了一种精神关系。我们由此而体验到的内心生活，给予我们创造一种精神的、伦理的文化的意志和能力，这种文化将使我们以一种比过去更高的方式生存和活动于世。由于敬畏生命的伦理学，我们成了另一种人。

我曾徒劳地寻找的通往更深刻、更有力的伦理学道路就这样梦幻般地敞开了。对于这一过程实在难以用语言来表达。从此，我就按计划写关于文化和伦理的著作。在夜幕降临时，我们抵达了恩戈莫。我花了两天时间诊治患病的传教士夫人，然后又回到了海滨。几天之后，我妻子和我从海滨回到兰巴雷内。

2

我在兰巴雷内开始撰写关于文化和伦理的著作。现在，这一纲要变得容易了。在第一部中，我概括了古今重要思想家对于文化和伦理的看法。

第二部探讨伦理的本质、敬畏生命的本质以及它对文化的意义。

人的意识的根本状态是："我是要求生存的生命，我在要求生存的生命之中。"

有思想的人体验到必须像敬畏自己的生命意志一样敬畏所有生命意志。他在自己的生命中体验到其他生命。对他来说，善是保持生命，促进生命，使可发展的生命实现其最高的价值。恶则是毁灭生命，伤害生命，压制生命的发展。这是必然的、普遍的、绝对的伦理原理。

过去的伦理学则是不完整的，因为它认为伦理只涉及人对人的行为。实际上，伦理与人对所有存在于他的范围之内的生命的行为有关。只有当人认为所有生命，包括人的生命和一切生物的生命都是神圣的时候，他才是伦理的。

只有体验到对一切生命负有无限责任的伦理才有思想根据。人对人行为的伦理决不会独自产生，它产生于人对一切生命的普遍行为。从而，人必须要做的敬畏生命本身就包括所有这些能想象的德行：爱、奉献、同情、同乐和共同追求。我们必须摆脱那种毫无思想地混日子的状况。

但是，由于受制于神秘的残酷的命运，我们大家都处于这样的境地：为了保持我们的生命，必须以牺牲其他生命为代价，即由于伤害、毁灭生命而不断犯下罪过。

出于伦理本性，我们始终试图尽可能地摆脱这种必然性。我们渴望能坚持人道并从这种痛苦中解脱出来。

从而，产生于有思想的生命意志的敬畏生命伦理学把肯定人生和伦理融为一体。它的目标是：实现进步和创造有益于个人和人类的物质、精神、伦理的更高发展的各种价值。

对世界和人生的无思想的肯定迷失于知识、能力和强权的理想中，而真正的、深刻的思想的理想则是个人和人类的精神和伦理的完善，以及一种要求和平和拒绝战争的伦理文化的产生。

只有敬畏生命的信念在其中发挥作用的思想，才能在当今世界开辟和平的时代。而所有对于和平的表面的外交努力则始终没有成果。

一次新的、比我们走出中世纪更加伟大的文艺复兴必然会来到：人们将由此摆脱贫乏的得过且过的现实意识，而达到敬畏生命的信念。只有通过这种真正的伦理文化，我们的生活才会富有意义，我们也才能防止在毫无意义的、残酷的战争中趋于毁灭。只有它才能为世界和平开辟道路。……

要求和道路

1

思想必须努力表达伦理的本质，由此它把伦理规定为敬畏生命，即奉献给生命。即使敬畏生命这个词太普通，听起来不够生动，但它所表达的内容永远留在思考过它的人的心中。敬畏生命使受其影响的信念富有活力，使它再也不放弃自己的责任。就像水中的螺旋桨推进着船一样，敬畏生命也这样推动着人。

由于内在的必要，敬畏生命的伦理并不依赖于它能构想出哪种令人满意的人生观。它不需要回答这样一些问题：

在世界发展的总体过程中，伦理的人保存、促进和提高生命的活动会有什么结果？与自然强力每时每刻对生命的巨大毁灭相比，伦理的人对生命的保存和改善是微不足道的。但是，这种比较不会使敬畏生命的伦理迷失方向。

敬畏生命伦理的关键在于行动的意愿，它可以把有关行动效果的一切问题搁置一边。

对世界来说，重要的是这一事实本身：由于人开始有伦理观念，充满敬畏生命和奉献给生命的生命意志便出现在世界中。

敬畏生命的伦理使各种伦理观念成为一个整体，并由此证明自己的真理性。没有一种伦理的自我完善只追求内心修养，而不需要外部行动。只有外部行动和内心修养的结合，行动的伦理才能有所作为。敬畏生命的伦理能做到这一切，它不仅能回答通常的问题，而且能深化伦理的见解。

伦理就是敬畏我自身和我之外的生命意志。由于敬畏生命意志，我内心才能深刻地顺从命运、肯定人生。我的生命意志不仅由于幸运而任意发展，而且体验着自己。但愿我不要让这种自我体验消失在无思想中，而是充分认识它的价值，这样我就能领悟到精神自我肯定的奥秘。我意外地摆脱了命运的束缚。在我以为被击垮的瞬间，我觉得自己上升到一种摆脱世界束缚的幸福，它是不可言说、又意外遇到的，我由此体验自己人生观的升华。顺从命运是一座前厅，经过它我们进入了伦理的殿堂。只有在深沉地为自己的生命意志奉献的过程中经历了内在自由的人，才能深沉持续地为其他生命奉献。

…………

只有保存和促进生命的最普遍和绝对的合目的性，即敬畏生命所关注的合目的性，才是伦理的。任何其他的必然性或合目的性都不是伦理的，而只是或多或少地必然的必然性，或者是或多或少地合目的的合目的性。在自我保存和伤害、毁灭其他生命的冲突中，我从不能把伦理和必然统一成为一种相对的伦理要求，我必须在伦理要求和必然要求之间做出抉择，如果我听从了必然性的命令，我就要承担起由于伤害生命而给自己带来的责任。同样，我也不能认为：在个人责任和超个人责任之间的冲突中，能够把伦理的要求和合目的性要求协调起来，或者甚至使合目的性要求排斥掉伦理要求。我做的只能是：在这两者之间做出抉择。如果我屈服于超个人责任和合目的性的压力，我就无论如何由于贻误了敬畏生命而负有责任。

把超个人责任的合目的性与伦理结合成一种相对伦理要求的诱惑是

特别大的，因为这能为那些服从超个人责任而无私行动的人提供理由：他不是为自己的生存和幸福而牺牲他人的生存和幸福，他牺牲个人的生存和幸福，是为了合目的性的多数人的存在和幸福。但伦理比无私更高！只有我的生命意志敬畏任何其他生命意志才是伦理的。无论我在哪里毁灭或伤害任何生命，我就是非伦理而有过失：为保存自己的生存和幸福的自私过失，为保存多数他人的生存和幸福的无私过失。

3

　　敬畏生命产生于有思想的生命意志，它包括对世界和人生的肯定与伦理。从而，敬畏生命始终是对一切伦理文化理想的思考和意愿，并使这种理想付诸现实。

　　对于纯粹个人主义和内在的文化观点，如在印度思想和神秘主义中占主导地位的文化观点，敬畏生命不让它们发挥作用。敬畏生命认为，人隐退追求自我完善虽然深刻，但并不是一种完整的文化理想。

　　敬畏生命绝不允许个人放弃对世界的关怀。敬畏生命始终促使个人同其周围的所有生命交往，并感受到对他们负有责任。对于其发展能由我们施以影响的生命，我们与他们的交往及对他们的责任，就不能局限于保持和促进他们的生存本身，而是要在任何方面努力实现他们的最高价值。

　　我们能对其发展施以影响的生物是人。敬畏生命促使我们去想象由个人和人类能实现的一切进步，并立志去实现它。它要求我们作为伦理的人，不懈地想象文化的意义，亦为实现它而努力。

　　甚至对世界和人生并不深刻的肯定也会产生有关文化的观念和抱负。但是，它只能使人或多或少盲目地为此努力。而敬畏生命和由此形成的抱负，它在各个方面使个人和人类实现其最高价值，并使人获得完整的、纯净的、有目的地付诸现实的文化理想。

　　从外部，即从纯粹经验方面来定义，完整的文化是：实现知识、能力和人的社会化的一切可能的进步，并由此共同促进个人的内在完善，即文化的本来和最终目的。敬畏生命能完备这种文化观点，并能为它奠定内在的基础：敬畏生命规定人的内在完善的内容，并使它达到日益深化的敬畏生命的精神性。

为了赋予由个人和人类能实现的物质和精神进步以意义，通常的文化观念用世界的进化来说明。这样，它就得依赖不结果的幻想，而体现文化意义的世界进化并不能得到阐明。

在敬畏生命的伦理学中则相反，文化认识到它和世界进化毫无关系，它自身就具有意义。文化的本质在于：我们的生命意志努力实行敬畏生命，敬畏生命日益得到个人和人类的承认。从而，文化不是世界进化的现象，而是我们内心对生命意志的体验。我们不能使这种体验与我们从外部所认识的世界过程发生联系，也不需要这么做。作为我们生命意志的完善，它自在自足。我们内心的发展在世界发展总体中意味着什么，我们把它作为非研究的对象而搁置一边。由于所有个人和人类能实现的进步，在世界上就有尽可能多的生命意志，它们在其活动范围内敬畏一切生命，并在敬畏生命的精神中寻找完善：只有这才是文化。这种文化本身就包含着如此多的价值，甚至在不久的将来肯定会出现的人类毁灭也不能使我们对为文化所做的努力产生疑惑。

文化，作为能实现生命意志的最高体验的发展，它不需要世界解释就有世界意义……

人类思想发展中的伦理问题

1

……通过对奉献问题的思考，我们已扩大了伦理活动的范围。我们意识到：伦理不仅与人，而且也与动物有关。动物和我们一样渴求幸福，承受痛苦和畏惧死亡。那些保持着敏锐感受性的人，都会发现同情所有动物的需要是自然的。这种思想就是承认：对动物的善良行为是伦理的天然要求。但由于多种原因，这种伦理要求在实行时会迟疑不决。

事实上，与只对人类奉献的要求相比，在和我们与之相关的所有动物命运的交往中会产生更多更复杂的冲突，新的和悲剧性的境况在于，我们在此始终必须在杀生和不杀生之间做出抉择。农民不可能饲养所有生存其畜群中的牲畜。他能留存的就这么多，即他能够饲养以及这种饲养会给他本人带来足够的收益。在许多情况下，为了拯救受到它们威胁的其他动物，我们也有必要牺牲这些动物。

谁照料一只掉下巢穴的小鸟，为了喂养它，谁就有必要杀死一些小生命，这种行为完全是任意的。他有什么权利为了这一生命而牺牲许多生命呢？为了使另一些动物免受他所不喜欢的动物的伤害，他也就任意地消灭这些动物。

因此，人是否以不可避免的必然性为基础而给生物带来痛苦或杀死它们并因此而负有责任，对此做出决定已是我们每个人的任务。可以说，那些承担起义务，而不错过帮助处于困境中动物机会的人，已为这种过失给了一些补偿。如果人关心动物的福祉并避免所有出于疏忽而使它们遭受的灾祸，那么我们的进步该是多大啊！反对反人道传统和在当代还存在着的非人道情感的斗争，是我们的义务。

例如，在圆形竞技场中的斗牛和追猎、围猎，都是我们的文明和情感不应再继续容忍的非人道习俗。

因此，不考虑我们对动物的行为的伦理，是不完整的。我们应该全力以赴地和持续不断地进行反对非人道的斗争。它必须达到这种程度，以至于人们把杀生看作我们文化的耻辱柱。

2

当代伦理境况的一个重大变化是：它必须承认它不再能指望依赖一种与其相符的世界观，以前，伦理（学）能够确信，它所要求的行为是与对在创世中被启示的普遍生命意志的真正本质的认识一致的。不仅各种高度发展了的宗教，而且17、18世纪的理性主义哲学都持这种观点。

…………

如果伦理认识到，它是一种为其他生命意志奉献的必要性，知识丰富的人要认识到这点就不能离开它，那么伦理就成为完全独立的了。从现在起，我们只拥有不完善的和完全不能满意的对世界的认识，这一事实已不能对我们有所损害了。我们拥有与我们本性相符的应该做什么的信念。由于对它的忠诚，我们改变着自己生存的道路。

在我们生存的每一瞬间都被意识到的基本事实是：我是要求生存的生命，我在要求生存的生命之中。我的生命意志的神秘在于，我感受到有必要，满怀同情地对待生存于我之外的所有生命意志。善的本质是：保持生命，促进生命，使生命达到其最高度的发展。恶的本质是：毁灭生命，损害生命，阻碍生命的发展。

从而，伦理的基本原则是敬畏生命。我给予任何生物的所有善意，归根到底是这样一种帮助，即使它有益于得以保持和促进其生存的帮助。

3

在本质上，敬畏生命所命令的是与爱的伦理原则一致的。只有敬畏生命本身就包含着爱的命令的根据，并要求同情所有生物。

需要说明的是，爱的伦理只提醒我们考虑对他人的行为，而不包括对我们自身的行为。但是，作为伦理人格的基本要素的真诚的要求，不可能来源于这种伦理。事实上，伦理人格的基本要素是这样一种敬畏：由于我们放弃了在各种情况中可能利用过的各种伪装，并在保持完全真诚的斗争中毫不松懈，从而我们也已给我们自己的生存带来敬畏，而这种敬畏也督促我们始终忠实于自己。

从而，从任何角度看，只有敬畏生命的伦理才是完备的，只涉及人对其同类行为的伦理会很深刻和富有活力。但它仍然是不完整的。不可避免的是，人们总有一天会对未被禁止的对其他生物的残忍行为表示反感，并要求一种也同情它们的伦理。但伦理在决定要把它付诸实践时则犹豫不决。只是不久以来，这种意图才得到了可观的实施并引起了全世界的重视。

从而，要求对所有生物行善，符合有思想的人天然感受的敬畏生命的伦理，也开始得到承认。

通过对所有生物的伦理行为，我们与宇宙建立了有教养的关系。

在世界上，生命意志处于与自身的冲突之中。在我们内心，它则愿与自身实现和平。

生命意志显示在世界中，并在内心中启示着我们。

精神命令我们有别于世界。通过敬畏生命，我们以一种基本的、深刻的和富有活力的方式变得虔诚。

（选自 ［法］阿尔贝特·史怀哲《敬畏生命》，陈泽环译）

第六讲　自然公园与森林保护

[美] 约翰·缪尔

约翰·缪尔（John Muir，1838—1914），19世纪美国自然保护运动的领袖、著名的塞拉俱乐部的创始人。生于苏格兰，1849年随家人移居美国威斯康星州，曾入威斯康星大学。热衷于机械发明，后因事故伤了一只眼睛，改行成为一名旅行家。此后走遍西部各州，边走边写，以极其优美的文笔，写下了数十种描述美国自然风光的作品。正是在这些作品的感染下，美国相继成立了许多保护性的国家公园。他的作品真正成了"感动过一个国家的文字"。除《我们的国家公园》外，有影响的作品还有《我在塞拉的第一个夏天》《我童年和青年时代的故事》《约塞米蒂》等。

自然公园与森林保护

[美] 约翰·缪尔

【编者按：缪尔认为，大自然不仅具有工具价值，还具有满足审美、净化心灵、恢复元气等方面的精神价值。大自然首先是，而且最重要的也是为了它自己而存在的。所有的自然物都拥有内在价值。缪尔在本部分结合美国西部的自然公园和森林保护区，具体说明和展示了大自然的这种精神价值和内在价值。】

> 不要停下脚步，
>   　轻松地旅游，快快上路；
> 无论走到哪里，
>   　身心依恋着故土。
> 在太阳照耀的每一片土地上，
>   　无论发生什么，我们都欢欣鼓舞。
>   　为什么世界如此广袤？
> 因为这是一片海阔天高的乐土。

今天，我们高兴地看到有一种到大自然中去旅行的趋势。成千上万心力交瘁生活在过度文明之中的人们开始发现：走进大山就是走进家园，大自然是一种必需品，山林公园与山林保护区的作用不仅仅是作为木材与灌溉河流的源泉，它还是生命的源泉。当人们从由过度工业化的罪行和追求奢华的可怕的冷漠所造成的愚蠢的恶果中猛醒的时候，他们用尽浑身解数，试图将他们所进行的小小不言的一切融入大自然中，并使大自然添色增辉，摆脱锈迹与疾病。通过远足旅行，人们在终日不息的山间风暴里洗清了自己的罪孽，荡涤着由恶魔编织的欲网。徜徉在弥漫着松香气息的松林里或长满龙胆的草原上，穿行于查帕拉尔灌木丛中，拨开缀满鲜花、香气袭人的枝丛，沿着河流走到它们的源泉，去感触大地母亲的神经。从一块岩石跳上另一块岩石，去感觉它们的生命，去聆听它们的歌声。气喘吁吁地进行全身心的锻炼，在纯净的大自然中去做深呼吸，去欢呼，去雀跃。这是一件自自然然、充满希望的好事。与此同时，人们对于从整体上关注和保护森林与自然生态地区的兴趣在与日俱增，而人们对于城市之中半自然状态下的公园和花园的兴趣也在逐渐增长。尽管自然风光正处于受到人类影响最严重的状态之下，眼镜、蠢行和照相机混迹其中，热爱自然风光的人们比猩红裸鼻雀还要引人注目，他们的红色雨伞使野生猎物受到惊吓。然而即使是这样，这也是令人鼓舞的，可以被认为是这个时代希望的象征。

所有的西部山地还仍然处于非常原始的自然状态，但是随着良好道路的修筑，它们与文明之间的距离在一年年地拉近。对于洒脱的智者，无论前面是怎样的坦途大道，也没有必要去横穿整个大陆来寻求自然之美，因为他们随处都可以发现取之不尽、用之不竭的自然美。像梭罗那样，他们从果园和片片樾橘灌丛中看到了森林，从池塘和露珠中看到了海洋。在这个"熙熙攘攘，皆为利往"的黑暗年代里，洒脱的智者已是凤毛麟角。利令智昏的人们像尘封的钟表，汲汲于功名富贵，奔波劳顿，也许他们的所得不多，但他们却不再拥有自我。

当我们像一个如数家珍的商人一样清点我们的自然财富时，我们欣喜地发现：许多最容易遭到破坏的自然环境仍然保存完好。当我们这片大陆还处在完全原始的自然状态的时候，放眼望去，只见它横卧在美丽的海洋中间，上面是繁星点点的天空，下面是星罗棋布的岩石，大陆东西两端两相对照，就像两相对照的彩虹的两端——然而它不再同样美丽。我想，今天的彩虹应该像它最初出现在天空的时候一样光彩照人，尽管有文明的砍伐和践踏，但我们的一些自然风光却在一年比一年变得更加美丽，新的动植物使森林和花园变得更加丰富多彩，许多自然风光是全新的，随着层层叠叠塑造着大地的冰川向后退去，这些鬼斧神工般的景物现在第一次暴露在光天化日之下，千姿百态、美丽动人的生命一下子贯注其中，新生的河流在其间闪烁、歌唱。像健康的树木一般，旧有的河流也比以前长了，随着山中最上游水源处残存的冰川的退后，它们拥有了新的支脉和湖泊。与此同时，它们像根须一样密布于平坦的三角洲上的水网支流，如今也向更远更广的海洋伸展出去，造就出新的陆地。

在地球内部神秘的巨大引力作用下，大陆和岛屿缓慢地升起和下沉。由于风化作用，绝大部分山体都在不断受到侵蚀、逐渐变小，而与此同时，也有个别的山体还在不断升高、不断增大，尤其是那些火山山体，一股股新的岩浆洪流沉积在山巅，而且像树木的年轮一般，一层层地不断地扩展，积存在山体附近。既像湖泊与海洋中升起的岛屿，又似老树根侧翼长出的附生树根，新的山系在不断地形成。作为某种意义上的平衡，它们实现着新陈代谢，真是"沉舟侧畔千帆过，病树前头万木春"。人类也使大自然的面貌产生了翻天覆地的变化。这种一半是禽兽、一半是天使的高等动物其影响力最为巨大，他们迅速地繁殖、扩散，用船舶覆盖住湖泊和海洋，用房屋、旅馆、教堂和林立的城市店铺与住宅覆盖住大地，所以不久之后，我们大概要走出比南森所走的道路远得多的路，才能找到一片真正的宁静与安详。只要是未经人类染指的处女地，风光景色总是美丽宜人。我们可以欣慰地说，其中很多景色将永远处于自然状态之中，特别是海洋与天空、如水的星光以及温暖而不会受到破坏的地心。尽管我们只能用想象的眼睛去洞烛其幽暗的存在，但它们却展现着无尽的美丽。间歇泉从炽热的地下世界喷涌而出，长年不融的稳定的山间冰川也只听从太阳的命令，约塞米蒂穹丘以及所有壮丽峻峭的山峰峡谷——这一切都将永远保持其原始的自然状态，因为人类对它们所造成的改变和伤害并不比盘旋在它们上面的蝴蝶多多少。然而这片大陆美丽的外表却在迅速消失，特别是其中的植物部分，它们是所有美景之中最容易受到伤害也是最迷人的部分。

只是三十年以前，500英里长、50英里宽的巨大的加利福尼亚中央河谷还开满了金色和紫色的鲜花。如今，它已被开辟成农田和牧场而不复存在了，永远地消失了，只有在篱栅的一角或伸入溪流的陡坡上还保留着些许记忆的印痕。尽管地形复杂，道路崎岖难行，然而北美西部山地的花园以及保护区与非保护区中的大森林都没有逃脱被闯入、遭践踏的噩运，只有那些由不多的士兵守卫着的国家公园中的花园和森林才免遭不幸。在这个世界上最壮丽的大森林里，曾一度秀美迷人的大地如今却变得荒凉而面目可憎，仿佛是满目疮痍的脸庞。太平洋海岸及落基山脉的许多其他河谷和森林也面临着同样的问题。除非觉醒的公众上前阻止，否则同样的命运将落到它们每一个的头上。即使是很难吸引拓荒者的位于亚利桑那、内华达、犹他及新墨西哥的大沙漠，数年以前还被拓荒者视为畏途，当作死亡象征的不毛之地，如今竟被开垦成一两英亩只能养活一头牛的牧场，当然，它们的植物宝藏——千娇百媚的美花莉、天蓝绣球、吉莉草等等也就随之消失了，剩下的只是一些味苦、刺多、不能吃的灌木和一些用尖刺保护着自己的顽强不屈的仙人掌。

东部大部分珍贵的野生植物也已消失，走进了尘封的历史。曾在草原和林地上繁盛一时的野生植物如今仅剩下一点依稀的残迹，在不宜垦殖的沼泽与乱石中祝福着人类。幸运的是，其中一些植物还保持着完全原始的自然状态，使人们仍然能够看到造物主的一片爱心。每到夏季，安全地把根深深扎入泥沼之中的白色水百合在上千座湖泊岸边，用繁星般芬芳的花朵构成一道银河。在人迹罕至的生满苔藓的岩石上，在虎耳草、蓝铃花与草蕨之间，会有一丛野草摇曳着它的花穗。即使是农田中央珍稀的水苔沼泽，由于那里地表过于松软，牲畜无法涉足，它们也因此得到保护，保留了诸如伏地杜属、乌饭树属、山月桂属、北极花属以及泉女兰属等属种的未经改变的植物。北美匙唇兰仍然隐藏在加拿大的罗汉柏沼泽中，从那里向南有一些仍然保持着自然状态的大一些的沼泽弥漫着瘴气，蛇虫、鳄鱼出没其间，它们像守护神一样，捍卫着它们的宝藏，使之保持着纯洁，成为一座天堂。除了众所周知的一切外，东部还拥有美丽的冬季和厚厚的彤云，它们将洁白的雪花洒满大地，至少每年一次将大地的所有疮痍全部掩盖，使最黯然的景色美不胜收。

在这片大陆上，绵延范围最广、受到破坏最小、最不容易遭到侵害的花园是辽阔的阿拉斯加苔原。夏季。从北纬 62 度直到北冰洋沿岸，这里是一片鲜花与绿叶的海洋，平整均匀，碧波滚滚。冬天，无边的雪花使四野银光闪闪，整个大地闪烁着白色的光芒，仿佛一颗明星。北冰洋的植物并不像从没有见过它们的人们所猜想的那样是遭霜打了一般的可怜虫。尽管它们的株体很矮，紧贴着冰封的大地生长，仿佛充满了对大地的爱恋，然而它们却是生机勃勃、乐观向上的，与它们在南方的亲戚们一样，它们也在诉说着造物主的爱意。它们轻轻地蜷缩在疏松的积雪之下，在沉睡中度过了漫长的白色冬天。春天，不等植株长高，它们就忙着绽放出花朵，也有一些北冰洋植物长得较高，在风中摇曳、飘摆，展现着大片色彩：黄色、紫色和蓝色，色彩是如此浓烈，看上去就像落地的彩虹，数英里之外都能望见。

早在 6 月间，人们就可以见到开花时冰川水杨梅，它是那样艳丽夺目，而矮柳则吐出毛茸茸的柳絮，随后，特别是在较为干燥的地方，迅速长出了滨紫草、厄里特里乞姆草、花葱、辣豆、黄耆、山黧豆、羽扇豆、勿忘我、报春花、山金车、菊花、甘松茅、凤毛菊、千里光、飞蓬、马特里卡里亚草、驴蹄草、缬草、繁缕、岩菖蒲、蓼、罂粟、天蓝绣球、剪秋罗、桂竹香、北极花以及土生的葶苈、虎耳草和石南，中间布满了星形与钟形的花朵，开这种花的植物以雪灵芝、乌饭树、杜香、鹿蹄草和槲橘为主，而在所有这些植物中，最茂盛、最漂亮的当属雪灵芝。这里也生长着多种野草：早熟禾、银须草、拂子茅、看麦娘、三毛草、披碱草、羊茅以及甜茅等，它们在其他花朵的上面摇曳着淡紫色的穗头与花序。在这么北的北方，居然也有蕨类植物生长，它们舒展着自己的复叶，谨慎而惬意，三叉蕨、冷蕨以及岩蕨都生长在覆盖着繁盛的苔藓和地衣的地面上。这里的地衣不像南方的地衣那样，一片片鱼鳞似的附生在木杆、树身及倒下的朽木上，这里的地衣数量众多、相连成片，外观呈圆形，色彩斑斓，是一种类似珊瑚的植物。其超凡的美丽，值得不远万里去观赏。我愿意将我在这个凉爽的自然保护区里一夏天旅行中所见到的所有植物朋友一一介绍出来，但我担心没有谁会有耐心去读它们的名字，尽管我确信如果能在家里看到它们盛开的样子，每一个人都会爱上它们。

1881 年，将近 9 月中旬的时候，我最后一次造访了科茨布海峡附近的地区，当时的气候温和宜人，很像东部诸州印第安之夏的天气。风息了，苔原上闪烁着融融的金色阳光，石楠、柳树、桦树那成熟的叶子呈现出明亮鲜艳的红色、紫色和黄色，而散布在四处仿佛云端落下的雹子一样的樱桃，其色彩又为它们增光不少。我来到距离海岸一两英里的地方，尽情欣赏这斑斓的色彩，心想要是能够切下普通画幅大小的一块苔原，给它装上画框，悬挂在我家中书房墙上的油画中间，那该有多好啊！我自言自语道："这样一幅从千里湖沼中随机抽取的大自然的油画将使其他油画黯然失色。"就在这时，听到一阵欢呼声，我环顾四周，看到一群爱斯基摩人，男男女女，老老少少，像野兽一样身披长长的毛发，桀骜不驯，放荡不羁，他们正向我跑来。起初，我无法猜测他们是来找什么的，因为他们很少离开海滨。然而不久我就知道了。他们手足张开，大笑着扑倒在柔软的沼泽上，开始大吃起莓果来。他们构成了一幅生动的画面，同时也是一幅快乐的画面。雷鸟受到惊吓，"扑扑啦啦"地飞了起来。各种美丽的酸莓果使他们那油腻的胃口大开，他们将这些莓果装进海豹皮的袋子里带走，准备留到冬天的节日里吃。

在我的旅途中，除了在这片被很多人看作不毛之地的辽阔的北冰洋保护区外，我再也没有看到过如此热血沸腾、如此快乐欢畅的生命。沿着海岸线，这里不仅有众多的鲸鱼，无数的海豹、海象和白熊，而且在苔原上还有大群膘肥体壮的驯鹿和野羊以及狐狸、野兔、田鼠、土拨鼠和飞鸟。在同等面积的地方，出生在这片大陆上的鸟可能要比任何其他地方的都多。这里不仅有羽翼强健的鹰隼和水鸟——对于它们来讲，整个大陆的距离只是一段惬意的旅程，每年夏季，它们大批地来到这里。这里还有多种短翼的鸣禽、画眉和雀类，它们成群地来到这里，在安全的环境中养育着子女，用它们的羽毛为盛开的花朵增光添彩，用它们的歌声为大自然演奏着甜美的音乐。它们中的一些从佛罗里达、墨西哥和中美洲一路飞来。到了北方也就到了家，因为它们就出生在这里，到南方去只是过冬而已，就像住在新英格兰的人们到佛罗里达去一样。这些嗓音甜美的吟游诗人，冬天，它们在橘林和覆盖着藤蔓的木兰林中歌唱，夏季，它们在低矮的桦树和赤杨枝丛中歌唱，它们总是叽叽喳喳唱个不停、说个不停，使整个大地都沉浸在一片欢乐之中。在新英格兰，当最后几片积雪消融殆尽，槭树中的树液刚刚开始流动的时候，在果园附近和农田边上常常可以听到这些可爱的鸟儿的歌唱，它们正在那里啄食着不多的食物，它们不会长久停留，因为它们知道自己还有很远的路要走。追随着春的脚步，它们于六七月份来到它们苔原上的家，9月或当它们一家都能振翅高飞的时候，它们就又起程返航了。

这是大自然自己设立的保护区，对于这种通过冰封雪冻的形式来实现有效的自我保护的做法，每一个热爱大自然的人都会和我一样为之欢呼，为之喝彩。最近有关这里有金子在闪光的发现或许鸣起了警钟，因为金子这种奇怪的刺激物，可以使胆小鬼变得胆大妄为，使懒汉变得四处钻营。目前，数以千计至少是半疯的人已经涌入其中，一些人是从南部的山口过来的，与他们一生中第一次见到的大山遭遇，他们气喘吁吁，一片狼狈，与此同时他们还带着沉重的装备与工具。他们翻过棱角鲜明的嶙峋巨石，穿越泥泞不堪的沼泽。另一些人是穿过加拿大，从东边沿着旧时哈德逊湾商人那充满罗曼蒂克的山路和水路过来的。还有一些人从白令海和约肯一路乘船而来，沿途也许能够偶尔看到著名的毛皮海豹、浮冰、无数的岛屿以及阿拉斯加大河上的沙洲。尽管大地冰封雪冻，前途困难重重，然而科隆代克的黄金却会使远征的"十字军"一年比一年庞大，不过即便如此，他们对这里的破坏也是相对较小的。人们将在冰层上烧融一些孔穴，在坚硬的地表或以石类为主体的山上随处打出一些洞来。像河狸窝与麝香鼠巢一样的破烂市镇将会建立起来，工厂和机车将制造出刺耳的噪音，然而至少在造物主没有将解开冻土的缓慢旋转的气候钥匙准备好之前，采矿者的镐头之后不会紧跟着锄犁。另一方面，早期采矿者所开辟的道路会将许多热爱大自然的人们带到这片保护区的腹地，如果没有这些采矿者，人们将永远无法看到它。

与此同时，对于那些寻求摆脱烦恼、烟尘和早夭的旅游者来说，近在咫尺的充满健康与快乐的最原始的地方就是西部的公园和保护区了。有四座国家公园很容易去，它们是黄石国家公园、约塞米蒂国家公园、格兰特将军国家公园和巨杉国家公园。三十座森林保护区构成了一个蔚为壮观的森林王国，其中大部分森林保护区沿着铁路、土路以及开阔的山梁都能很容易地到达，这些保护区不仅对于那些笑迎困难、信念坚定的人们来说是容易到达的，而且对于那些不累、没病而只是每个夏天自发地来探寻大自然的人（但愿他们的队伍日益壮大）来说也是容易到达的。这些保护区有 4000 万英亩，大部分尚未遭到破坏，然而在它们外缘较为开阔的地方，却正遭到来自刀斧、野火、伐木工、投机家以及长着蹄子的蝗虫的破坏和威胁。这些长着蹄子的蝗虫与那些长着翅膀的蝗虫一样，将所到之处的绿叶吞噬殆尽，而牧羊人和羊的主人们为了使树木间的牧草长得更好到处放火烧荒，其结果不仅烧死了树木，也烧死了牧草。

…………

在宁静的印第安之夏，当浩荡的天风渐渐停息之后，巨大的森林覆盖着峰峦与峡谷，随着陡峭崎岖的地势绵延起伏，消失在远方，仿佛没有一点生命的气息。当登临峰顶，我们看不到一个活动着的东西，耳边响起的只有低低切切的流水声，而这水声却衬托得周围更加宁静，真是

"蝉噪林愈静，鸟鸣山更幽"。然而就在这一片默默的沉寂之中，在林木的掩盖下，却有无数流动着鲜红热血的心脏在跳动，无数颗牙齿在磨咬，无数双眼睛在闪亮！尽管这些多姿多彩的动物与我们密切相关，但我们对它们知之甚少。像我们为自己的事业而奔波一样，它们也在为它们的事情而忙碌着：河狸在构筑修补着过冬用的水坝和巢穴，向里面贮存着食物，熊小心翼翼地站在开阔地上，寻找着它们越冬的地方，一阵轻风拂来，吹起了它们后背上的长毛；麋鹿与鹿聚集到高山上，它们在思考哪里的冬季草场离狼群最远；松鼠与土拨鼠正忙着运送物资，加固小巢，以抵御将要降临的寒霜和冰雪；而数不清的上千种鸟类则聚集成群，把幼鸟召集到身边，准备飞向南方；蝴蝶与蜜蜂显然丝毫没有意识到即将来临的艰难岁月，仍然在晚开的一枝黄花上盘桓，在阳光里，它们与无数其他昆虫一同翩翩起舞，放声歌唱，那"嗡嗡"的欢鸣使空气为之震颤，形成一首快乐的乐曲。

如果条件允许，你可以在这里游览，度过整个夏天。造物主会将成千上万大自然的祝福赐予你，把你当作海绵一般把祝福注入你的内心，而充实的日子会在不知不觉中一天天过去。如果你是一个为庶务缠身、责任很重的人，沉重的一年之中只能腾出几个星期的时间，那么你就去弗莱特海德保护区吧，因为走北线铁路可以很快很容易地到达那里。在贝尔顿站下火车，几分钟之内，你就会发现自己已经站在你所信心十足地说的这片大陆上最使人解忧忘情的风光之中了。直接源于冰川的秀丽湖泊，峭拔的高山耸立在迷人的湛蓝色天空之中，山上覆盖着森林和冰川，山中的沟壑和峡谷是无数没有名字的生满苔藓与蕨类植物的瀑布——在美不胜收的风光里，到处是秀丽的花园。当你静下心来，细心地观察，你会发现落叶松之王——在北美西部的大树中最上乘的一种，它秀美、壮丽，有着帝王般的威仪，显然是世界所有落叶松之冠。它的树高可达150—200英尺，地面处的树干直径有5—8英尺，没有任何其他树木能像它们那样将自己的枝条伸向天空，争取着光。对于那些以前只见过欧洲落叶松和东部落基山莱尔种落叶松的人，或者以前只见过东部诸州及加拿大的小美洲落叶松和美洲落叶松的人，这些西部落叶松之王真是值得一看。

与这一巨大树种一同构成弗莱特海德森林的有高大秀丽的山松，或称西部白松（Pinus mouticola）、龙胆松、扭叶松、云杉和红杉。林地上覆盖着我所见过的最为茂盛的北极花，这是一条散发着浓郁芬芳的地毯，上面不时点缀着鲜亮的苔藓、七筋茹、鹿蹄草和雪灵芝，这一条由盛开的鲜花编织而成的上百英里的锦带，会使垂暮的北极花流下欢快的眼泪。

麦克唐纳湖位于这片森林的中央，湖中到处都是活蹦乱跳的鳟鱼。阿瓦朗什湖在麦克唐纳湖上面十英里处，位于覆盖着冰川的群山脚下。在这片珍贵的自然保护区中至少度过一个月的时间，这段时间绝不会占用你的生命，它不仅不会使你的生命缩短，相反它却会使你的生命无限延长，使你获得真正的永生。你从此将忘却时光的流逝，心中再也没有了沉重的焦虑，一切都像来自天堂的礼物一样降临，轻柔而美好。

…………

占地近 200 万英亩的亚利桑那大峡谷保护区，或者这一保护区中最引人入胜的部分，也应像雷恩尼尔地区一样，以其超凡的壮丽被开辟成国家公园。从艾奇逊、托皮卡与桑塔·费铁路线上一个叫作弗拉格斯塔夫的车站出发，在去往峡谷的一路上，你将穿行于美丽的黄松林中，这些黄松林与布莱克山上的黄松林十分相似，但分布的范围更广。你还将穿越由坚果松和杜松构成的奇异的矮森林，在这些树侏儒之间的空地上，生长着仙人掌等许多有趣的植物，当你骑马或步行 75 英里，走过这片令人心旷神怡的大地时，圣弗兰西斯科山以及其他山峰都在一路目送着你，这些山中到处都是公园般开满鲜花的开阔地，浅缓的谷地将人们的视线引向远方，景物错落有致，仿佛鬼斧神工一般，你就这样来到了世界上最为奇伟壮观的大峡谷。由于大峡谷深深地切入森林高原，所以在你突然之间来到它的边缘之前，你什么也看不到。当你突然之间身临其境的时候，你会发现变幻多彩的颜色、千姿百态的危岩一下子呈现在你的面前和脚下。无论此前你走过多少路，也无论此前你见过多少著名的峡谷与沟壑，然而这一个科罗拉多大峡谷，将以其超乎想象的色彩与壮丽以及数不胜数的山岩杰作令你耳目一新、惊叹不已，仿佛你是在来世的另一个星球上看到的一般。在我们这个由火焰、地震、雨水、波浪、河流与冰川塑造的世界上，科罗拉多大峡谷无可比拟的超凡魅力与壮观超出了所有其他峡谷。在你第一次看到它的地方，大峡谷约有 6000 英尺深，两边的悬崖边缘相距从 10 英里到 15 英里不等。科罗拉多大峡谷与其他大峡谷不同，它不以瀑布、深度、峡壁的风化岩以及公园似的美丽地表取胜，目力所及的地方，看不到任何瀑布，而地表的开阔处也没有什么悦人耳目的地方。一条大河在仅能够容纳它的地方奔流，发出低沉的咆哮，它用尽浑身解数，在各处摸索着前进的道路，仿佛一个精疲力竭、不堪重负的旅行者，在自言自语地试图逃出崎岖荒凉的巨大迷宫，而它的咆哮声刚好加深了死一般的沉寂。两侧峡壁之间巨大的空间里充斥的不是空气，而是林立的造物主的建筑杰作——这是一座由这些建筑杰作构成的超级城市，上面涂着五彩缤纷的颜色，并装以千姿百态的网状林带和拥有城垛的尖塔。凡是人类的建筑发明在这里都能找到，而这片巨大的上帝地球城中的建筑种类要超出人类的建筑种类。

(选自 [美] 约翰·缪尔《我们的国家公园》，郭名倞译)

第七讲　像山那样思考

[美] 奥尔多·利奥波德

奥尔多·利奥波德（Aldo Leopold，1887—1948），生于美国依阿华州伯林顿市一个德裔移民家庭里，被人称为美国的先知，是享誉世界的环保主义理论家。1909 年获哈佛大学林学专业硕士学位，同年成为联邦林业局的官员，1933 年成为威斯康星大学农业系教授。1935年，他与著名的环境史学家马什共同创建了荒野协会。利奥波德长期从事林学和猎物管理研究，被称为美国野生动物管理之父，一共出版了三部书和五百多篇文章。《沙乡年鉴》是在他死后出版的，二十年后，该书成为环境主义运动的思想火炬，被称为"环境主义运动的一本新圣经"。

像山那样思考

[美] 奥尔多·利奥波德

【编者按：利奥波德认为，能否保持生态系统的完整、稳定和美丽，是判断人们对待自然的行为的道德价值的标准之一。这一伦理原则要求我们具有整体主义的思维方式，像一座山那样来思考。】

一声深沉的、骄傲的嗥叫，从一个山崖回响到另一个山崖，荡漾在山谷中，渐渐地消失在漆黑的夜色里。这是一种不驯服的、对抗性的悲哀，和对世界上一切苦难的蔑视情感的迸发。

每一种活着的东西（大概还有很多死了的东西），都会留意这声呼唤。对鹿来说，它是死亡的警告；对松林来说，它是半夜里在雪地上混战和流血的预言；对郊狼来说，是就要来临的拾遗的允诺；对牧牛人来说，是银行里赤字的坏兆头；对猎人来说，是狼牙抵制弹丸的挑战。然而，在这些明显的、直接的希望和恐惧之后，还隐藏着更加深刻的含义，这个含义只有这座山自己才知道。只有这座山长久地存在着，从而能够客观地去听取一只狼的嗥叫。

不过，那些不能辨别其隐藏的含义的人也都知道这声呼唤的存在，因为在所有有狼的地区都能感到它，而且，正是它把有狼的地方与其他地方区别开来的。它使那些在夜里听到狼叫、白天去察看狼的足迹的人毛骨悚然。即使看不到狼的踪迹，也听不到它的声音，它也是暗含在许多小小的事件中的：深夜里一匹驮马的嘶鸣、滚动的岩石的嘎啦声、逃跑的鹿的嘭嘭声、云杉下道路的阴影。只有不堪教育的初学者才感觉不到狼是否存在，和认识不到山对狼有一种秘密的看法这一事实。

我自己对这一点的认识，是从我看见一只狼死去的那一天开始的。当时我们正在一个高高的峭壁上吃午饭。峭壁下面，一条湍急的河蜿蜒流过。我们看见一只雌鹿——当时我们是这样认为——正在涉过这条急流，它的胸部淹没在白色的水中。当它爬上岸朝向我们，并摇晃着它的尾巴时，我们才发觉我们错了：这是一只狼。另外还有六只显然是正在发育的小狼也从柳树丛中跑了出来，它们喜气洋洋地摇着尾巴，嬉戏着搅在一起。它们确确实实是一群就在我们的峭壁之下的空地上蠕动和相碰撞着的狼。

在那些年代里，我们还从未听说过会放过打死一只狼的机会那种事。在一秒钟之内，我们就把枪弹上了膛，而且兴奋的程度高于准确：怎样往一个陡峭的山坡下瞄准，总是不大清楚的。当我们的来复枪膛空了时，那只狼已经倒了下来，一只小狼正拖着一条腿，进入那无动于衷的静静的岩石中去。

当我们到达那只老狼的所在时，正好看见在它眼中闪烁着的、令人难受的、垂死时的绿光。这时，我察觉到，而且以后一直是这样想，在这双眼睛里，有某种对我来说是新的东西，是某种只有它和这座山才了解的东西。当时我很年轻，而且正是不动扳机就感到手痒的时期。那时，我总是认为，狼越少，鹿就越多，因此，没有狼的地方就意味着是猎人的天堂。但是，在看到这垂死时的绿光时，我感到，无论是狼，或是山，都不会同意这种观点。

自那以后，我亲眼看见一个州接一个州地消灭了它们所有的狼。我看见过许多刚刚失去了狼的山的样子，看见南面的山坡由于新出现的弯弯曲曲的鹿径而变得皱皱巴巴。我看见所有可吃的灌木和树苗都被吃掉，先变成无用的东西，然后死去。我看见每一棵可吃的、失去了叶子的树只有鞍角那么高。这样一座山看起来就好像什么人给了上帝一把大剪刀，并禁止了所有其他的活动。结果，那原来渴望着食物的鹿群的饿殍，和死去的艾蒿丛一起变成了白色，或者就在高出鹿头的部分还留有叶子的刺柏下腐烂掉。这些鹿是因其数目太多而死去的。

我现在想，正如鹿群在对狼的极度恐惧中生活着，那一座山就在对它的鹿的极度恐惧中生活。而且，大概就比较充分的理由来说，当一只被狼拖去的公鹿在两年或三年就可得到补替时，一片被太多的鹿拖疲惫了的草原，可能在几十年里都得不到复原。

牛群也是如此，清除了其牧场上的狼的牧牛人并未意识到，他取代了狼用以调整牛群数目以适应其牧场的工作。他不知道像山那样来思考。正因为如此，我们才有了尘暴，河水把未来冲刷到大海去。

我们大家都在为安全、繁荣、舒适、长寿和平静而奋斗着。鹿用轻快的四肢奋斗着，牧牛人用套圈和毒药奋斗着，政治家用笔，而我们大家则用机器、选票和美金。所有这一切带来的都是同一种东西：我们这一时代的和平。用这一点去衡量成就，全部是很好的，而且大概也是客观的思考所不可缺少的，不过，太多的安全似乎产生的仅仅是长远的危险。也许，这也就是梭罗的名言潜在的含义。这个世界的启示在荒野。大概这也是狼的嗥叫中隐藏的内涵，它已被群山所理解，却还极少为人类所领悟。

埃斯库迪拉

在亚利桑那的生活，脚下离不开垂穗草，头顶离不开天空，视线则离不开埃斯库迪拉山。

如果你在五彩缤纷的美丽草原上骑着马，向山北走去，无论你往哪儿看，也无论在什么时间，你总会看见埃斯库迪拉。

往东走，你要骑马越过很多长满树木的、使你感到困惑的山坪：每个凹地似乎都是一个为其本身所有的小小的世界，沐浴着阳光，散发着桧树的香味，惬意地倾听着蓝头松鸡的啁啾声。但是当你登上一个山脊时，你便立刻变成了一个巨大的空间中的小黑点。在它的边缘上，高悬着埃斯库迪拉。

南边是沟崖交错的蓝河峡谷，到处都是白尾鹿、野火鸡和带着野性的家牛群。当你发觉你错过了一只漂亮的、正在地平线上向你说再见的公鹿时，你会往下看去，以便搞清楚为什么错过了它。这时候你将看见远处蓝色的山：埃斯库迪拉。

西边是波涛般起伏的阿帕奇国家森林的外围。我们曾在那里勘察过木材产量，把高高的松树，按四十棵为单位化成了笔记本上的数字，这些数字代表着假设的木材堆。在气喘吁吁地向峡谷上面攀登时，勘测员会感到，他的笔记本上的各种标志的间接性，与其汗湿的手指、洋槐的尖刺、鹿蝇的叮咬以及训斥松鼠等行为的直接性之间，有着一种古怪的不协调。然而，到了下一个山坪，一阵寒风呼啸着越过那一片绿色松树的海洋，他的各种怀疑都被吹去了。在遥远的林海边上，高悬着埃斯库迪拉。

这座山不仅紧紧联结着我们的工作和我们的活动，甚至还关系着我们要吃一顿美餐的打算。在冬天的傍晚，我们常常试着把一块鸭肉埋在河滩上；小心翼翼的鸭群在玫瑰色的西方盘旋着，转向铁青色的北方，然后消失在漆黑的埃斯库迪拉。如果它们再次飞出来，我们就会有一只肥美的雄野鸭放入荷兰烤箱。如果它们不再出现，那就只好再吃咸猪肉和青豆了。

事实上，只有一个地方，从那儿你看不见地平线上的埃斯库迪拉，那就是埃斯库迪拉自己的山顶。从山顶上你看不见这座山，但你能感觉到它，其原因在于那只大熊。

"老大脚"①是一个强盗大王，埃斯库迪拉就是它的城堡。每年春

---

① 指那只大熊。

天，当暖风在积雪上化出黑晕时，这只老熊就从它在坡上越冬的洞里爬出来，来到山下，然后猛然向一只乳牛的头部击去。吃够了之后，便又爬回它的山岩，在那里太太平平地靠旱獭、鼠兔、草莓和一些植物根茎度过夏天。

我曾看见过一次它的猎获品。那只乳牛的头颅和脖子被打得稀烂，就好像它自己把头撞到了一辆飞驰的货车上一样。

从来没有人看见过老熊，但是在泥泞的春天，在崖底周围，你就会看见它不可思议的踪迹。只要看见它们，就连大部分剽悍的牛仔们也会意识到熊的存在。无论他们骑着马来到哪儿，他们都会看到这座山，当他们看到这座山时，就会想到熊。篝火旁的闲聊总是围绕着牛肉、巴拉斯舞蹈①和熊。尽管"老大脚"为自己索取的只是每年一头牛以及几平方英里无用的岩石地区，它的存在却深深地影响着这个地区。

这正是进步的事物首次来到这个牧牛区域的时期。进步有着各种各样的使者。

一个是最早横贯大陆的汽车司机。牛仔们很理解这位开路者，他像所有的驯马者一样谈论着同样快活的被夸张了的经历。

牛仔们不理解，却还是倾听着和盯着那位穿黑天鹅绒衣服的漂亮女士，她用波士顿口音对他们讲解着妇女参政。

他们对电话工程师也惊叹不已，因为他在刺柏上拉了电线，并在刹那间就带来了城里的信息。一位老人问道，这根电线能不能给他带来一块咸牛肉。

有一年春天，进步又遭来了另一位使者。这是一位政府的捕兽者，一位穿着工装的圣·乔治②一类的人。他是来搜捕对政府不利的恶龙的。他问道，在哪儿有什么需要杀死的起着破坏作用的动物？回答是肯定的，就是那只大熊。

---

① 巴拉斯（bailes），一种西班牙舞。
② 圣·乔治（St. Geroge），英格兰的守护者。传说他曾杀死了一条龙，从而救了一位利比亚公主。

这位捕兽者给他的骡子装了驮，然后就起程前往埃斯库迪拉。

一个月后，他回来了。他的骡子被一块很重的兽皮压得摇摇晃晃。在城里只有一个谷仓可以用来晾干它。他曾经使用了陷阱、毒药以及所有他平时所使用的诱物，但都没用。于是，他在一个只有这只熊才能通过的隘口上竖了一支枪，并且等待着。这只最后的熊终于上了圈套，被打死了。

那是在 6 月，剥下来的熊皮是难闻和带有斑块的，因此也是没有价值的。不让这最后的熊有机会留下一张完好的皮来做它的种族的纪念，我们似乎感到有点怠慢了。所有留下来的东西只是一个在国家博物馆的头骨，以及在科学家中引起的有关这只头骨的拉丁文学名的争论。

这仅仅发生在我们反复思考那些我们开始想知道，谁给进步制定了这些规则的那些事情之后。

从一开始，时间就啃噬着埃斯库迪拉山玄武岩的山体，消耗着，等待着，同时也建设着。时间在这座古老的山上建造了三件东西：一个令人起敬的外貌、一个微小的动植物共同体和一只熊。

捕杀那只熊的政府捕兽者知道，他给埃斯库迪拉山的牛群带来了安全。但是，他不知道，他颠覆了那座大厦的尖顶，这座大厦是自拂晓时的星辰在一起歌唱时就开始建筑起来的。

派遣捕兽者的局长是一位精通进化"建筑"结构的生物学家，但是，他不懂得，那尖顶是和牛群一样重要的。他不曾预见，在二十年内这个牧牛区将会变成旅游区，因此对熊的需求比牛排更迫切。

投票赞成拨款消灭草原上的熊的国会议员们是拓荒者的儿子。他们曾高声赞美边疆人的刚毅和英勇，但他们也用强权和力量葬送了边疆。

我们这些林务官员们对熊的灭绝表示了缄默，我们曾经得知，一个当地的牧场主在犁地时发现了一把刻着卡拉那多 ① 上校名字的宝剑。我

---

① 卡拉那多（Coronado），西班牙人名，这里是指那些最早来美洲的西班牙殖民者。

们对那些西班牙人表示了非常严厉的态度，因为他们曾经在对黄金和宗教皈依的狂热下，完全没有必要地消灭了印第安人。但是，我们不曾想到，我们也是那种过分肯定自己正义感的进行着侵略的上校们。

埃斯库迪拉仍然高悬在地平线上，然而，当你看到它时，你不再会想到熊。它现在只是一座山。

（选自 [美] 奥尔多·利奥波德《沙乡年鉴》，侯文蕙译）

第八讲　再也没有鸟儿歌唱

[美] 蕾切尔·卡逊

　　蕾切尔·卡逊（Rachel Carson，1907—1964），生于匹兹堡市外的一个小镇，中学毕业后获得奖学金进入宾夕法尼亚女子学院，又到约翰·霍普金斯大学读研究生。她最重要的科学经历是在马萨诸塞州科德角的海洋生态实验室度过的。1956年为了争取多年来她所支持的荒野法案和反对污染法，她毅然投身政治活动。除《寂静的春天》之外，她还出版过《在海风下》《环绕我们的海洋》和《海的边缘》。

再也没有鸟儿歌唱

[美] 蕾切尔·卡逊

【编者按：《寂静的春天》揭示了化学农药给人类和地球上的其他生命所带来的巨大危害，并向"征服自然"这一流行的观念提出了挑战。"再也没有鸟儿歌唱"一节说明了杀虫剂的使用给鸟类带来的灭顶之灾。】

现在美国越来越多的地方已没有鸟儿飞来报春。清晨早起，原来到处可以听到鸟儿的美妙歌声，而现在却只是异常寂静。鸟儿的歌声突然沉寂了，鸟儿给予我们这个世界的色彩、美丽和乐趣也在消失，这些变化来得如此迅速而悄然，以致在那些尚未受到影响的地区的人们还未注意这些变化。

一位家庭妇女在绝望中从伊利诺伊州的赫斯台尔城写信给美国自然历史博物馆鸟类名誉馆长（世界知名鸟类学者）罗伯特·库什曼·墨菲：

在我们村子里，好几年来一直在给榆树喷药（这封信写于1958 年）。当六年前我们才搬到这儿时，这儿鸟儿多极了，于是我就干起了饲养工作。在整个冬天里，北美红雀、山雀、锦毛鸟和五十雀川流不息地飞过这里。而到了夏天，红雀和山雀又带着小鸟飞回来了。

在喷了几年 DDT 以后，这个城几乎没有知更鸟和燕八哥了；在我的饲鸟架上已有两年时间看不到山雀了，今年红雀也不见了；邻居那儿留下筑巢的鸟看来仅有一对鸽子，可能还有一窝猫声鸟。

孩子们在学校里学习已知道联邦法律是保护鸟类免受捕杀的，那么我就不大好向孩子们再说鸟儿是被害死的。它们还会回来吗？孩子们问道，而我却无言以答。榆树正在死去，鸟儿也在死去。是否正在采取措施呢？能够采取些什么措施呢？我能做些什么呢？

在联邦政府开始执行扑灭火蚁的庞大喷药计划之后的一年里，一位亚拉巴马州的妇女写道："我们这个地方大半个世纪以来一直是鸟儿的真正胜地。去年 7 月，我们都注意到这儿的鸟儿比以前多了。然而，突然地，在 8 月的第二个星期里，所有鸟儿都不见了。我习惯于每天早早起来喂养我心爱的已有一个小马驹的母马，但是听不到一点儿鸟儿的声息。这种情景是凄凉和令人不安的。人们对我们美好的世界做了些什么？最后，一直到五个月以后，才有一种蓝色的樫鸟和鹪鹩出现了。"

在这位妇女所提到的那个秋天里，我们又收到了一些其他同样阴沉的报告，这些报告来自密西西比州、路易斯安那州及亚拉巴马州边远南部。由国家奥杜邦学会和美国渔业及野生生物管理局出版的季刊《野外纪事》记录，说在这个国家出现了一些没有任何鸟类的可怕的空白点，这种现象是触目惊心的。《野外纪事》是由一些有经验的观察家们所写的报告编纂而成，这些观察家们在特定地区的野外调查中花费了多年时间，并对这些地区的正常鸟类生活具有无比卓绝的丰富知识。一位观察家报告说："那年秋天，当他在密西西比州南部开车行驶时，在很长的路程内根本看不到鸟儿。"另外一位在巴吞鲁日的观察家报告说，她所放置的饲料放在那儿"几个星期始终没有鸟儿来动过"。她院子里的灌木到那时候已该抽条了，但树枝上却仍浆果累累。另外一份报告说，他的窗口"从前常常是由四五十只红雀和大群其他各种鸟儿组成一种撒点花样的图画，然而现在很难看到一两只鸟儿出现"。西弗吉尼亚大学教授莫里斯·布鲁克斯是阿巴拉契亚地区的鸟类权威，他报告说"西弗吉尼亚鸟类数量的减少是令人难以置信的"。

这里有一个故事可以作为鸟儿悲惨命运的象征——这种命运已经征服了一些种类，并且威胁着所有的鸟儿。这个故事就是众所周知的知更鸟的故事。对于千百万美国人来说，第一只知更鸟的出现意味着冬天的河流已经解冻。知更鸟的到来作为一项消息报道在报纸上，并且在吃饭时大家热切相告。随着候鸟的逐渐来临，森林开始绿意葱茏，成千的人们在清晨倾听着知更鸟黎明合唱的第一支曲子。然而现在，一切都变了，甚至连鸟儿的返回也不再被认为是理所当然的事情了。

知更鸟，的确还有其他很多鸟儿的生存看来和美国榆树休戚相关。从大西洋岸到落基山脉，这种榆树是上千城镇历史的组成部分，它以庄严的绿色拱道装扮了街道、村舍和校园。现在这种榆树已经患病，这种病蔓延到所有榆树生长的区域。这种病是如此严重，以至于专家们公认，即使竭尽全力救治榆树最后的结果仍将是徒劳无益的。失去榆树是可悲的，但是假若在抢救榆树的徒劳努力中我们把绝大部分的鸟儿扔进了覆灭的黑暗中，那将是加倍的悲惨。而这正是威胁我们的东西。

所谓的荷兰榆树病大约是1930年从欧洲进口镶板工业用的榆木时被引进美国的。这种病是一种菌病，病菌侵入树木的输水导管中，其孢子通过树汁的流动而扩散开，并且由于其有毒分泌物及阻塞作用而致使树枝枯萎，使榆树死亡。该病是由榆树皮甲虫从生病的树传播到健康的树上去的。这种昆虫在已死去的树皮下所开凿的渠道后来被入侵的菌孢所污染，这种菌孢又粘在甲虫身上，并被甲虫带到它飞到的所有地方。控制这种榆树病的努力始终在很大程度上要靠对昆虫传播者的控制。于是在美国榆树集中的地区——美国中西部和新英格兰地区各州，一个个村庄地进行广泛喷药已变成了一项日常工作。

这种喷药对鸟类生命，特别是对知更鸟意味着什么呢？对该问题第一次作出清晰回答的是乔治·华莱士——密歇根大学的教授和他的一个研究生约翰·梅纳。当梅纳先生于 1954 年开始做博士论文时，他选择了一个关于知更鸟种群的研究题目。这完全是一个巧合，因为在那时还没有人怀疑知更鸟是处在危险之中。但是，正当他开展这项研究时，事情发生了，这件事改变了他要研究的课题的性质，并剥夺了他的研究对象。

对荷兰榆树病的喷药于 1954 年在大学校园的一个小范围内开始。第二年，校园的喷药范围扩大了，把东兰辛城（该大学所在地）包括在内，并且在当地计划中不仅对吉卜赛蛾，而且连蚊子也都这样进行喷药控制了。化学药雨已经增多到倾盆而下的地步了。

在首次少量喷药的第一年，看来一切都很顺当。第二年春天，迁徙的知更鸟像往常一样开始返回校园。就像汤姆林森的散文《失去的树林》中的野风信子一样，当它们在自己熟悉的地方重新出现时，它们并没有"料到有什么不幸"。但是，很快就看出来显然有些事情不对头了。在校园里开始出现已经死去的和垂危的知更鸟。在鸟儿过去经常啄食和群集栖息的地方几乎看不到鸟儿了。几乎没有鸟儿筑建新窝，也几乎没有幼鸟出现。在以后的几个春天里，这一情况单调地重复出现。喷药区域已变成一个致死的陷阱，这个陷阱只要一周时间就可将一批迁徙而来的知更鸟消灭。然后，新来的鸟儿再掉进陷阱里，不断增加着注定要死的鸟儿的数字。这些必定要死的鸟可以在校园里看到，它们也都在死亡前的挣扎中战栗着。

华莱士教授说："校园对于大多数想在春天找到住处的知更鸟来说，已成了它们的坟地。"然而为什么呢？起初，他怀疑是由于神经系统的一些疾病，但是很快就明显地看出了"尽管那些使用杀虫剂的人们保证说他们的喷洒对'鸟类无害'，但那些知更鸟确实死于杀虫剂中毒，知更鸟表现出人们熟知的失去平衡的症状，紧接着战栗、惊厥以致死亡"。

有些事实说明知更鸟的中毒并非由于直接与杀虫剂接触，而是由于吃蚯蚓间接所致。校园里的蚯蚓偶然地被用来喂养一个研究项目中使用的蝲蛄，于是所有的蝲蛄很快都死去了。养在实验室笼子里的一条蛇在吃了这种蚯蚓之后就猛烈地颤抖起来。然而蚯蚓是知更鸟春天的主要食物。

在劫难逃的知更鸟的死亡之谜很快由位于厄巴纳的伊利诺伊州自然历史考察所的罗伊·巴克博士找到了答案。巴克的著作在1958年发表，他找到了此事件错综复杂的循环关系——知更鸟的命运由于蚯蚓的作用而与榆树发生了联系。榆树在春天被喷了药（通常按每50英尺一棵树用2—5磅DDT的比例进行喷药，相当于每一英亩榆树茂密的地区用23磅的DDT），且经常在7月份又喷一次，浓度为前次之半。强力的喷药器对准树木的上上下下喷出一条有毒的水龙，它不仅直接杀死了要消灭的树皮甲虫，而且杀死了其他昆虫，包括授粉的昆虫和捕食其他昆虫的蜘蛛及甲虫。毒物在树叶和树皮上形成了一层黏而牢的薄膜，雨水也冲不走它。秋天，树叶落下地，堆积成潮湿的一层，并开始了变为土壤一部分的缓慢过程。在此过程中它们得到了蚯蚓的援助，蚯蚓吃掉了叶子的碎屑，因为榆树叶子是它们喜爱吃的食物之一。在吃掉叶子的同时，蚯蚓同样吞下了杀虫剂，并在它们体内得到积累和浓缩。巴克博士发现了DDT在蚯蚓的消化管道、血管、神经和体壁中的沉积物。毫无疑问，一些蚯蚓抵抗不住毒剂而死去了，而其他活下来的蚯蚓变成了毒物的"生物放大器"。春天，当知更鸟飞来时，在此循环中的另一个环节就产生了，只要11只大蚯蚓就可以转送给知更鸟一份DDT的致死剂量。而11只蚯蚓对一只鸟儿来说只是它一天食量的很小一部分，一只鸟儿几分钟就可以吃掉10—12只蚯蚓。

并不是所有的知更鸟都食入了致死的剂量，但是另外一种后果肯定与不可避免的中毒一样也可以导致该鸟种的灭绝。不孕的阴影笼罩着所有鸟儿，并且其潜在威胁已延伸到了所有的生物。每年春天，在密执安州立大学的整个185英亩大的校园里，现在只能发现二三十只知更鸟，与之相比，喷药前在这儿粗略估计有370只鸟。在1954年由梅纳所观察的每一个知更鸟窝都孵出了幼鸟，到了1957年6月底，如果没有喷药的话，至少应该有370只幼鸟（成鸟数量的正常继承者）在校园里寻食，然而梅纳现在仅仅发现了一只知更鸟。一年后，华莱士教授报告说："在（1958 年）春天和夏天里，我在校园任何地方都未看到一个已长毛的知更鸟，并且，从未听说有谁看见过任何知更鸟。"

当然没有幼鸟出生的部分原因是由于在营巢过程完成之前，一对知更鸟中的一只或者两只就已经死了。但是华莱士拥有引人注目的记录，这些记录指出了一些更不祥的情况——鸟儿的生殖能力实际上已遭破坏。例如，他记录道："知更鸟和其他鸟类造窝而没有下蛋，其他的蛋也孵不出小鸟来，我们记录到一只知更鸟，它有信心地伏窝 21 天，却孵不出小鸟来。而正常的伏窝时间为 13 天……我们的分析结果发现在伏窝的鸟儿的睾丸和卵巢中含有高浓度的 DDT。"华莱士于 1960 年将此情况告诉了国会："十只雄鸟的睾丸含有 30—109ppm 的 DDT，在两只雌鸟的卵巢的卵滤泡中含有 151—211ppm 的 DDT。"

紧接着对其他区域的研究也开始发现情况是同样的令人担忧。威斯康星大学的约瑟夫·希基教授和他的学生们在对喷药区和未喷药区进行仔细比较研究后，报告说：知更鸟的死亡率至少是 86%—88%。在密歇根州百花山旁的克兰布鲁克科学研究所曾努力估计鸟类由于榆树喷药而遭受损失的程度，它于 1956 年要求把所有被认为死于 DDT 中毒的鸟儿都送到研究所进行化验分析。这一要求得到了一个完全意外的反应：在几个星期之内，研究所里长期不用的仪器被运转到最大工作量，以至于其他的样品不得不被拒绝接受。1959 年，仅一个村镇就报告或交来了1000 只中毒的鸟儿。虽然知更鸟是主要的受害者（一个妇女打电话向研究所报告说当她打电话的时候已有 12 只知更鸟在她的草坪上躺着死去了），包括 63 种其他种类的鸟儿也被在研究所进行了测试。知更鸟仅是与榆树喷药有关的破坏性的连锁反应中的一部分，而榆树喷药计划又仅仅是各种各样以毒药覆盖大地的喷药计划中的一个。约 90 多种鸟儿都蒙受严重伤亡，其中包括那些对于郊外居民和大自然业余爱好者来说都是最熟悉的鸟儿。在一些喷过药的城镇里，筑巢鸟儿的数量一般说来减少了 90% 之多。正如我们将要看到的，各种各样的鸟儿都受到了影响——地面上吃食的鸟、树梢上寻食的鸟、树皮上寻食的鸟以及猛禽。

完全有理由推想所有主要以蚯蚓和其他土壤生物为食的鸟儿和哺乳动物都和知更鸟的命运一样地受到了威胁。约有45种鸟儿都以蚯蚓为食。山鹬是其中一种，这种鸟儿一直在近来受到了七氯严重喷洒的南方过冬。现在在山鹬身上得出了两点重要发现。在新不伦瑞克孵育场中，幼鸟数量明显地减少了，而已长成的鸟儿经过分析表明含有大量DDT和七氯残毒。

已经有令人不安的记录报道，二十多种地面寻食鸟儿已大量死亡。这些鸟儿的食物——蠕虫、蚁、蛆虫或其他土壤生物已经有毒了。其中包括有三种画眉——橄榄背鸟、鸫鸟和蜂雀，它们的歌声在鸟儿中是最优美动听的了。还有那些轻轻掠过森林地带的繁茂灌木并带着沙沙的响声在落叶里寻食吃的麻雀、会唱歌的白颔鸟，这些鸟也都成了对榆树喷药的受害者。

同样，哺乳动物也很容易直接或间接地被卷入这一连锁反应中。蚯蚓是浣熊各种食物中较重要的一种，并且袋鼠在春天和秋天也常以蚯蚓为食。像地鼠和鼹鼠这样的地下打洞者也捕食一些蚯蚓，然后，可能再把毒物传递给像鸣枭和仓房枭这样的猛禽。在威斯康星州，春天的暴雨过后，捡到了几只死去的鸣枭，可能它们是由于吃了蚯蚓中毒而死的。曾发现一些鹰和猫头鹰处于惊厥状态——其中有长角猫头鹰、鸣枭、红肩鹰、食雀鹰、沼地鹰。它们可能是由于吃了那些在其肝和其他器官中积累了杀虫剂的鸟类和老鼠而引起的二次中毒致死的。

受害的鸟类不仅是那些在地面上捕食的鸟儿，或捕食这些由于榆树叶子被喷药而遭受危险的鸟儿的猛禽。那些森林地区的精灵们——红冠和金冠的鹟鹟，很小的捕蚊者和许多在春天成群地飞过树林闪耀出绚丽生命活力的鸣禽等，所有在枝头从树叶中搜寻昆虫为食的鸟儿都已经从大量喷药的地区消失了。1956年暮春时节，由于推迟了喷药时间，所以喷药时恰好遇上大群鸣禽的迁徙高潮。几乎所有飞到该地区的鸣禽都被大批杀死了。在威斯康星州的白鱼湾，在正常年景中，至少能看到

1000 只迁徙的山桃啭鸟，而在对榆树喷药后的 1958 年，观察者们只看到了两只鸟。随着其他村镇鸟儿死亡情况的不断传来，这个名单逐渐变长了，被喷药杀害的鸣禽中有一些鸟儿使所有看到的人们都迷恋不舍：黑白鸟、金翅雀、木兰鸟和五月蓬鸟，在 5 月的森林中啼声回荡的烘鸟、翅膀上闪着火焰般色彩的黑焦鸟、栗色鸟、加拿大鸟和黑喉绿鸟。这些在枝头寻食的鸟儿要么由于吃了有毒昆虫而直接受到影响，要么由于缺少食物间接受到影响。

食物的损失也沉重地打击着徘徊在天空中的燕子，它们像青鱼奋力捕捉大海中的浮游生物一样地在拼命搜寻空中飞虫。一位威斯康星州的博物学家报告说："燕子已遭到了严重伤害。每个人都在抱怨着，与四五年前相比，现在的燕子太少了。仅在四年之前，我们头顶的天空中曾满是燕子飞舞，现在我们已难得看到它们了……这可能是由于喷药使昆虫缺少，或使昆虫含毒两方面原因造成的。"

述及其他鸟类，这位观察家这样写道："另外一种明显的损失是鹬。虽然到处已看不到捕食幼虫的猛禽了，但是自幼就体质健壮的普通鹬却再也看不到了。今年春天我看到一个，去年春天也仅看到了一个。威斯康星州的其他捕鸟人也有同样抱怨。我过去曾养了五六对北美红雀鸟，而现在一只也没有了。鸫鹟、知更鸟、猫声鸟和鸣枭每年都在我们花园里筑窝。而现在一只也没有了。夏天的清晨已没有了鸟儿的歌声。只剩下害鸟、鸽子、燕八哥和英格兰燕子。这是极其悲惨的，使我无法忍受。"

在秋天对榆树进行定期喷药使毒物进入树皮的每个小缝隙中，这大概是下述鸟类数量急骤减少的原因，这些鸟儿是山雀、五十雀、花雀、啄木鸟和褐啄木鸟。在 1957 和 1958 年间的那个冬天，华莱士教授多年来第一次发现在他家的饲鸟处看不到山雀和五十雀了。他后来从所发现的三只五十雀上总结出一个显示出因果关系、令人痛心的事实：一只五十雀正在榆树上啄食，另一只因患 DDT 特有的中毒症就要死去，第三只已经死了。后来检查出在死去的五十雀的组织里含有 26ppm 的 DDT。

向昆虫喷药后，所有这些鸟儿的吃食习惯不仅仅使它们本身特别容易受害，而且在经济方面及其他不太明显的方面造成的损失也是极其惨重的。例如，白胸脯的五十雀和褐啄木鸟的夏季食物就包括有大量对树木有害的昆虫的卵、幼虫和成虫。山雀四分之三的食物是动物性的，包括有处于各个生长阶段的多种昆虫。山雀的觅食方式在描写北美鸟类的不朽著作《生命历史》中有所记述："当一群山雀飞到树上时，每一只鸟儿都仔细地在树皮、细枝和树干上搜寻着，以找到一点儿食物（蜘蛛卵、茧或其他冬眠的昆虫）。"

许多科学研究已经证实了在各种情况下鸟类对昆虫控制所起的决定性作用。啄木鸟是恩格曼针枞树甲虫的主要控制者，它使这种甲虫的数量由55%降到2%，并对苹果园里的鳕蛾起重要控制作用。山雀和其他冬天留下的鸟儿可以保护果园使其免受尺蠖之类的危害。

但是大自然所发生的这一切已不可能在现今这个由化学药物所浸透的世界里再发生了，在这个世界里喷药不仅杀死了昆虫，而且杀死了它们的主要天敌——鸟类。如同往常所发生的一样，后来当昆虫的数量重新恢复时，已再没有鸟类制止昆虫数量的增长了。如密尔沃基公共博物馆的鸟类馆长欧文·J. 格罗梅在《密尔沃基日报》上写道："昆虫的最大敌人是另外一些捕食性的昆虫、鸟类和一些小哺乳动物，但是DDT却不加区别地杀害了一切，其中包括大自然本身的卫兵和警察……在发展的名义下，难道我们自己要变成我们穷凶极恶地控制昆虫的受害者吗？这种控制只能得到暂时的安逸，后来还是要失败的。到那时我们再用什么方法控制新的害虫呢？榆树被毁灭，大自然的卫兵鸟由于中毒而死尽，到那时这些害虫就要蛀食留下来的树种。"

格罗梅先生报告说，自从威斯康星州开始喷药以来的几年中报告鸟儿已死和垂死的电话和信件一直与日俱增。这些质问告诉我们在喷过药的地区鸟儿都快要死尽了。

……像知更鸟一样，另外一种美国鸟看来也将濒临绝灭，它就是国家的象征——鹰。在过去的十年中，鹰的数量惊人地减少了。事实表明，在鹰的生活环境中有一些因素在起作用，这些作用实际上已经摧毁了鹰的繁殖能力。到底是什么因素，现在还无法确切地知道，但是有一些证据表明杀虫剂罪责难逃。

…………

从全世界传来了关于鸟儿在我们现今世界中面临危险的共鸣。这些报告在细节上有所不同，但中心内容都是写继农药使用之后野生物死亡这一主题。例如，在法国用含砷的除草剂处理葡萄树残枝之后，几百只小鸟和鹧鸪死去了。在曾经一度以鸟类众多而闻名的比利时，由于对农场喷洒药而使鹧鸪遭了殃。

在英国，主要的问题看来有些特殊，它是日益增多的在播种前用杀虫剂处理种子的做法引起的。种子处理并不是新鲜事，但在早期，主要使用的药物是杀菌剂。一直没有发现对鸟儿有什么影响。然而到 1956年，用一种双重目的的处理方法代替了老办法，杀菌剂、狄氏剂、艾氏剂或七氯都被加进来以对付土壤昆虫。于是情况变得糟糕了。

1960 年春天，关于鸟类死亡的报告像洪水一样涌到了英国管理野生生物的当局，其中包括英国鸟类联合公司、皇家鸟类保护学会和猎鸟协会。一位诺福克的农夫写道："这个地方像一个战场，管理人员发现了无数的尸体，其中包括许多小鸟——鹀雀、绿莺雀、红雀、篱雀、家雀……野生生命的毁灭是十分可怜的。"一位猎场管理人写道："我的松鸡已被用药处理过的谷物给消灭掉了，一种野鸡和其他鸟类，几百只鸟儿全被杀死了……对我这个终生的猎场看守人来说，这真是一件令人痛心的事情。看到许多对松鸡在一起死去是十分可悲的。"

在一份联合报告里，英国鸟类联合公司和皇家鸟类保护学会描述了67 例鸟儿被害的情况——这一数字远远不是 1960 年春天死亡鸟儿的完全统计数。在此 67 例中，59 例是由于吃了用药处理过的种子，8 例由于毒药喷洒所致。

第二年出现了一个使用毒剂的新高潮。众议院接到报告说在诺福克一片地区中有 600 只鸟儿死去，并且在北埃塞克斯一个农场中死了 100

只野鸡。很快就可以明显地看出，与 1960 年相比有更多的县郡已被卷进来了（1960 年是 23 郡，1961 年是 34 郡）。以农业为主的林肯郡看来受害最重，已报告有上万只鸟儿死去。然而，从北部的安格斯到南部的康沃尔，从西部的安哥尔西到东部的诺福克，毁灭的阴影席卷了整个英格兰农业区。

在 1961 年春天，对问题的关注已达到了这样一个高峰，竟使众议院的一个特别委员会开始对该问题进行调查，他们要求农夫、土地所有人、农业部代表以及各种与野生生物有关的政府和非政府机构出庭作证。

一位目击者说："鸽子突然从天上掉下来死去了。"另一个人报告说："你可以在伦敦市外开车行驶一两百英里而看不到一只茶隼。"自然保护局的官员们作证："在本世纪或在我所知道的任何时期中从来没有发生过相类似的情况，这是发生在这个地区最大的一次对野生物和野鸟的危害。"

对这些死鸟进行化学分析的实验设备极为不足，在这片农村里仅有两个化学家能够进行这种分析（一位是政府的化学家，另一位在皇家鸟类保护学会工作）。目击者描述了焚烧鸟儿尸体时熊熊篝火燃烧不息的情景。他们努力地收集了鸟儿的尸体去进行检验，分析结果表明，除一只外，所有鸟儿都含有农药的残毒（这唯一的例外是一只沙鹬鸟，这是一种不吃种子的鸟）。

可能由于间接吃了有毒的老鼠或鸟儿，狐狸也与鸟儿一起受到了影响。被兔子困扰的英国非常需要狐狸来捕食兔子。但是在 1959 年 11 月到 1960 年 4 月期间，至少有 1300 只狐狸死了。在那些捕雀鹰、茶隼及其他被捕食的鸟儿实际上消失的县郡里，狐狸的死亡是最严重的，这种情况表明毒物是通过食物链传播的，毒物从吃种子的动物传到长毛和长羽的食肉动物体内。气息奄奄的狐狸在惊厥而死之前总是神志迷糊两眼半瞎地兜着圈子乱晃荡。其动作就是那种氯化烃杀虫剂中毒动物的样子。

所听到的这一切使该委员会确信这种对野生生命的威胁"非常严重"，因此它就奉告众议院"农业部长和苏格兰州首长应该采取措施保证立即禁止使用含有狄氏剂、艾氏剂、七氯或相当有毒的化学物质来处理种子"。该委员会同时也推荐了许多控制方法以保证化学药物在拿到市场出售之前都要经过充分的野外和实验室试验。值得强调的是，这是所有地方在杀虫剂研究上的一个很大的空白点。用普通实验动物——老鼠、狗、豚鼠所进行的生产性实验并不包括野生种类，一般不用鸟儿，也不用鱼，并且这些试验是在人为控制条件下进行的。当把这些试验结果外延及野外的野生生物身上时绝不是万无一失的。

英国绝不是由于处理种子而出现鸟类保护问题的唯一国家。在我们美国这儿，在加利福尼亚及南方长水稻的区域，这个问题一直极为令人烦恼。多少年来，加利福尼亚种植水稻的人们一直用DDT来处理种子，以对付那些有时损害稻秧的蝌蚪虾和蝼蝈甲虫。加利福尼亚的猎人们过去常为他们辉煌的猎绩而欢欣鼓舞，因为在稻田里常常集中着大量的水鸟和野鸡。但是在过去的十年中，关于鸟儿损失的报告，特别是关于野鸡、鸭子和燕八哥死亡的报告不断地从种植水稻的县郡那里传来。"野鸡病"已成了人人皆知的现象，根据一位观察家报道："这种鸟儿到处找水喝，但它们变瘫痪了，并发现它们在水沟旁和稻田埂上颤抖着。"这种"鸟病"发生在稻田下种的春天。所使用的DDT浓度是已达到足以杀死成年野鸡量的许多倍。

几年过去了，更毒的杀虫剂发明出来了，它们更加重了由于处理种子所造成的灾害。艾氏剂对野鸡来说其毒性相当于DDT的一百倍，现在它已被广泛地用于拌种。在得克萨斯州东部水稻种植地区，这种做法已严重减少了褐黄色的树鸭（一种沿墨西哥湾海岸分布的茶色、像鹅一样的野鸭）的数量。确实，有理由认为，那些已使燕八哥数量减少的水稻种植者们现在正使用杀虫剂去努力毁灭那些生活在产稻地区的一些鸟类。

"扑灭"那些可能使我们感到烦恼或不中意的生物的杀戒一开，鸟儿们就愈来愈多地发现它们已不再是毒剂的附带被害者，而是成为毒剂的直接杀害目标了。在空中喷洒像对硫磷这样致死性毒物的趋势在日益增长，其目的是为了"控制"农夫不喜欢的鸟儿的集中。鱼类和野生生物服务处已感到它有必要对这一趋势表示严重的关注，它指出"用以进行区域处理的对硫磷已对人类、家畜和野生生物构成了致命的危害"。例如，在印第安纳州南部，一群农夫在1959年夏天一同去请一架喷药飞机来河岸地区喷洒对硫磷。这一地区是在庄稼地附近觅食的几千只燕八哥的如意栖息地。这个问题本来是可以通过稍微改变一下农田操作就轻易解决的——只要改换一种芒长的麦种使鸟儿不再能接近它们就可以了，但是那些农夫们始终相信毒物的杀伤本领，所以他们让那些洒药飞机来执行使鸟儿死亡的使命。

其结果可能使这些农夫们心满意足了，因为在死亡清单上已包括有约6.5万只红翅八哥和燕八哥。至于其他那些未注意到的和未报道的野生生物死亡情况如何，就无人知晓了。对硫磷不只是对燕八哥才有效，它是一种普遍的毒药，那些可能来到这个河岸地区漫游的野兔、浣熊或负鼠，也许它们根本就没有侵害这些农夫的庄稼地，但它们被法官和陪审委员团判处了死刑，这些法官们既不知道这些动物的存在，也不关心它们的死活。

而人类又怎么样呢？在加利福尼亚喷洒了这种对硫磷的果园里，与一个月前喷过药的叶丛接触过的工人们病倒了，并且病情严重，只是由于精心的医护，他们才得以死里逃生。印第安纳州是否也有一些喜欢穿过森林和田野进行漫游，甚至到河滨去探险的孩子呢？如果有，那么有谁在守护着这些有毒的区域来制止那些为了寻找纯洁的大自然而可能误入的孩子呢？有谁在警惕地守望着以告诉那些无辜的游人他们打算进入的这些田地都是致命的呢？

这些田地里的蔬菜都已蒙上了一层致死的药膜。然而，没有任何人来干涉这些农夫，他们冒着如此令人担心的危险，发动了一场对付燕八哥的不必要的战争。

在所有这些情况中，人们都回避了去认真考虑这样一个问题：是谁作了这个决定，它使得这些致毒的连锁反应运动起来，就像将一块石子投进了平静的水塘，这个决定使不断扩大的死亡的波纹扩散开去？是谁在天平的一个盘中放了一些可能被某些甲虫吃掉的树叶，而在天平的另一个盘中放入的是可怜的成堆杂色羽毛——在杀虫毒剂无选择的大棒下牺牲的鸟儿的无生命遗物？是谁对千百万不曾与之商量过的人民做出决定——是谁有权力做出决定，认为一个无昆虫的世界是至高无上的，甚至尽管这样一个世界由于飞鸟夺拉的翅膀而变得黯然无光？这个决定是一个被暂时委以权力的独裁主义者的决定，他是在对千百万人的忽视中做出这一决定的，对这千百万人来说，大自然的美丽和秩序仍然还具有一种意义，这种意义是深刻的和必不可少的。

（选自[美]蕾切尔·卡逊《寂静的春天》，
吕瑞兰、李长生译）

第九讲　增长的极限

罗马俱乐部

　　罗马俱乐部（Club of Rome），国际性的未来学研究团体。在意大利经济学家 A. 佩切伊和英国科学家 A. 金倡议下，于 1968 年 4 月在罗马成立。宗旨是研究未来的科学技术革命对人类发展的影响，阐明人类面临的主要困难以引起政策制定者和舆论的注意。会员限 300 名。出版了《增长的极限》《重建国际秩序》《走出浪费的时代》《人类的目的》《第三世界：世界的四分之三》《走向未来的道路图》等著作。

增长的极限

罗马俱乐部

【编者按：《增长的极限》摧毁了无限增长的神话，认为人类应在全球范围内采取统一而协调的行动，"有控制地、有秩序地从增长过度到全球均衡"。纯粹技术上的、经济上的或法律上的措施和手段的结合，都不可能带来实质性的改善。全新的态度是需要使社会的发展改变方向。这样的变革需要政治上和道义上的决心，要以个人、国家和世界的价值和基本目标的变革为基础。】

在邀请麻省理工学院小组承担这项研究时，我们心目中有两个直接的目的。一个目的是要探讨我们的世界系统的极限，以及它对人类的数量和活动所施加的强制力。人类现在比以前任何时候更趋向于不断增长，常常是人口、占用土地、生产、消费和废物等等的加速增长，盲目地设想环境会容许这样的扩张，其他集团会屈服，或者科学技术会消除障碍。我们想要探索对增长的这种态度，同我们这个有限行星的大小，以及同我们的正在出现的世界社会的基本需要——由于减少社会的和政治的紧张局势而为一切人改善生活的质量——相容的程度。

第二个目的，是要帮助认清和研究影响这个世界系统长期行为的支配因素以及它们的相互作用。我们相信，像现在的习惯做法那样，靠集中注意于国家制度和短期分析是不可能得到这样的知识的。这个方案并不想要成为一部未来学著作。它想要成为对现在的趋向，它们的相互影响，以及它们的可能结果的一种分析。我们的目标是要提出警告，只要允许这些倾向继续下去，就有潜在的世界危机，并因此提供一个机会，来改变我们的政治、经济和社会制度，以保证不发生危机。

这份报告令人满意地符合于这些目的。它对世界形势作了广泛而又综合的分析，这是一个大胆的步骤。现在需要经过若干年来精炼、深化和扩大这种研究，然而，这份报告仅仅是第一步。它所考察的增长极限，仅仅是已知的最主要的物质极限，而这些极限被这个有限的世界大大强化。事实上，这些极限由于政治的、社会的和制度的强制力，人口和资源的不平均分布，以及我们管理很大的复杂系统的无能，而进一步缩小了。

但是，这份报告也适用于更进一步的目的。它为世界的未来提出尝试性的建议，并从理论上和实践上不断努力展现新的宽广的未来前景。

我们已经在两次国际会议上，提出了这份报告的研究成果。这两次会议都是在1971年夏举行的，一次在莫斯科，另一次在里约热内卢。虽然提出了许多问题和批评，但对这份报告描述的前景，没有实质性的不同意见。这份报告的初稿也曾提交四十多人听取评论，他们大多数是罗马俱乐部成员。提到有关批评的主要论点，也许是有好处的。

1. 由于模型只能容纳有限的几个变量，所研究的相互作用也只是局部的，人们指出，这项研究所用的全球模型中，聚集程度必须很高。人们普遍认识到，用一个简单的世界模型，可以考察基本设想变化的结果，或者考察政策变化在多大程度上影响着整个系统行为的变化。在现实世界里，类似的实验是冗长的、昂贵的，而且在许多情况下是不可能的。

2. 人们提出，对科学技术进步可能解决某些问题的能力没有予以足够的估计。诸如十分简单安全的避孕方法的发展，由矿物燃料生产蛋白质，产生和利用实际上无限的能源（包括无污染的太阳能），及随后用于从空气和水合成食物，以及从岩石提取矿物。可是，人们同意，这样一些发展可能会来得太迟，以致难以防止人口或环境的灾难。总之，它们可能只会推迟而不是避免危机，因为这问题是由不需要技术上解决的各种问题构成的。

3．其他人感到，在还没有充分探索过的领域里发现原料贮存的可能性比这模型假定的要大得多。但是，这样一些发现也只会推迟短缺，而不是消除短缺。可是，用几十年来扩大可以得到的资源，能给人们以时间去寻找补救办法。

4．有些人认为，这模型"技术统治"的色彩太浓了，注意到它没有包括关键性的社会因素，例如，采纳不同价值系统的影响。莫斯科会议主席总结这一点时说，"人不只是生物控制论的装置"。这种批评很快就被接受了。现在的模型只考虑到人的物质系统方面，因为在最初的努力中，不可能设计和提出有效的社会因素。然而，尽管这个模型的主流是物质的，研究的结论却指出，需要在社会价值方面有基本的改变。

总的说来，大多数读过这份报告的人，同意它的观点。而且，只要这份报告提出的论据被认为在原则上是正确的（即使在考虑了无可非议的批评以后），大概不会过高估计它们的意义。

许多评论家都具有我们的信念，这方案的最重要的意义在于它提出的全球概念。因为，通过对整体的知识，我们得到对部分的理解，而不是反过来。这份报告以坦率的形式提出了不是一个国家或人民，而是所有国家和所有人民面临的选择，从而迫使读者把他们的眼界扩大到世界性问题的范围。当然这种态度的缺点是研究的结论虽然对我们整个行星是正确的，但不能逐一应用于任何一个国家或地区，因为世界社会是不同的，各国的政治结构和发展水平也是不同的。

事实上，这个世界里发生的各种事件，确实是在紧张的地点零散发生的，而不是在全球普遍地同时发生的。所以即使由于人类的惰性和政治上的困难，模型预期的结果被认为是要发生的，这些结果无疑会首先在一系列局部的危机和灾难中出现。

但是，这些危机会在世界范围内引起反响，许多国家和人民，通过采取仓促的补救行动或者恢复孤立主义和企图自给自足，只会使整个系统中起作用的条件更加恶化。这就说明，这一切可能并不正确。这个世界系统的各个部分的相互依赖会使这样一些办法最终无效。战争、瘟疫、工业经济的原料不足，或者普通的经济衰退会导致传染性的社会崩溃。

最后，这份报告指出，在一个封闭系统中人类增长的指数性质，被认为特别有价值。尽管这个概念对我们的有限行星的未来有巨大意义，在实际的政治中却很少提到或得到欣赏。麻省理工学院的方案对人民模糊地意识到的倾向提出了合理的、系统的说明。

这份报告的悲观主义结论，已经而且无疑将继续是一个争论的问题。许多人会相信，人口增长在有灾难性的危机以前，自然界会采取补救行动，出生率将下降。其他人也许只感到，在这种研究中认识到的倾向是人类无法控制的，人民将等待"突然发生某些事情"。还有一些人将希望现行政策做较小的修正，这会导致逐渐令人满意的重新调整，很可能导致平衡。还有许多人相信技术是解决一切问题的灵丹妙药。

我们欢迎并鼓励这种争论。按照我们的意见，对人类面临的危机的真正规模，以及在今后几十年中可能要达到的严重程度，有一个清楚认识是很重要的。

根据对我们分发报告草案的反映，我们相信这本书将在全世界引起越来越多的人民认真地反省，现在的增长势头是否超越这个行星的负担能力，并考虑选择令人寒心的这种超越办法对我们自己和我们子孙的含义。

我们作为这个方案的倡议者，怎样评价这份报告呢？我们不可能正式代表我们罗马俱乐部的全体同事讲话，因为在他们中间存在着兴趣、重点和判断的不同。尽管这份报告只具有初步性质，它的某些数据有局限性，和它企图描述的这个世界系统的内在的复杂性有差距。但是，我们深信其主要结论的重要性。我们相信，它包含着一种启示，其意义比仅仅在范围大小方面作比较要深刻得多，这个启示与现今人类困境的一切方面都有关。

我们在这里虽然只能表明我们的初步观点，并认识到这些观点仍然需要作大量的思考和整理，但是，我们在下列几个问题上是一致的：

1．我们深信，认识到世界环境在量方面的限度以及超越限度的悲剧性后果，对开创新的思维形式是很重要的，它将导致从根本上修正人类的行为，并涉及当代社会的整个组织。

只是现在，已经开始理解到在人口增长和经济增长之间有一些互相作用，二者都已经达到了空前的水平，人们被迫考虑他们的行星的有限大小，以及他们在这个行星上存在和活动的上限。调查无限制的物质增长的代价和考虑持续增长的替代办法，第一次成为生死存亡的问题。

2．我们进一步深信，人口的压力在这个世界里已经达到这样的水平，而且分布得很不平均，以致单单这一条就必然迫使人类去寻求我们星球上的一种均衡状态。

仍然有人口稀少的地方存在，但是把世界作为整体来考虑，人口增长如果说还没有达到临界点，也在接近临界点了。长期的人口水平当然没有唯一的最适当的极限，宁可说，在人口水平、社会和物质标准、个人自由，以及组成生活质量的其他因素之间，要有一系列的均衡。不可再生资源的储备已经知道是有限的并且还在减少，我们的地球在空间上也是有限的，增长着的人数，最终意味着较低生活标准和更加复杂的问题，这必须是普遍接受的原则。另一方面，稳定人口的增长不会危及基本的人类价值。

3．我们认识到，只要许多所谓发展中国家与经济发达国家相比较，都有很大改善，世界均衡就可能成为现实，而且我们断言，只有通过一种全球战略才能实现这种改善。

只要没有世界性的努力，今天的已经是爆炸性的差距和不平衡将继续扩大。不论是由于个别国家的自私，继续完全按它们自己的利益行动，或者是由于发展中国家和发达国家之间的权力斗争，结果只能是灾难。这个世界系统完全不够充裕，也不够丰富，以便更加长远地适应居民的利己行为和冲突行为。我们距离这行星的物质极限愈近，对付这个问题就更加困难。

4．我们断言，全球的发展问题同其他全球问题如此密切地互相联系着，以致必须发展一种全面的战略，向所有主要问题，特别是人和环境的关系问题发动进攻。

由于世界人口倍增的时间只有三十年多一点，而且还在减少，社会将难以满足这么多人在这么短时期中的需要和期望。我们很可能试图用过分开发我们的自然环境来满足这些需要，并进一步削弱这个地球维持生命的能力。因此，在人和环境方程的双方，形势将趋向于危险地恶化。我们不能期望单靠技术上的解决办法使我们摆脱这种恶性循环。对发展和环境这两个关键问题的战略，必须设想是一个共同的战略。

5．我们认识到，复杂的世界问题在很大程度上是由各种因素组成的，这些因素不可能用可测量的条件来表示。然而，我们相信，这份报告所用的主要是定量的方法，对理解世界性问题的作用是必不可少的工具。而且，我们希望，这样的知识能导致对各种因素的控制。

虽然所有主要的世界问题基本上是联系着的，然而还没有发现有效地处理所有问题的方法，在重新阐述我们关于整个人类困境的想法方面，我们采取的态度可以是极其有用的。它容许我们明确表示在人类社会内部，以及在人类社会和它的住处之间所必须有的平衡，并看出当这样一些平衡被破坏时可能引起的后果。

6．我们一致深信，人类面临的首要任务是迅速地从根本上调整目前不平衡的和危险的、恶化的世界形势。

我们现在的形势作为人的多种多样活动的反映，是极端复杂的。但是，纯粹技术上的、经济上的或法律上的措施和手段的结合，不可能带来实质性的改善。全新的态度是需要使社会改变方向，向均衡的目标前进，而不是增长。这样的改革必须包括理解和想象方面的最大努力，以及政治上和道义上的决心。我们相信，这种努力是行得通的，而且，我们希望，这本书对于使改革成为可能的力量将起动员作用。

7．这种最大的努力是对我们这一代的挑战。它不可能传给下一代。必须毫不延迟地果断地开始这种努力，而且必在十年中有效地改变方向。

这种努力最初可以集中在增长的影响上，特别是人口增长的影响上。事实上我们相信，关于和技术变革相称的社会改革，关于在一切层次以及政治程序，包括最高级的世界性的政治组织在内根本改革的需要，能够在社会中很快显示出来。我们确信，只要我们了解到不及时行动可能带来的悲剧性后果，我们这一代就会接受这种挑战。

8．我们毫不怀疑，如果人类要开始新的进程，就必须有空前规模的国际上大力协同的办法和长远规划。

这需要全体人民的共同努力，而不管他们的文化、经济制度和发展水平怎样。但是，主要责任必须由比较发达的国家负责，不是因为这些国家更有远见和仁慈行为，而是因为这些国家仍然是传播增长的综合病症，并使其继续发展的根源所在。随着对这世界系统的条件和活动的结果提出更加深刻的见解，这些国家将了解在一个根本上需要安定的世界里，只要他们不是作为达到更高级的稳定状态的跳板，而是作为世界范围内组织财富和收入的更加平均分配的脚手架，他们的高度稳定的发展时期才能被证明是正确的，并得到默认。

9．我们毫不含糊地支持这种论点，给世界人口和经济增长强加上一个制动器，而绝对不是导致冻结世界各国经济发展的现状。

如果这样一个建议是由富裕国家提出的，它将被认为是新殖民主义的最后一次表演。达到全球的经济、社会和生态平衡的和谐状态，必须是以共同信念为基础的共同的冒险行动，而且与所有人的利益一致。经济上发达的国家需要有最伟大的领导能力，因为对于他们来说，走向这样一个目标的第一步，大概是要鼓励他们自己的物质产品的增长降低速度，而同时帮助发展中国家努力更快地发展经济。

10．我们最后断言，通过有计划的措施，而不是通过偶然性或突变，来达到合理的持久的均衡状态的任何深思熟虑的尝试，最终都必以个人、国家和世界的价值和基本目标变革为基础。

这种变革也许已经在流传了。可是，并不明显。我们的传统、教育，当前的行动和利益会严阵以待，并使这种变革缓慢。只有真正理解人类在这历史转折点上的条件，才能为人民提供充分的动力，去接受个人的牺牲，以及达到均衡状态所需要的政治上的和经济上的权力结构的变化。

当然，问题仍然是世界形势，事实上是否像这本书和我们的评论所指出的那样严重呢？我们坚定地相信，这本书包含的警告，是得到充分证明的，而且我们今天文明的目的和行动只能使明天的问题恶化。但是，如果我们的试验性的论断竟然被证明太悲观了，那将是愉快的。

无论如何，我们的态度是一种很严肃的忧虑，而不是绝望的恐惧。这份报告描述了一种代替不受抑制的和灾难性的增长的办法，并且提出某些关于改变政策的思想。它可能产生适合于人类的一种稳定的均衡。这份报告指出，让适当规模的人口拥有良好的物质生活，提供给个人和社会无限发展的机会，也许是我们力所能及的。虽然我们是充分的现实主义者，没有被纯粹科学的和理论的思辨冲昏头脑，但是，我们同这种观点实质上是一致的。

一个社会在经济平衡和生态平衡上处于稳定状态的概念看来也许是易于掌握的，尽管现实距离我们的经济是如此之远，以至于需要一场思想上的哥白尼革命。不过，思想转化为行动充满了令人不安的困难和复杂性。只有当《增长的极限》这种预言以及它极端迫切的意义，在许多国家里已被一大批具有科学见解和政治见解的人们以及民意接受时，我们才能认真地讨论从什么地方开始的问题。总之，这种转变大概是痛苦的，而且它将极其需要人的聪明才智和决心。正如我们已经提到的，确信没有其他通向生存的途径，可以把道义上和理智上的力量，以及创造力解放出来，完成这种空前的人类事业。

但是，我们希望强调这种挑战，而不是强调制定通向稳态社会的道路的困难。我们相信，大量适龄和有条件的先生们和女士们，必须出乎意料地对这种挑战立刻做出反应，而且渴望讨论不是假如而是我们怎样才能创造这种新的未来。

罗马俱乐部计划用许多办法去支持这样的活动。在麻省理工学院开始的对动态世界的大量研究工作，将在麻省理工学院和欧洲、加拿大、拉丁美洲、苏联和日本继续下去。而且，由于理智上的启蒙，如果没有政治上的启蒙是没效果的，罗马俱乐部还将促进世界论坛的创立，在没有正规的政府对话的前提下，政治家、政策制定者和科学家可以在那里讨论未来的全球系统的危险或希望。

我们希望提供的最后一个思想是，人必须探索他自己——他的目标和价值——就像他力求改变这个世界一样。献身于这两项任务必然是无止境的。因此，问题的关键不仅在于人类是否会生存，更重要的问题在于人类能否避免陷入毫无价值的状态中生存。

（选自罗马俱乐部《增长的极限》，李宝恒译）

第十讲　地球的毁灭与解放

[德] 莫尔特曼

莫尔特曼（Jurgen Moltmann，1926— ），出生于德国汉堡，"二战"期间成为战俘，此间开始研究福音学。1952年于哥廷根大学取得博士学位。其后曾相继任教于伍伯塔尔教会神学院、波恩大学、图宾根大学福音神学系。著述甚多且影响很大，主要有《盼望神学》《被钉十字架的上帝》《三位一体与上帝国》《创造中的上帝》等。

地球的毁灭与解放

[德] 莫尔特曼

【编者按：莫尔特曼认为，人类只是自然大家庭的一部分，是地球的晚到的客人。自然是上帝的创造物，而不是人类的私产。所有的活物都是上帝立约的伙伴。上帝热爱他的所有创造物，希望它们的生命都得到发展。因此，我们必须尊重自然，尊重自然中的其他生命。】

一、第一和第三世界导致地球的毁灭

人类通过现代世界经济体系而造成的环境破坏必然严重危及人类在21世纪的生存。[①]现代的工业社会使地球的有机性脱离均衡状态，如果我们不再扭转这种趋势，地球将步向全面的生态性死亡。科学家证实：二氧化碳及甲烷废气破坏了臭氧层，化学肥料及各种杀虫剂的使用使得土地歉收，世界气候已经改变，而且我们将经历愈来愈多人为的"自然浩劫"，如旱灾和水灾。南北极的冰层将逐渐融解，像汉堡的沿海城市、像孟加拉的海岸地区以及许多南半球的岛屿将在下一世纪被海水淹没。总之，地球的生命受到前所未有的威胁。人类可能会像几百万年前的恐龙一样绝迹。令人不安的是，升到地球臭氧层的毒气以及渗到土地的有

---

① Lester Brown 在世局观察研究所的年度报告（华盛顿）中清楚地指出。——原注

毒废水是无法回收的，因此我们不知道，人类的命运是否已成定局？我们工业社会的"生态危机"已成了生态浩劫，无论如何对于较弱的生物是如此，它们在这场考验中首先遭殃：每年有数百种植物和动物绝迹，我们无法再使它们起死回生："首先森林死去，然后是小孩。"

这个生态危机是通过西方"科技文明"而造成的，这是真实的。如果所有的人像美国人和德国人一样经常开车并将有害的毒气送到大气层，那么人类早就窒息了。西方的生活标准不能放诸四海，它只能以牺牲他者来维持：牺牲第三世界人民、将来的世代和大地。只有全球性的"负担平衡"才能导致一种共同的生活水平及永续的发展。如果我们认为，环境问题只是第一世界的问题，那就错了。[①]相反地：第三世界既存的经济和社会的问题因着生态浩劫而更加严重。西方国家有能力在技术和法律上努力，在他们的国境内保持一个干净的环境，贫穷的国家却无法办到。西方国家有能力设法将有害环境的工厂设备迁到第三世界，并将有毒的垃圾卖到第三世界，第三世界的贫穷的国家却无力反抗。[②]然而，除此之外，英吉拉·甘地（Indira Gandhi）说得很对："贫穷是最严重的环境污染。"我愿意再补充：不是贫穷本身，而是造成贫穷的腐化乃是最严重的环境污染。那是导致死亡的恶性循环：贫穷导致人口过剩，因为没有其他的方式比多子多孙更能确保生命的安全。人口过剩不仅消耗所有的粮食，而且也耗损本身的根基。因此，贫穷国家的沙漠以最快的速度向外扩展。此外，世界市场还强迫贫穷国家放弃本身自给自足的经济体系、砍伐雨林并过度使用草原，而为世界市场的单一文化效力。他们不仅必须卖苹果，而且连苹果树也得卖掉，这意味，他们只有牺牲子孙才能存活。因此，这些国家陷入自我毁灭的旋涡，无法自拔。在社会极为不公平的国家中，对弱者毫不照顾乃是"暴力文化"的一部

---

① R. Arce Valentin：《受造必须被拯救，然而为谁？》，《新教神学期刊》，1991（51），第565—577页。——原注
② 从尼加拉瓜的例子便可清楚看出。它的森林被韩国的木材公司砍伐殆尽，然后用来储存美国和加拿大的核废料。——原注

分。对弱者施暴使得对较弱的受造施暴被视为理所当然。社会上的毫无法纪延续在对待自然之上。最重要的生态律则是：对自然的任何干预必须加以弥补。如果你砍了一棵树，就得种一棵树。如果你卖了一块地，就得另买一块地，因为你必须将土地传给子孙，正如你从父母那边所承继的一样。如果你在城市中盖一座发电厂，就得植一片森林，它制造的氧气必须和发电厂消耗的一样多。

第一世界和第三世界都陷入了毁灭自然的恶性循环之中。双方毁灭的互动显而易见：西方世界毁灭第三世界的自然环境，并且迫使第三世界毁灭它本身的自然环境，相反地，第三世界自然环境的破坏——如雨林的滥伐和海洋的污染——通过气候转变反扑到第一世界。第三世界率先死亡，然后是第一世界。穷人率先死亡，然后是富人。小孩率先死亡，然后是大人。如果现在就对抗第三世界的贫穷，并且放弃本身的成长，就长期的角度而言，总比等到数十年后才来对抗世界性的自然浩劫要来得经济而且也符合人性。如果现在就对汽车驾驶加以限制，总比以后要戴防废气的面罩要理性多了。第一世界和第三世界之间如果没有社会的正义，就没有和平可言，如果人类社会中没有和平，大自然就不可能获得解放。这个地球无法长久承载一个四分五裂的人类世界。这个富有生机的地球无法再承载一个彼此敌对的人类世界。它将要自求解脱，不是通过反进化就是通过人类的慢性自杀。

鉴于这种晦暗的前景，人们有必要在政治和经济上制定新的优先顺序。直到目前为止，通过武力装备的"国家安全"扮演最重要的角色。将来，通过保卫共同生命基础的"自然安全"将扮演最重要的角色。我们不要以武力相向，相反，我们必须同心努力，来保护我们在地球上共同的生存空间免遭毁灭的命运。我们在第三世界需要永续的发展，在第一世界中则需要确保自然安全的政策。我们需要共同的"大地政策"和以生态为取向的世界市场，即一种以大地为取向的市场。①

---

① 参见魏泽克：《地球政策》，达姆市，1992.3。——原注

　　我认为，地球的"生态危机"乃是现代"科技文明"本身的危机。现代世界的大计划将告破产。因此，这里牵涉的不仅是像教皇约翰·保罗二世所说的"道德危机"，而且是更深的宗教危机，也就是西方人的信仰危机。在本文的第二部分中，我将从西方世界的宗教传统中列举出三个面向，好让科技文明从毁灭大地走向与它协调一致的路径。

二、现代世界的宗教危机

　　人类社会和自然环境间的关系受到人类技术的左右，人类通过技术从自然界获取他赖以生存的物资，造成的垃圾则再回归到大自然。这种"和大自然进行的物资转换"就像呼吸一般，可是自从工业化以后，它愈来愈受到人类的掌控，大自然再也没有决定和操控的余地。在我们的社会中，虽然我们认为，凡是丢弃的东西就已经"消失了"。可是，"有"不会变成"无"，因此，人丢弃的东西不会消失。这乃是虚无主义的谬误。它留在大自然的某个地方。到底它留在哪里？所有丢掉的东西都回到地球的生态循环中。

　　自然科学着力于技术的层面，技术乃是自然科学的应用，而且所有的自然科学知识有朝一日将会被应用在技术层面上，因为"知识就是力量"（语出培根）。自然科学乃是"应用性的知识""宰制性的知识"，相对地，哲学和神学乃是"定向的知识"，是探讨真实意义的知识。

　　技术和自然科学总是由特定的旨趣发展出来[1]，价值中立是不存在的。旨趣在技术和自然科学之前，引导它们并为其效力。这些旨趣受到社会的基本价值和信念的左右。这些基本价值和信念正是社会中所有成员认为理所当然的观念，因为这在他们的体系中是可行的，是不证自明的。

　　生命体系联系人类社会及其周遭的自然，如果生命体系中产生了自

---

① 比较 J. Habermas：《知识与旨趣》，法兰克福，1968。——原注

然体系死亡的危机，那么必然产生整个体系的危机、生命看法的危机、生命行为的危机以及基本价值和信念的危机。和（外在）森林的死亡相对应的是（内在）精神疾病的散播。和水污染相对应的是许多大都会居民的生命虚无感。我们经历到的危机并不只是"生态危机"，它也不是只靠技术就能够解决的。回归到基本价值和信念就像回归到生命的看法，生命的行为和生命的形态一样重要。

主宰我们科技文明的是哪一种旨趣和价值？简而言之，那是人类无限的宰制欲，它使现代人干预地球的自然界。为了竞争，科学知识和技术发明被政治的权欲左右，并且被应用来保障权力及扩充权力。我们依然以经济、财政及军事上的力量来评估成长和进步。如果经济不成长，我们在德国称之为"零成长"，因为成长是必要的。

如果我们拿前现代的文化和我们的文明比较的话，便立即看到其间的差异：我们的文明着重成长，而前现代的文化着重均衡。前现代的文化绝非原始，亦非"低度发展"，毋宁说它是个高度复杂的均衡体系。这个体系操纵人和自然、人与人、人和神明、人和魔鬼间的关系。一直到现代，西方文明才一股脑儿地往成长、扩充及新市场的掠夺上使力。获取权力并确保权力以及美国人说的"追求运道"乃是我们这个社会中实际运作并主宰一切的基本价值。为何会变成这个样子？

这可能和现代人的宗教观有密切的关联。有人指出，犹太教和基督教必须为人类侵犯大自然以及无限度的追求权力而负责。[①]现代人并不认为自己特别虔诚，但是他们尽力完成上帝交付他们的使命："生养众多，遍满地面，治理这地。"他们可以说过度完成了这个使命。这个命令已超过三千年之久，而现代的掠夺和扩张文化只不过在四百年前的欧

---

① L. White jr.：《生态危机的历史根源》，F. Schaeffer：《污染与人类的死亡：基督教的生态观》，第97—115页，伊利诺伊，1970。跟随他的有 C. Amery：《预见的终结：基督教导致的恶果》，汉堡，1972；E. Drewermann：《致命的进步》，弗赖堡，1991。对 White 的批判，比较 Ph. N. Joranson/K.Butigan：《环境的哭泣：基督教造物传统的重建》，圣塔菲，1984；C. S. Robb/C. J. Casebolt：《新创造的契约：伦理、宗教和公共政策》，纽约，1991。——原注

洲和对美洲的掠夺同时产生。因此，其根源应该在别处，我认为，就在现代人的上帝观当中。

自从文艺复兴以来，上帝在西欧逐渐单面地被理解成"全能者"。全能乃是上帝最重要的属性：上帝是主，世界属于他，而且他可以照他的旨意对待这世界。他是绝对的主体，世界是他治理下被动的客体。在西方的传统中，上帝愈来愈退到超验的层次，而世界被理解成纯然的现世。上帝被理解成不在这世界上，因此这世界也可以被理解成没有上帝。世界失去了上帝创造它时的奥秘性，即"世界魂"，因此可以在科学上"被解除了魔咒"，正如韦伯对这个过程贴切的描写。[1]近代西方基督教中严格的绝对一神论乃是世界和自然世俗化的重要原因，正如格伦（Arnold Gehlen）早在1956年所做的贴切描写："在长远的文化和精神的历史尽头，一种'神秘同盟'（entente secréte）的世界观——生命力既一致又相争那样的形而上学——被摧毁了。事情的发生一方面是由于一种绝对一神论，另一方面是科技机制的兴起。科技的机制之所以得逞，是由于这种绝对一神论清除自然界的鬼神，首先为这机制腾出了空间。"[2]上帝和机器活过了原始世界，现在他们单独地遭遇。这是一幅恐怖的图像，因为自从那次上帝和机器遭遇以来，不仅自然失踪了，而且连人也不见了。

既然人是上帝在地上的肖像，他就必须十分相应地将自己理解成统治者，即知识和意志的主体，他必须将世界当成被动的客体，并加以征服。因为，他唯有治理大地才能和上帝——世界的主——相符应。正如上帝是世界的主，全世界都属于他，因此人必须努力成为世界的主人和拥有者，以证明他是上帝的肖像。人要和上帝相似，不是通过良善和真理，也不是通过忍耐和慈爱，而是通过力量和宰制。因此，培根以他那

① 韦伯：《新教伦理与资本主义精神》，《宗教社会学论文集》，第94—95页，图宾根，1947.4。——原注
② 格伦：《原始人类和晚期文化》，第295页，波昂，1956。——原注

个时代的自然科学自诩："知识就是力量"，而且人类通过他对自然的干预，再度塑造上帝的肖像。笛卡儿在他的《方法导论》中表示，科技使人成为"自然的主人和拥有者"①。

如果我们参考一位西雅图印第安酋长在 1855 年的控诉词，就可以明了我们走偏了多远："地球上任何一个角落对我的族人而言都是神圣的，每一根闪烁的松针、每一片沙滩、森林中的浓雾……高耸入云的巨石、如茵的草地、小马的和人的体温，它们都属于同一个家庭。"②

因此，我们今天面对一个关键性的问题：究竟自然是我们的私产，我们可以对它为所欲为，还是我们人是自然界这个大家庭的一部分，我们必须尊重它？究竟雨林属于人类，因此可以对它滥砍，还是雨林也是许多动物、植物和树木的家园，它属于地球，正如我们也属于地球一般？究竟地球是我们的环境和住家，或者我们人类只是客人，而且是很晚才到达地球的客人？到目前为止，它对我们仍然这么有耐性、有恩典地承载我们。

如果自然只是我们的私产，换言之，它是"无主物"，它属于占有它的人，那么我们只能以技术来处理自然界的生态危机。我们将试图以基因技术来生产能够抵抗恶劣气候的植物和有用的动物。我们将以基因工程来培育新的人种，它只需要技术的环境，而不再需要自然的环境。我们真的有能力创造新的世界，它能够承载我们的数量并适应我们的习惯，然而它是一个人工的世界，换言之，是一个全球性的太空站。③我们也可以改变我们的数量和习惯，重建自然并让它重生。然而，我们如何改变我们的习惯态度？难道自然的毁灭不是我们和自然、我们和自己、我们和上帝的关系出现问题的后果？

在 1990 年 1 月，我们在莫斯科的"全球论坛会议"上听到北美印

---

① 笛卡儿：《方法导论》，第 6 章，雷登，1637。——原注
② 《我们是大地的一部分：西雅图印第安酋长的演说》，欧藤，1982。——原注
③ B. McKibben：《自然的结局》，第 91 页，纽约，1989。——原注

第安人引人注意的信息。这些"大地之子"谈到他们千年来信奉的女神："大地是我们的母亲，月亮是我们的祖母，我们所有人都是神圣的生命循环中的一分子。"①印度代表辛格（Singh）、蒙古的大祭司、非洲的祈雨者以及加拿大的新世纪的跟随者要我们回到大地的"母怀"中，因为所有的生命都是源自那里。这听起来很美。然而，这些前现代的宗教符号能否帮助后现代世界中——在纽约、墨西哥市或圣保罗，那边的人经常因为浓厚的烟雾而不能看见太阳——都市化的大众来解决工业社会的生态问题？那应该不只是充满诗意而已？所有在场的政治人物及科学家都认为，引起地球生态危机的是人类，因此人类责无旁贷。原住民的信息和现代的"深层生态学家"愿意使人类从这个责任的重担中得到释放，好让他们成为"大地之子"，重拾快乐天真的岁月。然而，就因为自由变得危险，我们便因此而再度放弃我们既得的自由？当"自然"成为我们的重担时，"自然"再度除去我们的责任？我不认为如此。可是我们可以将前工业社会与大地保持和谐的观念转化成后工业社会生态文化的方案。

（选自［德］莫尔特曼《创造中的上帝》，
曾念粤译）

———————————

① 引自《全球论坛有关环境和生存发展的会议报告》，莫斯科，1990 年 1 月 15—19 日，第 193 页："我们都是大地之子。大地受到宇宙伟大的定律的掌管，这些定律遭到忽视和违反，我们人类必须为此负责……这个星球上有一种生命的危机，因为我们人类破坏自然世界中赐予生命力量的均衡，并且干预空气、土地和水的结构及循环……我们的责任是保护母亲地球。自然是个完整的生命网，所有的生命形式都彼此相关。万有都是我们的亲人——鸟类、鱼类、树木、岩石——我们都和那个生命网息息相关。对现代人类社会而言，原住民乃是自然的代言人。破坏自然的便是破坏固有的生命。我们都是大地的人民。"——原注

第十一讲　技术：　伤害地球？拯救地球？

[美] 丹尼尔·科尔曼

丹尼尔·科尔曼（Daniel Coleman. 1952—　），美国绿党运动北卡罗来纳分部的创立者，曾参与全美绿党纲领的制定。在北卡罗来纳州查伯来希尔地区，曾经以绿党候选人和环保积极分子的身份参与当地的竞选活动。他还是查伯来希尔地区基层报纸《多棱镜》的创办人。主要著作有《生态政治》《无政府主义者》等。

技术： 伤害地球？拯救地球？

[美] 丹尼尔·科尔曼

【编者按：科尔曼认为，工业化以前的社会一般都重视广义的生命（包括社群和自然环境的存续）；这一宽泛的价值观制约着技术的发展。但是，工业文明却高度重视谋利及与此相随的效率、物欲、经济增长等价值观，并进而激发技术服务于这些价值观，甚至不惜毁损地球。只有重建一种视野宽广、尊重生命的社会价值观，才能有效地消除技术的弊端。】

> 称我们目前的困难主要由人口过剩引起，这一说法仅适用于人口稠密的局部地区。为实现立竿见影的生态改良，节制权力、节制大规模生产、节制垃圾、节制污染都比节制生育更显紧迫。
>
> ——刘易斯·芒福德：《权力的五角大楼》

社会批评家刘易斯·芒福德以这一高论干脆利索地把我们的目光从污染转向了技术。①在许多人看来，技术是环境危机发生的祸水，而在其他人看来，技术却是拯救环境的潜在工具。如此注目于技术并非成于

---

① 刘易斯·芒福德：《权力的五角大楼》，纽约：哈考特布雷斯出版社，1970。——原注

一朝的新现象。关注技术的影响，就如关注人口，可溯源至 19 世纪初，当时，工业革命的骤然巨变正改变着西欧人的生活方式。早期的此类关注并非来自环保主义者，而由劳动群众所表达。劳动者憎恶新出现的机器，因为机器剥夺了自己原本独立的工作并将自己赶往工厂。他们也痛恨自己失去了对时间、工具及产品的控制权，深感自己的个人价值感，连同经济福利一起，受到了威胁。

1811—1816 年，英国的工人起而暴动，捣毁机器，抗议工业化和工厂制度。他们在传单上签上"内德·卢德"或者"卢德将军"，据称该名来自累斯特郡一位叫作卢德的年轻人的名字，此人曾在加工钩针时违抗命令，操起铁锤，一砸了之。如今，那些质疑技术创新的人，不管是引经据典还是脱口而出地表达此种情绪，都会被轻蔑地冠以"卢德分子"这一称呼。

正当英国人在砸毁织机时，在海峡对岸，德国作家约翰·沃尔夫冈·歌德复述了那则魔法师学徒的童话，这个故事因沃尔特·迪士尼的动画片《幻想曲》而在美国家喻户晓。在该童话中，魔法师的学徒能用简单的法术让一个扫帚和一个木桶起来为自己干家务活：担水。可水越来越多，学徒无法使它们停下来，学徒甚至反而要被水淹死。幸亏他那位冷峻严肃、无所不能的魔法师回来，才使他获得了拯救。

这一故事为分析我们与现代技术的关系提供了贴切的写照：一方面，它象征着技术已经失控，危及不谙此道的人们；另一方面，它又让人宽慰，对技术的掌握最终将拯救我们。这个故事比大致写于同时代的有关弗兰肯斯坦之恶魔的故事给人以更多的希望，后者所传达的信息是，不摧毁危险的创造物便绝无安宁可言。技术与魔法师学徒的那一似有自己头脑的扫帚颇相类似，它好像遵循着一套自己的法则，让试图从中受益的区区人类无从捉摸。

据称可坐美国环保主义者头把交椅的巴里·康芒纳，在其多姿多彩的重要工作中，一直在广泛地研究科学技术是环境危机的始作俑者还是拯救之道这一问题。虽然康芒纳并非忽视政治因素的那类人，他本人甚至在 1980 年以公民党候选人身份参选总统，还于 1991 年登记加入了加利福尼亚州新创的绿党，但他还是相信，第二次世界大战以来的技术变迁是现代环境灾难的罪魁祸首，占到全部污染物产出的 80% 以上。[①]他对技术的谴责不遗余力，因为他坚持认为，"生态失败显而易见是现代技术之本质的必然结果"[②]，他呼吁全面改造目前的生产体制。[③]

康芒纳多少还对现有体制"全面改造"的可能抱有某种信念，另有些人则自豪地贴起"卢德分子"的标签。地球至上主义者经常论辩道，既然技术就是问题，那就把它抛到九霄云外去吧。这个观点的典型代表就是在汽车保险杠上所贴的那句口号："回到更新世"，这明确地要求回到人类技术发展之前的时代。在为地球至上主义者准备的手册《保卫生态》中，出版者的名称被登记为内德·卢德社，这明摆着是在纪念其 19 世纪的先行者。如果说康芒纳还是在呼吁智慧的魔法师改造我们的技术，那么，这些激进环保主义者则更喜欢彻底摧毁弗兰肯斯坦的恶魔。

技术是出路吗？

在今天，货真价实的"卢德分子"依然凤毛麟角。通常的看法是，如果的确是技术让我们身陷困境，则毫无疑问，出路就在于开发更好的技术。多数环境科学家并不要求康芒纳倡导的那种全盘改造，而是呼吁零敲碎打地改造，以矫治某些具体问题。《科学美国人》的"管理地球这颗星球"特辑中曾十分典型地体现了这一思路。它认为："工业化带来的许多不良后果已由进一步应用技术而加以控制。"[④]尼克松总统在一份国情咨文中提议，"尽管问题源于创新智慧库，但还是应该调动该智慧库的能

---

① 《与地球媾和》，第 44—45 页。另，《正在合拢的圆圈》，纽约：艾尔弗雷德·A. 克诺夫出版社，1971，第 176 页。——原注

② 《正在合拢的圆圈》，第 187 页。——原注

③ 《与地球媾和》，第 211 页。——原注

④ 罗伯特·A. 弗罗斯和尼古拉斯·E. 盖洛普洛斯：《制造业的战略》，载《科学美国人》，1989 年 9 月，第 144 页。——原注

量"，俾以化解环境危机。[1]与尼克松一样，那些相信进步观念的人一般都认为，由技术造成的任何问题都可经由进一步应用技术而得到解决。

可资说明该思路的例子就是，认为解决放射核废料只是个时间问题。20世纪50年代，美国（其他国家紧随其后）启动了雄心万丈的核能开发计划。该计划由艾森豪威尔总统发起，被称为"和平原子"项目，它包括了现已为人不齿的一项承诺，即要让电能"廉价到不值得计量"。

这幅美妙画卷忽略了一个细节，即如何处理作为核能不幸副产品的放射废料问题，特别是如何长达数万年地安全储存钚这种可能是已知毒性最为致命的材料。此外，笨重的反应堆核心在其三十年左右的工作周期结束之后，本身已受到重度污染，其拆除、运输、长期安全储存均十分复杂。

"和平原子"项目过去几十年后，废料持续堆积起来，核工业部门及其相关的科学家就放射废料的处置问题一如既往地向公众做出信誓旦旦的保证。然而，他们所乐观预言的成功结局却一直无法如期到来。尽管如此，相信技术能够解决问题的信念依然如故，人们依然在热情呼唤着新一代的"安全"核电厂。

对技术的热情少许节制的人们一般期盼着采用一些对环境无害的方法。例如，巴里·康芒纳相信，科学分析可以开发出与环境安宁相适应的技术。[2]康芒纳相当恰当地倡导发展有机农业、利用太阳能电池发电、实施石化产品替代战略等，所有这些都只需采用一些可信手拈来的环保技术。副总统艾尔·戈尔追随康芒纳之后，呼吁美国率先开发环境安全技术，借以繁荣美国经济。

康芒纳和戈尔的建议固然有不少可圈可点之处，并将成为生态恢复计划中的重要组成部分，但他们的观点遗漏了一项事关重大的考虑：假如可资利用的技术可分为无害的和有害的两种，应认真考察究竟是什么

---

[1] 《正在合拢的圆圈》，第181页。——原注
[2] 同上书，第189页。——原注

因素让有害的技术在过去泛滥成灾。例如，为何以石化为本的农业会大举扩散而有机农业却日渐萎缩？我们必须审视现代社会的特点，而不单是现代科学的特点，因为正是现代社会的特点屡屡引导着人们开发并接受对环境有害的技术。只有这样，我们才能胸有成竹地在将来探寻一条采用安全技术的成功之路。只有回顾技术发展史，了解我们何以走到今天这步田地，我们才能认清通向未来的选择方案。

工业化以前的技艺

古希腊人对技术与艺术不作区分，他们与其他工业化以前的社会一样，把技艺（techne）视作以生命为中心的一种文化的有机组成部分。[①]人们往往认为，工业化之前的社会可用刘易斯·芒福德所谓"多元工艺"来加以概括，"多元工艺"系指技术的多元应用深深地扎根于社群的文化和伦理感受中。

在今天，认为技术天生良善的信念让我们相信，如果能够创造某种东西，就应该把它创造出来，而早期社会却会努力了解新技术将对其生活方式和对地球产生何种影响。我们今天看来简直离奇古怪的一种故步自封的守旧意识，在当时往往有助于保护社群的稳定性并维持天人合一的生活方式。这里作此对比，并非要将已经消失的生活方式浪漫化。它不过要说明，认为技术是一种普遍良善之物的现代信念实为新近历史的产物，而且未必总是一种健全的观念。

工业时代之前，技艺成长于社会关系和政治结构的框架中，且人们均以整体主义的方式来理解这种社会关系和政治结构。[②]工业化以前的

---

① 刘易斯·芒福德写道："在我们这一时代之前，技艺从未脱离过人类历来活动于其中的大文化背景。典型的例子是，古希腊词'techne'并不就工业生产和'美术'或'象征艺术'做出区别……技艺与人类的总体特点相关联……主要以生命为中心。"（《机器的神话》，纽约：哈考特雷斯出版社，1966，第9页）——原注

② 参见默里·布克钦《自由之生态学》，帕洛阿尔托：切舍尔图书公司，1982，第223页。——原注

技艺，一如社群本身，与其紧邻环境中的自然生态息息相关。[1]原始社会处于生态平衡之中，它们通过某种生态可续的生活方式让人口与自然环境的承载能力保持和谐平衡，这些描述充斥了人类学文献。当时的社会精心维护一种利于文化稳定与生态稳定的技术，而对技术创新反倒兴味索然。它们所致力钻研的是一些悠闲的消遣，如艺术、工艺及充满生机活力的社群生活。[2]当今那些支持有机园艺或者"适用技术"的人们努力追寻生态敏感性，而这种生态敏感性恰恰是工业化前人们日常生活中不可或缺的一部分。具有有机根基的技艺一直延续至近现代的黎明阶段，当时，技艺的成长依然受制于"浓郁的社群生活氛围，对多样性的顶礼膜拜，以及对品质、技巧、艺趣的强烈推崇"[3]。许多工业化以前的社会往往数百年如一日地维持一种生活方式，其社会形态长期稳定，其对环境的不良影响降到最低程度。当环境破坏确实发生时，例如为了生产建筑材料与燃料或为了开垦农田而过量伐木时，其影响范围也只限于本地，受影响的对象也较为有限。

科学革命兴起之后，经由培根、笛卡儿、伽利略和牛顿时代，技艺的有机敏感性被不断侵蚀，直至丧失殆尽。随着现时代的到来，在世界观、人类自身观念、人与自然的关系、人对技术的理解与使用等诸多方面，都发生了根本的变化。

---

[1] 布克钦写道："技艺本身往往遵循其由来已久的传统，即紧紧地融入当地的生态系统，敏感地适应当地的资源及其维系生命的特有能力。因此，技艺在一地的人群与其环境之间充当一个异常独特的催化角色……这种对于居住地潜在自然财富的高度意识在现代人类这里已经完全失传，然而它曾经把技艺所隐含的爆炸威力牢牢地限定在当地社群制度的、道德的和生态的界限之内。人们的作为并不限于仅仅在生态系统的许可范围内生活并以一种培养了生态多样性与丰富性的异常敏感性来重新塑造环境。他们也（经常艺术地）把技艺独特的器械融入这个广大的社会基体中，使之服务于当地社群。"（《自由之生态学》，第260页）——原注

[2] 参见威尔金森《贫困与进步》中的有关论述。马歇尔·沙赫林斯引述了一非洲狩猎与采集部落的故事，该部落"虽已为农耕者所包围，但不久以前一直拒绝从事农业，'主要理由是，搞农业要干太多的累活'"。（《石器时代的经济》，芝加哥：奥尔丁-阿瑟顿出版社，1972，第27页）——原注

[3] 《石器时代的经济》，第253页。——原注

科学革命

有关科学与工业革命产生与发展的著作可谓汗牛充栋。科学革命从其开始之初即毫不含糊地将人类置于自然的对立面。勒内·笛卡儿干脆认为，科学探究的目的就是"让我们成为自然的主宰"[1]。

弗朗西斯·培根批评古希腊人"立言才智横溢，事功无所作为"[2]。正是为在事功方面有所作为，文艺复兴中大量的哲学、理论及实验都公然蔑视中世纪的常识型思路，伽利略的重力实验即代表了这种思路上的改弦更张。[3]在整个中世纪里，人们相信，重物比轻物会更快地落到地面，重物在归向地球密度趋高的中心时，心情更加激动，行色更加匆匆。伽利略关于重物与轻物同速落体的断言却引入了一个崭新思想，即对物体而言，除了拥有那些可为科学具体测定的实实在在的东西之外，并无其他什么目的或特征。伽利略抛弃了为何某一现象要发生这个问题，而在某一现象是如何发生的这个更加功利的探讨方面实现了科学的突破，这或许就为现时代打下了奠基之石。

称此思路变迁为一场革命的确无可厚非，它毕竟代表了与绝大部分人类历史上的大多数人分道扬镳的一种全新世界观。毫无疑问，把目的加诸落体对现代思维已很遥远陌生（不过，当代环保思想者中有不少人正力图把某种目的和价值赋予其他生命体，甚至赋予地球的无机物）。

如上所述的近代科学观念上的重大变迁一般按托马斯·库恩的定义，被称为"范式转换"。库恩在其《科学革命的结构》中，将科学史描绘为范式的前后相继，一个范式系指一套一以贯之的科学传统或者一套广为接受的思想规范。[4]已被接受的现行范式中矛盾不断积累，范式的转变便

---

[1] 《方法谈》，F. E. 萨克利夫英译，巴尔的摩：企鹅出版社，1968，第 78 页。——原注

[2] 《新工具》，富尔顿·H. 安德森编辑，印第安纳波利斯：鲍勃斯－梅里尔出版社，1960，第 70 页。——原注

[3] 有关描述见于莫里斯·伯曼，《让世界重获魔力》，纽约：矮脚鸡出版社，1981。——原注

[4] 《科学革命的结构》，芝加哥：芝加哥大学出版社，1970，第 10—23 页。——原注

开始酝酿。根据库恩的理论，科学革命采取范式转变的形式，即当矛盾集腋成裘、积少成多，足以推翻主导范式时，新的范式就取而代之。所以，古典物理学被牛顿物理学取代，而牛顿物理学又被相对论取代。库恩模型可资借鉴的意义在于，它表明，科学革命并非人类知识细雨润物式的逐渐演进，而是一场暴风骤雨般的急剧变迁。不过，范式转换的革命实源于科学领域之外，植根于社会和经济基础之中，故而，不研究孕育并支撑了科学革命的经济与社会环境，便无法恰当地理解科学革命。

在历史上，科学与技术实际上曾被某种伦理观念长期抑制，这一伦理观念的特点是不图积累，把经济与技艺置于社群（包括自然环境）的通盘考虑之中。[①]经济活动及支撑经济的技术当时仅着眼于社群及其生活方式的存续绵延。中世纪后期，现代资本主义的崛起和市场经济的成长才解开了技术发展的锁链，释放了贪得无厌、物欲至上、自私自利这些力量。资本主义的天生法则就是使经济活动突破社群的既有藩篱，不断求得增长，它的兴起自然解放了科技力量，使科技服务于日益扩张的经济。[②]原先被视为罪恶的唯利是图成了头号的追逐目标，技术创新再不是置于宽泛的伦理框架之中审慎操作，而是一切唯提高生产工具的效率是从，自己变成了一个目的。资本主义终结了封建时代相对稳定的社会，迎来了一个财富积累压倒一切的时代。这种物欲至上的新理念并非单纯地限于原先的有机技艺发展成了机械技术，或者限于由一种科学范式转换到了另一种科学范式。这一变迁简直无孔

---

① 布克钦描述了对技术与经济发展的这些制约因素在历史上是如何关联的："一旦基于伦理和共同制度之上的社会约束被从思想意识和实际生活中清除掉，技艺将挣脱束缚、私欲膨胀、唯利是图、聚敛无度，完全服务于损人利己的市场经济的需要。由来已久的约束曾把技艺限制在社会基体中，而今这种约束却不复存在，技艺的发展在历史上首次失却了目标，只是一味地唯市场马首是瞻。"（《自由之生态学》，第254页）——原注

② 威廉·莱斯认为："在一个刻意与过去彻底决裂的社会制度中……在一个以发展生产力、满足物质欲求为第一要务的社会制度中，人类征服自然的观念成为一种基本的意识形态。人类文明史上，能够从中发现这些趋势的首个社会制度就是西方资本主义制度。"（《自然的征服》，纽约：布拉齐勒出版社，1972，第179—180页）——原注

不入，无所不在。打开电视机，不管是什么节目，你都可能看到一部实为超长广告的东西，在鼓励人们过一种聚敛财富、放任物欲的生活，在向人们炫耀占有物品，包括占有高科技生活方式的种种点缀和装饰所能带来的权势与地位。

随着技术被应用于生产过程，人类的世界观日甚一日地机械化。社会组织不断适应工作场所的机械秩序，直至以机器这一意象来理解人自身。[1]巴克敏斯特·富勒的作品反映了这一机械化的程度。富勒是建筑网格球形穹顶的发明人，也是技术可以改良人世的坚定信仰者，他写下了也许是无以复加的高科技人性定义：人即无灵魂机器。这里从他有关人是机械体系之组合的整页描写中辑录一段，足以管窥全豹。

> 人？不过是一台自我平衡、28个关节的二足接合体，一个电化还原厂，包括了分隔储藏的特殊能量提取物，它们作为蓄电池推动着与马达相连的数以千计的液泵和气泵；它们不过是62000英里长的毛细管，几百万个信号灯、铁路和传送系统；不过是粉碎机和起重机……[2]

富勒写下这段话时，尚未赶上最近清除语言中性别歧视现象的运动，不然，他大概会认为，"女人"与他笔下的"（男）人"一样，也不过是"二足接合体"。但值得记取的是，这里所讨论的科学革命正好与中世纪晚期以巫术指控并杀戮大量妇女遥相呼应。有些女性主义学者解释道，处决妇女对摧毁扎根于家庭和社群中的"旧的有机世界观"而言

---

[1] 芒福德指出："如要把物质世界，以及最终把存在于这一世界中的人自身理解为只是质量与运动的产物，就必须清除活生生的灵魂。在新世界景象的中心，人自身并不存在，事实上，他也没有存在的理由。"（《权力的五角大楼》，第55页）兰登·温纳在其《鲸鱼与反应堆》（芝加哥：芝加哥大学出版社，1986）第一部分中就技术与社会形式的关系作了很好的讨论。温纳坚持认为，技术的发展应遵循政治的与社会的计划，他相信，"在每一项新技术发现和创生之时，必须对我们工具性制度的形式和限制实施至关重要的抉择"（第58页）。——原注
[2] 巴克敏斯特·富勒：《我似乎是个动词》，纽约：矮脚鸡出版社，1970。——原注

是必要的，因为现代社会的成形需要征服进退与共的妇女和自然。①按照这一解释，随着一种抽象的父权制世界观狂暴地制伏那种以自然为基础的内敛灵性的世界观，通向现代的门户便打开了。在这一新时代，对地球的污损紧随着妇女的遭贬斥纷至沓来。就此而言，富勒仅用"（男）人"来指称全体可能是不够确切的。

…………

这一科学范式流布广泛，以致人们有理由相信，每一技术进步，作为人类生存状态的日臻完善，都会被理解与接纳。事实却恰恰相反，新技术的开发者往往不得不费尽九牛二虎之力才能让公众接受其产品。妇孺皆知，从照相机到核电厂，一切东西都要大张旗鼓地推销。经济学家声称，生产是由消费者的需求所推动；可是，向既没有清洁饮用水又不知如何恰当使用产品的非洲人推销婴儿配方食品，偏偏与经济学家的论断南辕北辙。

当推销这一招尚无法奏效时，可以发现赤裸裸的阴谋会介入"公事公办"的生意场。特别声名狼藉的是汽车和石油业发迹史，这两个行业为了促销以汽油为动力的交通方式，曾在 20 世纪 30 和 40 年代创立控股公司，买断并摧毁了有轨电车系统。②一般情况下，技术的反对者受到百般污蔑，而碰到上述情况时，刘易斯·芒福德却反守为攻，给技术的倡导者套上了"反卢德分子"和"败家子"的帽子。

---

① "如同旷野混乱的自然，妇女需要被征服与控制。"（卡罗林·默钦特：《自然之死亡》，纽约：哈珀罗出版社，1980 年，第 132 页）"旧的有机世界观，在一切生命体上都看到了圣灵的存在"，见斯坦豪克《真理还是冒险》，纽约：哈珀罗出版社，1987 年，第 7 页。——原注

② 芒福德描述了产品需求的制造过程："我们看到了早期机械化及作为其最终表现形式的自动化所呈现的巨大矛盾性。诸多产品远非对大众需求的回应，实际上是企业家刻意制造的结果。为了证明有必要大举进行资本投资，以便购置自动化机器并建造安装这些机器的自动化工厂，就有必要入侵遥远的市场，统一口味和购物习惯，摧毁其他选择方案，并消除产业规模较小、更依赖当面密切交往关系、更能灵活满足消费者需求的其他竞争者的挑战。"（《权力的五角大楼》，第 177 页）——原注

在十字路口

如果仅仅提出一项尽管必不可少但已不言自明的倡议，即科技须与自然协调发展，这实际上忽视了驾驭科技发展的社会结构、政治结构，尤其是经济结构。[①]中世纪末期随资本主义兴起而发生的经济转型孕育了科学革命，并放宽了原先束缚技术发展的文化制约。[②]纵观整个工业时代，这些经济力量一直决定着技术创新的步伐、技术的选用以及技术向全球经济拓展的方式。资本主义的增长天性要求扩张市场，并且开发规模经济更好、中央控制更易的那些技术。[③]技术的成长已超越了社群控制的范围，技术的应用再不是直接从属于有关社会与生态维系承继的考虑。哪里若有现代技术破坏了地球，此技术必定是受功利性世界观和资本主义经济的物欲至上价值观所驾驭。假如要让技术去修复地球，这种技术必须重新构建，而且必须按照根本上尊崇自然和人类社群的宽泛价值观来构建。

机械世界观已侵蚀弥漫了我们的意识，甚至是我们的自我感受。以此观之，面对目前的危机，单一的技术方案将于事无补。如果说我们的现有技术脱胎于那个为资本主义的扩张和控制的需要而效力的现代科学的世界观，那么，现在需要的应是一种植根于新的社会秩序之中的新世界观。[④]在探寻生态社会的征程中，我们正处于不知何去何从的十字路口，正如莫里斯·伯曼所述：

---

① "有些改良主义者只愿以改良的技术手段，如减少机动车的尾气排放，来遏制环境和人类的退化，这些人只看到了问题的一小部分。只有深刻地改造我们自负的技术'生活方式'，才可能拯救地球，使之不至于成为死寂的沙漠。"（《权力的五角大楼》，第413页）——原注

② 在芒福德看来，"正是资本主义对重复性程序、机械性约束和实利性追逐的顶礼膜拜才瓦解了活泼多元、精致平衡的技艺"。（《权力的五角大楼》，第146页）——原注

③ 芒福德提醒人们不应光讨论"污染并摧毁生存环境的技术因素，而只字不提每时每刻作用于每一技术领域的这一巨大的谋利压力"。（《权力的五角大楼》，第169页）——原注

④ 在默里·布克钦看来，这意味着"一场使心灵复归人性、让技术不再神秘的伦理革命"，该伦理革命的前提就是"全面社会里的全面人过着非异化的全面生活"。（《自由之生态学》，第312页）——原注

　　一条岔路保留了工业革命的所有设想，将使我们通过科技赢得拯救。简言之，它认为，那个让我们身陷泥沼的范式会以某种方式让我们脱身出来……另一条岔路引向一个依然朦胧的未来，走这条路的倡导者是些形形色色的人，包括了卢德分子、生态主义者、地区分离主义者、稳态经济学家……他们的目的是要保存（或者复兴）自然环境、地区文化、老派思想、有机社群结构，以及高度分权的政治自治。[1]

　　本章只涉及了使我们走上伯曼所谓第一条岔路的历史进程。我力图表明，技术如同人口稳态，发育于一定的社会和政治框架之中。诚然，我们需要非污染的洁净技术，但是，不了解影响技术发展的更广泛的力量，我们就不可能拥有洁净技术。技术的选择不是在孤立状态中进行的，它们受制于形成主导世界观的文化与社会制度。只有在这一更加宽广的视野中，在我们对这一视野所做的反应中，我们才可求得一个生态和谐的未来。

　　在技术史上，每一个阶段流行的价值观念或者推进或者制约着技术的发展。工业化以前的社会一般重视广义的生命，包括社群及其自然环境的存续，这一宽泛的价值观限制了技术的发展。资本主义则高度重视谋利及与此相随的效率、物欲、经济增长等价值观，并进而激发技术服务于这些价值观，甚至不惜毁损地球。对技术进行综合改造并不能求助于技术本身，相反，它需要重新构建一套视野宽广、重视生命的社会价值观。只有在这样的价值观念之上，生态可续的技术发展才会有坚实的支撑。

　　　　　　　　　　　　　（选自［美］丹尼尔·科尔曼《生态政治：
　　　　　　　　　　建设一个绿色社会》，梅俊杰译）

―――――――――――
[1] 《让世界重获魔力》，第189页。——原注

第十二讲　驳人类沙文主义

[澳] 理查德·罗特利　薇尔·普鲁姆德

理查德·罗特利 (Richard Routley, 1935—1996), 澳大利亚著名环境哲学家, 澳大利亚国立大学教授。他于 1973 年提交给第 15 届世界哲学大会的论文《是否需要建立一种新的伦理——环境伦理？》是建构现代环境伦理学的开创性论文之一。已出版的著作有《为森林而战》(1974, 与薇尔合作)、《深层的多元主义》(1994) 及《绿色伦理学》(1996) 等。

薇尔·普鲁姆德 (Val Plumwood, 1939 —), 当代生态女性主义最重要的代表人物之一, 曾在塔斯马尼亚大学、悉尼大学等校任教, 主要著作有《女性主义及对自然的主宰》(1993)、《环境文化: 理性的生态危机》(2002)。

驳人类沙文主义

[澳] 理查德·罗特利　薇尔·普鲁姆德

【编者按：罗特利和普鲁姆德认为，在文明的现代社会，虽然大多数沙文主义都被摧毁了（至少在理论上），但是，人类的道德观念中还存在一种根深蒂固的沙文主义，即人类沙文主义。罗特利和普鲁姆德在本文中分析和批判了人类沙文主义的种种表现形式，为现代环境伦理的建立扫清了重要的理论障碍。】

一

在我们文明的时代，虽然大多数沙文主义都被那些自认为进步的人士摧毁了（至少在理论上），但西方的伦理学在其骨子里仍保留着一种根深蒂固的沙文主义，即人类沙文主义。因为，西方的世俗思想和大多数伦理学理论都假定，道德和价值最终都可归结为利益问题或对人类种属的关心。

具体地说，种属沙文主义的实质，就是以有差别、歧视和蔑视的态度（这种态度一般都出自特权种属的成员，但也不尽然）对待本种属之外的成员，而这种做法的合理性并未得到证明。与其他形式的沙文主义一样，人类沙文主义也有较强和较弱两种形式。"较大价值理论"是弱式人类沙文主义的一个例子，它认为，人类基于其种族的缘故就天经地义地具有较大的价值或享有优先权，尽管它没有把非人类存在物完全排除在道德关怀与道德权益的范围之外。[①]我们将主要关注强式人类沙文主义，它认为，价值和道德最终只与人有关，非人类存在物只有在能为人类的利益或目的服务时才拥有价值或成为限制人的行为的因素。

近年来，由于"环境意识"的兴起，人们越来越对这种只关心（或至少是偏袒）人类利益的做法提出了疑问（尽管仍然是试探性的）。的确，在一个人类正在以极快的速度增加其对环境的影响的时代，关于这种基本假设的合理性问题，绝不仅仅是一个抽象的问题，而是一个关注该假设对人们当下的现实行为的影响的问题。在回答这一疑问（它最初主要是由对环境感兴趣的人士提出来的）时，现代的道德哲学家们——正在履行他们既定的任务，即为说明和论证当代的道德感情提供一个理论的上层建筑，而不是对基本的假设提出疑问———般都认为，对人类利益的偏袒（它是现行伦理学理论的一个必要部分）并不是另一种形式的种属沙文主义，而是由评价和道德概念的逻辑划定的一个界限，而且，除了正宗伦理学理论的"人类沙文主义"，不存在其他可以自圆其说的、可能的或可行的选择。在这篇论文中，我们要考察并反驳一系列被设计来证明这种观点的价值理论，从而推动一种可供选择的、非沙文主义的环境伦理的出现。

捍卫人类沙文主义的正统理论争辩说，把人类作为价值和道德的唯一主体是天经地义的。人类是仅有的、唯一有资格获得道德关怀并具有价值的存在物，根据这种论点，这或者是由于人类（作为一个事实）具有某些属性（这些属性是具有前述资格的前提条件），或者是由于在日常语言中，道德概念的定义、逻辑或意义本身就决定了，道德关怀在逻辑上只能限制在人类的范围内。在前一情况下，把道德和价值限制在人类范围内将被视为偶然，在后一情况下，把道德和价值限制在人类范围

---

① 除了会导致其他不可接受的结论，这种理论还会带来这样的后果，即如果一艘船上的空间只能容得下一个生命，而人们又必须在希特勒和一只毛鼻袋熊（它过着一种得体而和善的生活，从未伤害过其他动物）之间进行选择，那么，人们就有道德责任选择希特勒。这不会是本文作者的选择。——原注

内将被视为必要。不论在哪种情况下，如果这种观点是正确的，那么，当代的道德理论对人类的偏袒就是必然的，因而，根据对沙文主义的定义，要么人类沙文主义本身就是天经地义的，要么对人类的偏袒（由于其合理性是可以证明的）就完全不是一种真正的沙文主义。我们将首先考察逻辑或定义证明法。

根据定义证明法，道德和评价词语，由于其定义本身，就只能限制应用于人类这一物种的成员。根据被评价的事物是实现人类利益的工具这一事实，这些词语至多只能在派生的意义上应用于更大的范围。这种理论常常是由对词语的如此狭隘的定义来证明的，例如，"一个事物的价值就是它给某人带来利益、改善他的生活的功能"[①]，而根据上下文的内在联系，这个"某人"明显地只限于人类。

这种想通过定义来捍卫顽固的人类沙文主义的企图犯了一个错误，即把定义视为自明的和不可置疑的，而且是基于这样一个前提，即把简略定义与包含或暗含着实质性观点的定义（如那些既可接受也可拒斥的具有创造性的定义）混为一谈。包含或暗含着实质性观点的定义不可能是简略性的，因为它们都力图概括或解释那些已被理解了的词汇，如"道德"或"价值"。更糟的是，它们的概括或解释并不是这些词语的流行用法所要求的——流行用法并不要求把道德和价值词汇限制在人类的范围内，以便它们能够以日常的方式继续适用于人类。我们还可提供其他可供选择的定义（它们并不如此限制该词的使用范围）。事实上，这种定义也可通过查字典来发现，这些可供选择的定义并不能恰当地解决日常语言遗留下来的真正问题。

定义证明法的错误在于，它相信，通过把人类沙文主义的实质性的评价理论转换成定义问题，这种理论就可奇妙地免于挑战或无须证明。这类似于援引一个俱乐部的条文（这些条文也被想象为自明的，而且是

---

① K. Baier, in K. Baier and N. Reseher. eds.,*Value and the Future* (New York: The Free Press， 1969), 40.——原注

毋庸置疑或无须证明的）来证明歧视某些成员的合理性。由于这种方法可以明确地用来把道德俱乐部的成员限制在白人男子（而非所有人）的范围内，所以很明显，这种定义论证法是被用过了头，而且可以用来推导出完全不可接受的结论。

但是，很显然，包含在定义中的实质性理论，如俱乐部的规则，不是不可怀疑的，而且它或许还是武断的、不可取的、狭隘的、需要证明的。一旦明白了这一点，我们就完全可以把定义推理法看成对问题的回避，因为人类沙文主义的可接受性与合理性问题被简单地转换成了定义的可接受性与合理性问题。对道德术语所做的这种人类沙文主义式的定义，丝毫无助于人类沙文主义的事业，它不过是给这些定义所包含着的高度可疑的、武断的实质性理论涂上了一层绝对性和必然性的虚假光环。

想"通过定义"来解决实质性问题的企图，在哲学上是省事的，在方法上是不可靠的，当存在着明显的可供选择的定义，而这种定义又不是以相同的方式解决这一问题时，就更是如此。事实上，不管定义推理法（根据语言的日常用法或根据道德与评价概念的性质，对道德和价值词语的含义所做的理解）所包含的实质性理论是什么，它在逻辑上都必然要把对这些词语的直接的、非工具式的应用限制在人类的范围内。（这种观点至少出现在 D. G. 雷切 [①] 后来在帕斯莫尔 [②] 以及在其他人对权利问题的论述中。）但是，通常地，当人们做出非人类存在物不可能拥有权利、义务之类的断言时，这类断言中所包含的"不可能"一词并未加以特殊限定——不论它是逻辑意义上的"不可能"，还是无意义、荒唐或其他意义上的"不可能"。这明显地表现在范伯格（Joel Feinberg）对麦克洛斯基（Hery John McClosky）的讨论 [③]，以及麦克洛斯基自己的论述

---

① D. G. Ritchie. *Natural Rights* (London: Allen and Unwin, 1894), 107. ——原注

② J.Passmore, "The Treatment of Animals", *Journal of the History of Ideas*, 36 (1975), 212; and *Man's Responsibility for Nature* (London：Duckworth，1974), 116, 189. ——原注

③ J. Feinberg, "Can Animal Have Rights?", in T. Regan and P. Singer, eds., *Animal Rights and Human Obligations* (Englewood Cliffs: Prentice-Hall, 1976), 195. ——原注

中。[1]然而，无论如何，这种理论都是错误的，因为它把许多观点和理论都视为逻辑上不可能或荒谬而加以排除了，而这些观点和理论既非逻辑上不可能，亦非荒谬，而且在某些情况下，或许还是非常值得加以考虑的。例如，考虑与人对待其他物种（如某种有感觉、有智慧的外星人）的行为有关的道德问题，以及由其他物种那种指向人类或与人类有关的行为引起的类似的道德问题，这肯定既非不可能，也非荒唐。事实上，以考虑这类问题为常事的科幻作家既不是在胡说八道，也不是在自己打自己的嘴巴。对道德术语作上述限制的做法，不仅在当代的语言用法中是十分错误的，而且那种想把这些词语逻辑地限制在人这一特殊物种范围内的企图，在逻辑上确实是不可信的，就像要把道德俱乐部的成员限制为 1.8 米以上的金发碧眼的白人一样。成为动物学意义上的人类（具有一系列生理特点）这一偶然的事实，与道德并无必然的关联。如果物种的差异是根据那些与道德无关的生理特点来确定的，那么，要把道德术语的使用限制在一个特殊物种的范围内就是不可能的。

概而言之，任何一种想在人类与道德的可应用性之间寻求某种逻辑上的必然联系的企图，都是注定要失败的。因为，在逻辑上可能存在着这样一些存在物，它们在解剖学和动物学的意义上与人类不同，但在与道德有关的特征方面却与人相似——这就推翻了人类与道德之间的逻辑联系。但是，想通过这样一些特征——所有人，也只有人拥有，而且与道德有着逻辑联系的特征——在人与道德之间建立一种逻辑联系的企图，犯了一种模态错误（modal fallacy），即在一个具有逻辑必然性的隐性模态推理中换上一个偶然的等介项。为了要使这样一种论点具有说服力，在逻辑上就必须要假定，非人类存在物不拥有这些特征（这不仅仅是一个关于它们不具备某些特征的偶然事实），但是，就那些与道德有关的特征而言，这一假设肯定是不正确的。

于是，唯一有可能成功的办法就是，指出一些实际的特征，这些特

---

[1] H. J. McClosky, "Righls", *Philosophical Quarterly*, 15 (1965), 115-127. ——原注

征使得把人类选入道德俱乐部成为一件偶然的事情。也就是说，作为一个偶然的事实，所有的人，也只有人才拥有某些特征，这些特征本身就与这一前提条件——获得道德关怀，并把价值直接赋予特征拥有者的前提条件——之间具有逻辑联系。

这样一来，为了使其理论能够成立，人类沙文主义的这种偶然形态所要指出的，就是能满足下列恰当性标准的一组特征：

条件1：这组特征至少要为所有功能正常的人所拥有，因为，忽略掉任何一个通常被认为应获得道德关怀的重要群体（如婴儿、儿童、原始部落等）、允许以那种被认为用来对待非人类存在物是容许的方式（作为纯粹的工具）来对待这些群体——这肯定是与现代的道德感情相矛盾的，而且，是与天下一家、所有人都拥有不可剥夺的权利这类人人都认可的道德直觉格格不入的。因此，人类沙文主义要想提出一种能让人接受地把某些人类群体排除在外的圆满理论，它就必须找出人类的绝大多数不同成员——从里欧廷托（Rio Tinto）的行政长官到亚马逊的印第安捕猎和采集部落、从那些从事逻辑推理与数学运算这类高度抽象的思维活动的人到那些不能从事这些活动的人、从有文化的文明人到没有文化的粗鲁人、从诗人和教授到婴儿——都具有的一组特征。这本身就是一件不容易的事情。

条件2：为了能使人类沙文主义得到证明，这组特征必须不能被任何非人类存在物所具有。

条件3：这组特征不仅与道德有关，而且足以以一种非循环论证的方式，证明它所正好划定的道德关怀界限的合理性。如果人类沙文主义要避免武断和不合理的指责，说明选择它的必然性与其他选择的不可能性，它就必须要（根据这些特征）能够证明，为什么不具有这些特征的存在物可以作为纯粹的工具来为那些具有这些特征的存在物服务。它必须要对这组特征与成为道德俱乐部的成员这一事实之间的逻辑联系做出某些解释。

沙文主义者总是热衷于强调特权种属与非特权种属之间的区别——确实存在着把人类与非人类存在物（至少是健康而成熟的非人类存在物）区别开来的特征。问题在于，这些区别通常不能成为歧视的根据，而这种歧视却被说成是合理的。因此，以物种的特征为依据，对特权种属与非特权种属所作的极端的区别对待，以及把非特权种属视为纯粹的工具来对待的做法的合理性，都必须要得到证明，也就是说，那些具有区别意义的特征必须要能够承受建立在它们之上的道德上层建筑。

人们已提出了大量用来区别人类与非人类存在物，证明人类沙文主义的合理性的性质各异的特征。但事实表明，只要仔细审查，我们就会发现，每一个这类特征，要么不能干净利落地把人们希望挑选的人类特权种属挑选出来（也就是说，这种特征能够在某些非人类存在物那里找到，或在某些不应被排除在外的人那里却找不到），要么这类特征虽能够被人们喜爱的种属所拥有，却不能满足条件3，而且不能成为特权种属独享道德关怀权益的根据。事实上，人们提出的许多标准都经不起推敲。

传统那种依据理性把人与其他存在物区别开来的做法说明了这一点。一旦放弃了那种认为只有人才拥有灵魂（它是作出这种区别的根据）的神学观点，那么，理性一词究竟意味着什么的问题也变得难以说清楚。事实上，它除了常常是作为只适用于人类的自我祝贺的谓词（predicate）而外，别无其他功能。尽管如此，各种各样的说明还是时常被提出来。例如，理性可以被认为是推理的能力，这种能力可通过下述这些基本的运用语言的能力测试出来，如逻辑推理、证明定理、从论据中推出结论，以及演绎与归纳的能力。但是，这种严格的以语言能力为基础的标准将会把太多的不能从事上述活动的人类成员排除在外。尽管如此，如果测试理性行为的标准被接受，或者解决问题和采取行动以实现个体目标的能力成为检验标准——也就是说，实际的推理能力成为标准——那么，很明显，人类之外的许多动物也具备拥有理性的资格，也许比许多人更具备这种资格。但不论在哪种情况下，这种区别都未能满足条件 3，因为，被道德俱乐部接纳的标准为什么必须是从事这些活动的能力，而非从事其他活动或满足其他条件的能力——诸如越野识途比赛的能力，搅拌混凝土的能力（毕竟，与运用推理相比，使用混凝土是现代社会的一个更为明显的特征）呢？在寻求这类标准（特别是语言能力标准）时，我们还发现，人们总是过高估价那些在特权种属那里得到突出表现的能力，而过低估价非特权种属所具有的那些技巧（在非循环论证的意义上，这些技巧明显地并不拙劣），这也是人类沙文主义的一个典型特征。

　　以下列举的是一些据说可证明人类沙文主义的特征，我们在每一项后面的括号里标出它们未能满足的条件：使用工具[①]；改变环境（1，2，3）；具有智力（2，3）；交流的能力（1，2，3）；使用和学习语言的能力（1，2，3）；使用和学习英语的能力（1，3）；有意识（2，3）；自我意识或自觉（1，2，3）；有良心（1，2，3）；有羞耻感（1，2，3）；能意识到自己是一个代理人或教导者（1，2，3）；能反省（2，3）；能意识到自己的存在（1，2，3）；能意识到自己死亡的必然性（1，2，3）；能自我欺骗（1，3）；能对人类沙文主义这类与道德有关的问题提出疑问（1，3）；有精神生活（2，3）；能玩游戏（1，2，3）；能够笑（1，3）；能够自嘲（1，3）；能开玩笑（1，3）；有兴趣（2，3）；有计划（1，2，3）；能评价自己的某些行为是否成功（1，2，3）；能享受行动的自由（2，3）；能改变自己的行为使之超越狭隘的本能行为（1，2，3）；属于一个社会群体（1，2，3）；能对自己的行为负道德责任（1）；能爱（1，2）；具有利他精神（1，2）；能成为基督徒，或有宗教信仰（1，3）；能创造出（人类的）文明和文化产品（1，3）[②]。

---

① 未满足条件 1，2，3。以下，"未满足条件"的说明皆省略，意思相同。

② 这是一个典型的具有循环论证色彩的区别特征，或者至少是一个给人类沙文主义带来严重的理论问题的特征，因为它力图根据人类创造的、被视为具有独立价值的产品（这是与人类沙文主义相矛盾的）来说明人类的独特价值。见 V. Routley, "Critical Notice of Passmore, Man's Responsiblility for Nature", *Australasian Journal of Philosophy*, 53 (1975), 177。——原注

这些标准看来一个也没有满足恰当性的条件，而且，任何其他特征或这些特征的集合肯定也不大可能满足这一条件。因此，我们可以说，人类沙文主义的这些偶然的、直接的论据并不能证明它的合理性。事实上，这种理论是建立在不可靠的基础之上的，因而缺乏连贯的理论证明。

人类沙文主义也不能通过迂回地援引人格这一概念——通过把人格与道德俱乐部的成员联系起来，从而把人格种属偶然地与人类种属等同起来——来加以证明。理由是，这样一来，与上面相同的问题仍会因语义解释的不同而出现，因为，即使人格概念能以这样一种特殊方式来限定，以致能够证明把道德特权限制在人格范围内的合理性，但由于人格种属的范围不会正好与人类沙文主义所要求的人类种属的范围完全吻合（即使大致相符），因而，它要么会将许多非人类存在物包括进来，要么会把许多正常人排除在道德关怀的范围之外。

把特权种属的范围扩大到（例如）人格（广义的）或者有感觉、有偏好的存在物，这也许能避免强式人类沙文主义所遇到的许多武断性或证明问题，但是，正如我们将证明的那样，它仍会面临一系列对工具主义的价值理论和道德理论来说具有普遍性的连贯性与一致性问题。

二

存在着许多基于价值和道德的特点的对于人类沙文主义的间接论证。我们现在就来考察这些论点。有一种抽象的论点，据说能够证明：价值是，或必定是由人类或人格的利益来决定的（这是隐藏在人类沙文主义中的一个主要论点）；它以下述方式表现出来：

A. 价值是由评价者的偏好取向（preference ranking）决定的（价值的不可分假设）。

B. 评价者的偏好取向是由评价者的利益决定的（偏好还原

理论)。

　　C．评价者是人类（人格）（种属假设）。

　　D．因而，价值是由人的利益（人格的利益）决定的。

　　因此，人们有时得出这样的结论：对人类来说，把价值和道德问题归结为人类的利益问题不仅是完全可以接受的，而且除此之外，不存在任何合理的或可能的其他选择，任何其他选择都是自相矛盾的。

　　这种论点虽然并没有在它出现的任何地方（就我们意识到的而言）都把它的前提明确地表述出来，但这些前提却反映了某些人念念不忘的想法，这些人宣称，除了根据人的利益来判断一切事物，不存在任何其他合理的或连贯的评判标准。自然地，这些前提一旦被揭示出来，人们就很容易看出，这种最初被认为具有说服力的论点，就像人类沙文主义的其他论点一样，是完全建立在荒谬的假设之上的。我们将指出，推导出结论 D 的论点虽然在形式上是有效的——只要我们做出某些常见的假设，例如，因果关系或功能关系基本上是可以传递的，以及同类项必定可以替换的原则——但是，并非它的所有前提都是可以接受的。

　　这一论点可视为一系列类似论点的一个主要代表。因为还存在着许多理论变种，它们都以对这一论点的修改、完善、改变或强化它的结论等等为基础。我们的批评将主要集中在这些理论变种身上。第一组理论变种采取的方法是，替换或限定决定项与被决定项之间的决定关系。例如，把"通过……决定"或"由……决定"替换成"与……相符""反映""是……的问题""可归结为……"或"是……的功能"（后面这一功能形态使得下述观点昭然若揭："被决定"的意思就是"完全被决定"。它确保了不再有其他外部因素进入这个沙文主义式的决定链条中来。不完全的决定论倒是与对人类沙文主义的拒斥不谋而合）。作为一种选择，"由……决定"可以从模态上加强为"只能由……决定"，以便说明推出结论 D 的绝对必然性（在这里，最初的推理模式如果要保留下来，那么，至关重要的是，前提 C 必须要以强有力的模态，而非仅是一个偶然的逻辑变项表现出来，就像它将要表现出来的那样，否则，该论点就会存在模态谬误）。

人们熟悉的、具有诱惑力的另一种理论变种（我们已把它列入前面考察过的论点中）采取的方法是，把基本的种属由人类替换成人格。这种直截了当的论点增加了前提 C 的说服力，否则，前提 C——虽然它比"评价者是北美白人"这一论点要好得多——至多只具有偶然的真实性（就该论点而言，这一前提并不充分。事实上，它还是错误的，因为某些评价者也许不是人，而且可以肯定的是，并非所有的人都是评价者）。而从不好的方面说，它完全就是通过先在地把评价者种属限制在人类的范围内，以一种循环论证的方式重新引入人类沙文主义的理论逻辑。所有的评价者都是人格这一命题，也许可以通过分析"人格"这一概念的内涵——给"人格"重新下一个与正常的英语用法不同的定义，英语国家的哲学界似乎都容忍这一点——来做出，从而使前提 C 免于批评。前提 C 中的人格可用其他基本种属——如动物——来代替，从而得出动物沙文主义的结论，即价值是由动物、有感觉的存在物或任何这类存在物的利益（关怀与关心）来决定的。结果，自然地，前提 C 是可以被接受的（例如，把它理解为：评价者就是评价者或有评价能力的存在物），相应地也可以省略掉，从而留下这样一个结论：价值是由评价者的利益决定的。尽管如此，正如我们将看到的那样，前提 C 的分析模式也不能拯救该论点。

同样的分析方法也可应用于前提 A。就"决定"一词通常的含义而言，这一前提肯定并非无懈可击，但是存在着修补它的方法，以致这一论点仍能以具有足够破坏力的方式发挥影响。它发挥影响的一种方式是这样的：从分析的角度看，如果把足够多的评价者考虑进来，那么，真实的情况就是：价值是由评价者的价值取向来决定的。然而，价值取向并不能兑换成偏好取向，因为正如众所周知的那样，一个评价者会偏好那些并不具有多大价值的东西，会高度赞赏那些他并不偏好的东西。①让我们用下面这一前提来代替前提 A，从而修正这一论点（以便我们能发现其危害性的真实原因）：

A1　价值是由（适宜的）评价者的价值取向决定的。相应地，前提 B 也将调整为 B1，在其中，"价值"一词将取代"偏好"一词。

在这一重要论点中，真正可以反驳的既不是前提 A，也不是前提 C，而是前提 B，或者更准确地说，在 A 被修改的地方，就会出现前提 B1。只要注意到，前提 B 在种属沙文主义论点中所起的作用与下面这一前提（即前提 BE：一个人的偏好或选择总是由他的自我利益决定的），在人们熟知的利己主义论点中所起的作用完全相同，那么，我们对前提 B 的怀疑就会油然而生。利己主义的逻辑是，不论一个人选择什么行为，他真正选择的总是那些能满足他个人的自私利益的行为。利己主义的逻辑推理（与种属沙文主义相似）如下：

AE　人们（代理人）总是以他们所愿意或选择的方式，即与他们的偏好相一致的方式去行动（在可以自由选择的场合）。
BE　个人的偏好取向总是由他的自我利益决定的（或反映他的自我利益）。
因而：

---

① 然而，对"决定"一词，还有一种深奥的、语义学意义上的理解。根据这种理解，前提 A 明显地是真实的，因而在某种意义上，下述论点是绝对真实的：在语义学的意义上，价值取向是由处于一定境遇中的评价者集团的偏好取向决定的。对价值的这些语义学基础的详细分析见 R. Routley and V. Routley, "Semantical Foundations of Value Theory", *Nous*，17（1983），第 441—456 页。尽管前提 A 可通过用"语义学意义上的决定"来替换"决定"而得到改正，并对这种改正做出恰当的说明，但是，这样一种方法并不能保住它想要证明的论点。因为，它要么使这一论点变得无效（通过改变重要的中项词"决定"），要么极大地改变它想推出的结论 D（如果"决定"一词的含义在整个论证过程中都加以改变的话）——这样一来，对人类事实上拥有的利益的关注将不再成为价值的前导（它将不得不转而寻找虚拟的评价者——他们对那些子虚乌有的世界心怀敬意——的利益）。——原注

    DE 人们的行为方式总是由他们的自我利益决定的（即反映他们的自我利益）。

这样一来，"符合其利益"（in their interests）就被偷换成了"为了他们的益处"（to their own advantage）或者为了他们的便利或目的。利己主义的最后结论（与种属沙文主义的结论相似）就是：利己主义观点不仅完全是顺理成章十分合理的，而且我们没有别的选择。也就是说，不存在，或至少不应该存在任何其他的行为方式，"人们唯一能选择的就是去做那些符合其利益的事情，或只有这样做才是符合理性的"[1]。

所以，基于上述中心论点的人类沙文主义不过是一种露骨的群体自利，人们最好称之为群体利己主义。相应地，对群体自利论点（我们现在将称之为中心论点）的批评也类似于对利己主义的批评。用于批倒前提 BE（BE1）的那些反驳理由更是能把前提 B（B1）批驳得体无完肤。群体自利并不比利己主义更可取，因为它同样也是建立在对价值与利益的混淆，以及偷换"利益"这一概念的内涵的基础之上的，就像利己主义以之为基础的那些论点那样。诺威尔－史密斯（Nowell-Smith）对利己主义的非常有说服力的批评[2]，完全可以转换成对群体自利的批评。只要我们稍微改变一下 B1 和 BE1，并把它们并排如下，那么，这一点就变得很明显：

    BE1 个人的价值取向是由（个人的）自我利益决定的。
    B1 评价者（群体）的价值取向是由评价者（群体）的利益（加上群体的利益）决定的。

人们确立或选择他们自己的偏好或价值取向，但这并不意味着，他们是根据自己的利益来确立或选择。同样，一个群体决定它自己的取

---

① P. H. Nowell-Smith, *Ethics* (London: Penguin, 1954), 140. ——原注
② Ibid., 140—144. ——原注

向，但这并不意味着，它是根据其利益来决定这些取向。正如 BE1 已被——至少从事实的角度看——许多事例（在这些事例中，价值取向与偏好取向是与自我利益相矛盾的，如利他主义行为）驳倒一样，B1 也可用——至少从事实的角度看——事例（在这些事例中，价值取向，以及偏好取向都不同于群体利益，例如群体利他主义行为）来加以驳倒。在较小的群体中，这类事例是不难找到的，如抵抗运动、环境行动小组等等。当然，在较大的人类群体中，人们对这样的事例会众说纷纭（因为与 BE1 不同，B1 是一种活生生的理论），但这样的事例还是很容易找到的，特别是在考虑到未来人的场合。例如，现在就给人们提供大量的物品、核电力、石油、鲸鱼肉、鱼、等等（而不是从节制出发，只提供有限的供应），这当然是符合人们的自私利益的，但是，利他主义的价值取向将倾向于后一选择，而非前一选择。人们常常基于自私的人类利益（这种利益的自私性质并不会因为它与群体联系在一起而有所减少）而开发和建设荒野、挖掘地球的矿藏、剥削动物，如此等等，但是，反对这种做法（在许多场合，并不仅仅是为了后代）的环境主义者明显地不是出于他们自己或人类群体的利益而这样做。

正像 BE1 没有被大量明显的利他行为的事例所推翻一样，B1 也没有被事例所驳倒，在这两种情况下，人们都可以辩解说，利他行为包含着长远的自私利益。也就是说，根据 B1 的逻辑，一个代理人之所以做了他所做的行为，一个利他行为，那是因为他喜欢这样做。正如诺威尔－史密斯对利己主义理由所做的解释那样，"利益"已被理解成了一种内在的宾格（internal accusative），以便把 BE1 这类理论修补成真实的，哪怕不惜使它们变得琐碎无聊。更常见的是，高度评价某些事物的行为本身就被理解成了某种长远的"利益"，那些被评价者高度评价的任何一种（事实上不属于其利益之列的）事物，都被说成是能给评价者提供某种长远的利益，要么是价值本身，要么是价值的替代物。例如，正在努力保护一片他永远也不希望去观赏的荒野的环境主义者，也许被说成是仅仅由于这样的理由而行动，即对该片荒野的存在这一事实的确认，就符合他的利益，或者他能从这种确认中获得益处或好处，就好像他是出于利己的理由而行动似的。通过采取这种策略，这种理论得以保留下来，因为这样一来，被高度评价的对象就真的成了评价者的利益（广义上的），哪怕他们觉得这种利益十分别扭，也就是说，这一对象不是他们所拥有的常识意义上的利益。[①]所以，像 BE1 一样，通过扩展具有弹性的"利益"一词（以一种人们较易接受的方式），使之把价值或价值替换物纳入利益的范围，B1 也得以保留下来。然而，这样一来，群体自利论点的结论也丧失了它应有的说服力，并变成了"价值是由评价者的价值观决定的"这样的陈词滥调，就像利己主义（经过扩展，它把我们大家都理解成隐蔽的利己主义者）丧失了它的说服力并变成了一个老生常谈一样。可以看得出来，以这种形式表现出来的人类沙文主义，就像利己主义一样，是把它的合理性建立在偷换"利益"一词的含义的基础之上的。其结果，人类沙文主义总是在强有力的虚假理论（人类沙文主义常以这一面目表现出来）与一种琐碎的分析理论之间，以及自相矛盾与老生常谈之间来回摇摆。

因而，这一论点面临的两难困境可概括为：如果"利益"一词是在较弱的意义上使用的，那么，前提 B 也许是可以接受的，但这一论据却不能支持它想要支持的结论，或者根本不能证明人类沙文主义。因为，这种以露骨的方式表现出来的论点想要维护的是这样一种理论：在确定价值时，关注人类的利益就足够了，其他的都无须考虑。如果这一论点是正确的，那么，人们就得根据人类的局部（自私）利益，或更普遍地，根据基本种属的集体利益来确定价值。另一方面，如果"利益"一词是在严格的意义上使用的，那么这一论点推出的就将是某种形式的人类沙文主义，但这样一来，它与前提 B 又不相符。

---

① 关于通过自然地扩展并重新定义词语的含义来论证哲学理论（包括"我们大家其实都是自私的"这一理论）的技巧，J. Wisdom, *Other Minds* (Oxford: Blackwell, 1952) 的第一章作了精到的说明。——原注

　　大多数哲学家都认为，他们知道如何驳斥利己主义观点。然而，一种在以个体形式表现出来（即利己主义）时曾被认为是如此不可接受的观点，却一直未受到挑战，而且，当它以群体形式表现出来（即人类沙文主义）时仍被认为令人信服——真是何其怪哉！

　　三

　　利己主义（而非群体自利）是下面这类为人类沙文主义辩护的理论的一个基本假设。我们首先考察的具有代表性的论点的主导观念，实质上是社会契约论的观念。这种论点的推理如下（在这种具有代表性的推理模式中，括号中的参数 X 和 Z 分别换成了"道德原则的合理根据"和"签署契约"）：

　　　　J. 道德原则的唯一合理的根据(唯一的 X)在于它是契约性的，即是代理人签署的契约（Zry）。
　　　　K. 只有当契约为其利益服务时（利己主义假设），代理人才会签署它（才 Z）。
　　　　L. 人类（人格）是唯一签署契约的代理人（Z）。

　　因而，根据 K 和 L，就得出 M：只有当契约为其利益服务时，人类（人格）才会签署契约（才 Z）。
　　所以，通过 J 和 M，就得出 N：道德原则的唯一合理根据（唯一的 X）是人类（人格）的利益。①

---

① 通过变换前提，这一论点的逻辑推理可以以这样一种更为有效的方式表现出来：
　　J'：为道德原则提供辩护的所有理由（或合理基础），就是为代理人签署契约提供辩护的理由。
　　K'：为签署契约提供辩护的所有理由，就是代理人的自我利益。
　　从 L' 到 M' 以此类推。——原注

这种论证模式依其对参数 X 和 Z 的选择不同而以不同的方式表现出来。例如，X 可以换成"价值判断的决定"，而"契约性的"也可换成"以共同体为基础的"（即把 Z 换成"以共同体为基础的"或类似的内容），于是，代替 J 的就是这样一个人们熟知的前提：价值判断的唯一合理的基础在于，它是以共同体为基础的。由此推出的是这样一个结论（理论上可以把它与前面的结论 D 联系起来）：所有的价值判断都是由人类的自我利益决定的。在其他参数保持不变的情况下，只有一个参数 X 或 Z 可以被这样替换掉。这一论点的另一个变种（在讨论动物权利时，它曾发挥过重要影响），是分别用"权利的决定"与"属于人类社会"来代替 X 与 Z。根据这一变换，参数中的前提 J 实质上就变成了这样一个被广泛接受的观点：权利完全是由人类社会来决定的。

由于上面的每一个推理在形式上都是正确的，因而其结论的正确性就取决于其前提的正确性。此外，在每一场合，如果把"人类"替换成"人格"（相应地，把人类社会替换成"人格社会"等等），那么，其推理就会变得更为可靠，否则，诸如 L 这类前提及其变种就将是可疑的，因为，无论在法律上或道德上，我们都没有理由阻止国际财团、组织和其他非人类存在物参加契约的签署（而且，从更广泛的角度看，这些事物可以视为某种人格）。如果对前提 L 作了修改，那么，这一结论的正确性就取决于前提 J 和 K 的正确性。但是，这两个前提都是错误的，而前提 J 输入了在结论中成问题的沙文主义观点。

虽然这种具有代表性的契约论观点，只是那些以共同的参数为基础的几个重要的理论变种之一，但它却常常被认为具有特殊的吸引力，因为，契约模型似乎以一种与其他模型不同的方式解释了契约的起源，为这些责任提供了一种证明，从而似乎为反对道德的与政治的怀疑主义提供了一个堡垒。然而，众所周知，这只是一种幻象（因为履行契约的责任仍然只是一个假设），我们在此不去管他。我们要考察的是具有代表性的前提 J 和 K。

利己主义的假设 K 可根据利己主义本身来加以反驳。因为，代理人有时也签订那些不符合其利益，但符合其他人或其他存在物的利益的契约，或者代表（如去保护）那些完全没有利益的事物（如河流、建筑物、森林）签订契约。想根据人的利益来说明这类行为的企图（因为是根据代理人的"自私利益"做出的），与利己主义论点的企图是相同的，而化解这一问题的方法与驳斥利己主义的方法也是相同的，即把行动、评价等等与根据自己的自私（或群体）利益而行动区别开来。然而，即使前提 K 被修改了，以致承认，代理人可以代表非人类存在物签订契约。但是如果人们熟知的其他假设没有改变，那么，从前提 K 仍将推导出某种形式的人类沙文主义，因为非人类存在物仍然不可能要求人类履行责任，除非通过某个人类倡议者或监护人，据设想，他将能够选择保护或不保护非人类存在物。自然存在物不可能提出更多的道德要求，除非人类自由地做出了这样的选择：让它们提出这样的要求。这样一来，道德责任的约束力就消失了，因而，在这样一种被修正了的理论中，自然存在物不可能提出任何真正的道德责任。所以，这种被修正的理论并没有解决它所遇到的问题。

于是，对于人类沙文主义的这一证明过程来说，前提 J（道德责任完全是由道德代理人签订的契约决定的）就成了关键性的假设。然而，前提 J 也存在着严重的问题，因为存在着许多公认的道德原则，它们是明显地不能用契约论来说明的，至少当"契约"一词被严格地加以使用时是如此。不应虐待动物、儿童及其他不能签订契约的人的原则，并不包含着任何实际的契约。信奉关于道德责任的社会契约论的人，当然是不太愿意承认那些不以契约为基础的道德原则的。于是，契约论也就变得没有它所想象的那么有说服力。但是，即使如此网开一面，仅在与人有关的问题上，这种理论也会推出许多不可接受的结论。如果契约观念被严格地加以使用，那么，要想接受"所有人都拥有权利"这一观念也是很困难的。

契约的一个重要特点就是，它是由负责任的各方自由地签订的。如果它们可以自由地被签订，那么，人们对它们肯定就拥有一种选择的自由——选择不以某种方式签订契约。但这样一来，我们就会得出这样一个结论：那些签订契约的存在物把那些不签订契约的存在物当作纯粹的工具来对待（以人们目前对待非人类存在物的方式）是可以接受的。这些不参加契约的存在物，就像生存于社会之外的人一样，不拥有任何权利，而人们做出的与它们（不管它们具有多强的感受苦乐的能力）有关的行为，也可以不受任何道德的约束。如果考虑的是那些不能负道德责任的人，我们也会面临类似的结论。因为尽管我们一般都认为，我们对这类人——诸如婴儿、儿童以及那些被认为精神失常或缺乏责任感的人——负有许多实质性的责任，但他们自己却不可能构成签订契约的自由而负责任的一方，他们的权利将（根据社会契约论）不得不依赖于那些代表他们自由地选择签订契约的其他人。如果这些其他人不愿代表他们签订契约（这确有几分可能），那么留给我们的就只能是某种类似的不可接受的结论，就像我们在考虑处于契约之外的存在物时所看到的那样。因此很明显，道德责任并不需要以道德上平等、自由而负责任的签约方的存在为前提（如社会契约论所理解的那样）。更糟的是，只要稍加调整，这种理论就可用来证明这类组织——如杀手小队 ①、跨国公司、黑手党，或其他那些签订契约以保护其成员的利益的组织——的行为的合理性。

如果要想避免得出这些不可接受的结论，那么，所有的人（仅仅因为是人）就得莫名其妙地服从某些他们并未自由选择参加，也不能退出，而且永远都不会把人类物种中的任何一个成员排除在外的神秘而虚幻的社会契约。因此，只有放弃契约观念中的自由与责任这类重要的因素，并严重地弱化契约观念与前提 J，以致它们变得完全不包含任何条件，我们才能避免前面那些难以接受的结论。因为，这种论证说到底无非就是诉诸共同的人性，而"契约"的内容不外乎"在道德上只需关心人类物种的其他成员"这一传统观念。然而，这一观念无异于对人类沙文主

① 拉美一些国家内专事谋杀罪犯或"左派"嫌疑等的民间联保性组织。

义的重新表述。契约论提出的这种解释其实并不是什么解释，因为，这样一种观念既不能证明人类沙文主义的合理性，也不能说明（因为还存在着其他不同的观念），它为什么是可以接受的。

关于道德责任的社会契约观点是有缺陷的，因为它认为，道德责任事实上只存在于那些负责任的道德代理人之间，而且它还试图把所有的道德责任都说成是以契约为基础的。但是，只有把这种观点视为对某些类型的道德责任的起源之解释时，它才是正确的。存在着某种类型的，只需自由而负责任的代理人彼此认可的道德责任，以及其他的只适用于社会与政治领域的道德责任。但是，还存在着其他类型的责任，如不导致痛苦的责任，这些责任只有在我们面对有感觉或有偏好的存在物——它们在道德上不一定是负责任的——时才会出现，而当我们面对树木或岩石这类没有感觉的存在物时，这种责任就基本上消失了。我们面对的是一幅由不同类型的道德责任组成的，适用于不同种属的"责任同心圆"（nest of rings）或"责任树轮"（annular boundary）图景。所有的道德责任都适用于那些处于树轮里层的存在物（它们由具有较高智力的、社会性的、有感觉的存在物组成），而只有比较有限的道德责任适用那些处于树轮外层的诸如树木和岩石这类存在物。在某些情况下，责任树轮之间并无泾渭分明的分界线。但是，并不存在这样一个所有的道德原则都直接地适用于他们，而且只适用于他们的单一的、各方面都完全相同的特权种属，不存在这样一个基本种属。更为重要的是，动物学意义上的人类种属并不是一个真正具有道德意义的种属分界线。对这一事实——某些类型的道德责任只适应于某个特殊的社会领域或只能通过契约表现出来——的认可并不能为人类沙文主义的论据提供任何支持。

不过，契约论的失败却给我们提出了这样的问题：关于哪些存在物可以成为道德责任的对象，是否存在着某些逻辑的或绝对的限制，这种限制可以使人类沙文主义或动物沙文主义死灰复燃。然而，并不存在这类把责任对象固定在人类或有感觉的存在物范围内的限制。即使"Y 对X 负有某种责任"这种特殊的表达方式要求：X 至少是拥有偏好的存在物，但也还存在着其他的不这样严格的表达方式。人们完全可以说，他们对大地负有义务，可以谈论他们负有的与高山和河流这类存在物有关或有联系的责任，而且没有必要认为，这类道德约束只能以间接责任的方式出现。因此，无论是日常语言还是道德概念的逻辑，都没有排除这一可能性：没有感觉的存在物对我们的行为构成直接的道德约束。

因此，在指出了这一点并提供了一个关于道德责任的树轮模型后，我们就没有必要把利奥波德的观点①视为人类（或动物）沙文主义之外唯一可供选择的观点了，因为利奥波德的观点只是简单地把那些只适用于人类的全部权利与责任观念套用于自然存在物，它导致了"岩石对高山负有责任"这类毫无意义的论点的出现。我们可以既承认那些适用于不同类型的存在物的道德约束之间的区别，又不倒退回人类沙文主义。这一点非常重要，因为许多反对把道德责任的范围扩展到人类之外，或在某些情况下扩展到有感觉的存在物之外的意见，都是源于忽视了这种区别，它们相信，把只适用于有智力的社会存在物的全部权利与责任观念套用于树木与河流这类存在物是成问题的——因此，选择人类沙文主义之外的其他观点是非理性的，是某种关于自然的神秘的万物有灵论。②

四

对强式人类沙文主义（它认为人类这一特权种属之外的其他存在物所具有的内在价值是零）的生态学重述就是统治理论。③这种理论认为，地球及其所有非人类存在物都是为了人类的福利而存在的（或可为人类所用的），是为他的利益服务的，因而，人有权利依其意愿（即根据

---

① A. Leopold, *A Sand County Almanic* (New York: Ballantine, 1966). ——原注

② Passmore, *Man's Responsibility for Nature*, 187ff. ——原注

③ 帕斯莫尔剥离出来的作为西方的环境意识形态的那些论点（包括主流观点与非主流传统）也属于这种观点，参见 V. Routley, "Critical Notice of Passmore, Man's Responsibility for Nature"。——原注

他的利益）统治地球及其生态系统。只要公正而客观地加以分析，我们就会发现，这一理论来源于前面考察过的那些主要的人类沙文主义论点所推出的结论，即结论 D：价值是由人类的利益决定的。所以，地球及其生存于其中的非人类存在物不具有任何内在价值，至多只具有工具价值，因而对人的行为不构成直接的道德约束。因为在这一理论构架中，只具有工具价值的事物已被规定只能为人类的利益服务。既然那些不具有工具价值的存在物①不容侵犯，其价值不能被贬低，那么人类像他们所愿意的那样，根据其利益来对待那些只具有工具价值的存在物就是允许的。反过来说，如果非人类存在物可用来满足人类的方便、利益与福利，那么，它们就不具有价值，除非它们能满足人类的利益。如果不是这样的话，人们对待它们的行为就应受到约束，因为并非任何一种对待具有独立价值的存在物的行为都是许可的。相应地，价值是由人的利益来决定的，这也就是结论 D 所主张的观点。因此，统治理论与结论 D 是完全相同的。所以，与结论 D 一样，统治理论也完全暗含着人类沙文主义。反过来，强式人类沙文主义也完全暗含着结论 D 以及统治理论——我们没有必要再去考察这种完全相同的论点。既然这两种观点是相同的，那么，用来反驳一种论点的理由当然也完全可用来反驳另一论点。我们要特别指出的是，统治理论既不比强式人类沙文主义更合理，也和它一样不能令人满意。

我们的结论是，我们这个时代重要的伦理体系（即西方伦理体系以及其他那些性质相同的人类沙文主义体系）的可辩护性与合理性，要比人们通常想象的少得多，也缺乏恰当的、非武断的价值基础。而且，由它推演出来的那些可供选择的理论的逻辑连贯性，也比人们（特别是哲学家）所宣称的要差得多。尽管存在着统治理论之外的其他可行的选择，然而，由于人们更青睐人类沙文主义以及以人类沙文主义作为其意识形态基础的现代经济－工业体系，自然界正在迅速地被侵占——通过消灭

---

① 指具有内在价值的存在物，即人类。

或剥削那些被认为对人类不具有多大工具价值的事物。我们目睹了非人类世界的衰败，目睹了热带雨林、温带湿地、野生动物与海洋正在遭受的强暴——只列举人类强暴的少数几个自然受害者。我们还观察到了与之相连的把原始人或不顺从的人们带入西方的消费社会，以及人类沙文主义价值体系蔓延的过程。环境伦理提出的问题不再引起人们的争论的时代将很快到来。不过，由于目前的事态一时还难以改变，因而由对自然界的侵犯所引起的伦理问题——特别是在这一情势下，即目前的意识形态与价值理论的基础（人类沙文主义对世界的破坏性影响正是建立在这一基础之上的）十分脆弱，不适应时代的需要，只有可供选择的环境伦理才具有可行性——绝不仅仅是一个理论问题，还是我们时代最重要且最迫切的问题，或许还是人类（他们的个人的或群体的自私利益是大多数环境问题的根源）曾向他们自己提出过的最重要的问题。

（选自《环境哲学前沿》，张岂云、舒德干、谢扬举主编，杨通进译）

第十三讲　所有动物都是平等的

[澳] 彼特·辛格

辛格（Peter Singer, 1946—　），出生于澳大利亚墨尔本, 1971年在牛津大学获博士学位，曾任教于牛津大学（1971—1973）、莫纳什大学（1977—1998）, 1999 年至今在普林斯顿大学任教。辛格是复兴当代应用伦理学的关键人物，也是当代最活跃、最多产的哲学家之一。除发表的数百篇论文外，辛格完成的专著、合著共计三十多本。其中影响较大的有《动物解放》《实践伦理学》《重新思考生与死：我们传统伦理学的瓦解》。他主编的《应用伦理学》《伦理学导论》《生命伦理学导论》一直是西方大学的首选教材。

所有动物都是平等的

[澳] 彼特·辛格

【编者按：辛格指出，平等并不依赖于智力、道德能力、天赋等方面的事实上的平等；平等是一种理想，是我们如何对待他人的一种规范。人们获得平等对待的充分必要条件是，人们具有体验苦乐的感受能力。动物也具有这种感受能力，因此，动物也应获得平等的对待。】

　　许多被压迫团体都在积极地为平等而抗争。经典的例子是黑人解放运动，该运动要求结束那种把黑人视为二等公民的偏见和歧视。黑人解放运动的巨大号召力及其所取得的初步（即使有限）胜利，使得它成为其他被压迫团体仿效的榜样。之后，我们又目睹了西班牙裔美国人、同性恋者以及其他各种各样少数派团体的解放运动。当妇女这个多数派团体开始她们的抗争时，有些人以为，我们已经走到解放运动道路的尽头了。据说，性别歧视是普遍被人们接受的最后一种歧视形式。即使那些向来以摆脱了对少数民族的种族偏见为自豪的自由人士，也曾明目张胆地犯过性别歧视的错误。

　　不过，我们对"现存的最后一种歧视形式"这类高论应时常保持警觉。如果说我们已从解放运动中吸取了什么教训，那就是：在这种偏见被明确指出来以前，要意识到我们的态度中对于某些特殊团体的潜在偏见是非常困难的。

　　解放运动要求我们扩展我们道德的应用范围，扩充或重新解释有关平等的基本道德原则。人们发现，以往许多曾被视为理所当然和在所难免的实践，不过是一个尚未得到证明的偏见的产物。确实，谁敢信心十足地保证说，她或他的全部态度和实践都是无可指责的呢？如果不想被列入压迫者的行列，我们就必须准备重新反省自己最基本的态度。我们需要从那些被我们的态度和源于这些态度的实践所伤害得最严重的存在物的角度来反思这种态度。如果能够实现这种超凡脱俗的视角转换，我们就会在我们的态度和实践中发现这样一种模式：我们总是靠牺牲一个团体的利益来使另一个团体获利，而我们自己往往就是这个获利团体的成员。把握了这一点，我们也许就会理解一场新的解放运动的到来。我所倡导的是，我们在态度和实践方面的精神转变应朝向一个更大的存在物群体：一个其成员比我们人类更多的物种，即我们所蔑称的动物。换言之，我认为，我们应当把大多数人都承认的那种适用于我们这个物种所有成员的平等原则扩展到其他物种身上去。

　　这似乎是一个偏激的推论，更像是其他解放运动的一个模仿次品，而非一个严谨的目标。事实上，"动物的权利"这个观念在过去的确被看作对妇女权利的拙劣模仿。当女权运动的先驱沃尔斯通尼克拉夫特（Mary Wollstonecraft）在1792年出版其《妇女权利的辩护》一书时，她的观点广泛被认为是荒谬的，而且还遭到了一本名为《畜生权利的辩护》的论文集的讽刺。作此讽刺的作者［实际上是剑桥杰出的哲学家泰勒（Thomas Taylor）］试图通过揭示这一点来反驳沃氏的观点，即她的观点还可以向前作进一步的推论。如果这种观点应用于妇女是可行的，那它为什么就不能应用于狗、猫和马呢？拥有权利的这种理由似乎也同样适用于这些畜生。但是，主张畜生也拥有权利是十分荒谬的。因此，推导出这一结论的推理必然是不可信的。如果这种推理应用到畜生身上是不可信的，把它应用到妇女身上也是同样不可信的，因为这两种推理使用的都是同样的理论前提。

　　我们反驳这种观点的一种方式是指出，用来证明男女平等的理由不能完全沿用到非人类动物身上去。例如，女性拥有选举的权利，因为她们有着与男性一样的做出理性决定的能力，但是，狗却不能理解选举的意义，因而它们不可能拥有选举的权利；在男性和女性之间有着许多明显的相似之处，而人与其他动物之间却差异甚大。可以说，男性和女性是类似的存在物，应拥有平等的权利，而人类与非人类动物却彼此不同，因而不应拥有平等的权利。

到此为止，用来反驳泰勒的类比论证的上述观点基本上是正确的，但不能再往前推了。在人类和其他动物之间确实存在着许多重要差别，这些差别必定会带来二者在权利方面的某些差别。但是，承认这一明显的事实并无碍于把平等的基本原则推广到非人类动物身上去。存在于男女之间的差异同样不可否认，妇女解放运动的支持者清醒地意识到，这些差异会带来不同的权利。许多女权主义者都主张，妇女有堕胎的权利。但这并不意味着，这些人既然在为男女平等而抗争，那她们必定会支持男人也拥有堕胎的权利。由于男人不能怀孕，因而去谈论他拥有堕胎权利是毫无意义的。同样，一头猪不能选举，因而去谈论它的选举权也是毫无意义的。那种把妇女解放或动物解放与这类无稽之谈搅和在一起的做法是毫无根据的。把平等的基本原则从一个团体扩展到另一个团体并不意味着我们必须以一刀切的方式来对待这两个团体，或假定二者拥有完全相同的权利。我们应否这样做取决于这两个团体的成员的本性。我将证明，平等的基本原则是关心的平等，而对不同存在物的平等关心可以导致区别对待和不同的权利。

因此，对泰勒模仿沃氏观点的企图还可以有一种不同的反驳方式。这种方式不是否认人类和非人类动物之间的差异，而是深入平等问题的核心，并最终证明把平等的基本原则应用于所谓的"畜生"一点也不荒谬。我相信，只要梳理一下我们反对种族或性别歧视的终极理由，我们就会得出这个结论。我们还将发现，如果我们在为黑人、妇女和人类中其他被压迫团体要求平等的同时，却又否认对非人类动物平等关心，我们的平等理论就将缺乏坚实的基础。

　　当我们说所有人（不论种族、职业、性别如何）都是平等的时候，我们所要维护的究竟是什么呢？那些想捍卫不平等的等级社会的人经常指出，不管我们选择什么做标准，所有人都不是完全平等的。不论是否喜欢这一点，我们都必须面对这样一个事实：人们生来就具有不同的外形和体格，他们长大以后所获得的道德能力、智力、满足他人需要的仁慈情感及其敏感度、表达能力、体验愉快和痛苦的能力等方面都千差万别。总之，如果对平等的要求是基于所有的人的事实平等，那我们就只得停止要求平等了。这可能是一种不合理的要求。

　　不过，有人也许还会求助于这样一种观点：要求人们之间的平等是基于不同种族和性别的现实平等。尽管作为个体的人千差万别，但在种族和性别之间不存在这类差别。从一个人是黑人或妇女这样一个纯粹的事实，我们不能推出关于这个人的任何论断。也许可以说，这正是种族歧视主义（racism）和性别歧视主义（sexism）的错误所在。白人种族主义者宣称，白人比黑人优越，但这是荒谬的——虽然在个体之间存在着某些差异，但某些黑人在天赋和能力方面是优于某些白人的。性别歧视主义的反对者所说的同样是：一个人的性别并不能决定他或她的能力，而这正是性别歧视不合理的原因所在。

　　这是反对种族和性别歧视的一种可能方式。但是，真正关心平等的人不应选择这种方式，因为在某些情况下，采取这种方式会迫使我们接受某种极不平等的社会。人类的差异主要体现在个体之间而非种族或性别之间，这一事实是对那些维护等级社会的人的一个有力回击。但是，个体的差异超越了种族或性别界限这一事实的存在，并不能帮助我们反对那种更为狡猾的拒斥平等的人。这种人提出，例如智商高于100的人的利益高于那些智商低于100的人的利益。这种基于智商的等级社会是否真的就比那种基于种族或性别的等级社会更好呢？我想不是。但是，如果我们把平等的道德原则建立在（被视为一个整体的）种族或性别的事实平等的基础之上，那么我们反对种族歧视主义和性别歧视主义的理论就不能为我们提供任何反对这种（基于智商的）

不平等主义的论据。

不能把对种族歧视主义和性别歧视主义的反对建立在任何一种事实平等、哪怕是有限的事实平等（它假定天赋和能力的差异是平均地分布于不同种族或性别之中的）的基础之上的另一个重要理由是：我们没有绝对的把握说，不论人们的种族或性别如何，这些天赋和能力确实是平均地配置在他们身上的。就实际能力而论，种族之间、性别之间似乎确实存在着某些巨大的差异。当然，这些差异不是在每种情形中都显现出来，而仅仅是就平均数而言，更重要的是我们还不知道，这些差异究竟有多少是源于各种族和性别的不同遗传因素，又有多少归因于社会环境的差异（而社会环境的差异又是由过去和目前的歧视所造成的）。所有这些重要的差异也许最终将被证明是源于环境而非遗传。反对种族歧视主义和性别歧视主义的人肯定会希望结果如此，因为这会使得扫除歧视更容易一些。但是，把对种族歧视主义和性别歧视主义的反对建立在人们之间的所有差异都源于环境这一信念之上是非常危险的。因为一旦能力的差异最终被证明的确与种族的基因有着某些联系，采取这种方式反对种族歧视主义的人就将不可避免地要败退，而种族歧视主义在某种程度上反而是合理的了。

对于反对种族歧视主义的人来说，把他的反对理由建立在某个要在遥远的将来才能由科学来解决的教条主义承诺上，是很愚蠢的。尽管那种认为种族和性别之间某些特定能力的差异主要源于遗传基因的观点不是结论性的，但认为这些差异主要是由环境决定的观点也非定论。如果我们的考察到此为止，我们还是不能断定哪一种理论正确，尽管我们中的许多人希望后者正确。

值得庆幸的是，我们没有必要把追求平等的理由建立在科学研究的特定结论之上。要恰如其分地回击那些宣称已发现了种族和性别之间能力差异的遗传基因证据的人，我们就不能死死抓住基因解释是绝对错误的这一信念不放，不论我们发现了何种与基因解释相悖的证据。相反，我们所要澄清的是：对平等的要求并不依赖于智力、道德天赋、体力或类似的事实。平等是一种道德理想，而不是对事实的一种简单维护。我们找不到可以令人折服的逻辑理由来假定：两个人在能力上的差异可以证明我们在满足其需要和利益时重此轻彼的合理性。人类的平等原则并不是对人们之间的所谓事实平等的一种描述，而是我们应如何对待他人的一种规范。

边沁（Jeremy Bentham）通过下述准则把道德平等的重要基础融汇进了他的功利主义伦理学体系中："每个人的利益都应考虑进去，绝不能重此轻彼。"换言之，受某个行为影响的所有人的利益都必须被考虑进去，并且把他们的利益看得与别人的利益同样重要。晚期的功利主义者西奇威克（H. Sidgwick）把这一观点表述为：从宇宙的观点看（如果我可以这样说的话），任何个体的善都不比其他个体的善更重要。近来，现代道德哲学的许多大师又都不约而同地把类似的要求（对每个人的利益都给予同样的关心）作为其道德理论的基本前提，尽管他们在如何更好地表述这些要求方面尚未达成共识。①

我们对他人的关心不应取决于他们的外表或他们有什么能力，这是平等原则的题中应有之义——尽管这种关心要求我们所做的事情会因那些受我们的行为影响的人的性格不同而有所不同。这才是我们反对种族歧视主义和性别歧视主义的终极理由，而且也正是根据这个原则，我们才谴责物种歧视主义（speciesism）。如果较高的智力不是一个人把他人作为实现其目的的工具的理由，那么它又如何能成为人类剥削非人类动物的根据呢？

许多哲学家都已经以这种或那种方式，把平等地关心利益的原则视为一个基本的道德原则。但是，如我们将很快看到的那样，他们中的许多人都没有认识到，这个原则不仅适用于我们自己，而且也适用于其他物种成员。边沁是少数认识到这一点的人士之一。在英国统治的全盛

---

① 例如黑尔（R. M. Hare）的《自由与理性》（牛津，1963）和罗尔斯（J. Rawls）的《正义论》（哈佛，1972）。关于哲学家们在这些问题和其他问题上的重要共识的概述，见黑尔《战争规则与道德推理》，载《哲学与公共事务》第1卷，第2期（1972）。——原注

时期，人们就像我们现在对待动物那样对待黑人奴隶。那时，边沁就高瞻远瞩地写道："总有一天，其他动物会要求这些除非遭专制之手剥夺，否则绝不放弃的权利。法国人已经发现，黑色皮肤不再是一个人无端遭受他人肆意折磨的理由。人们总有一天也会认识到，腿的数量、皮肤的柔毛或骶骨终端的位置不是驱使某个有感觉能力的存在物遭受同样痛苦命运的充分理由。确定这个不可逾越的道德分界线的根据究竟是什么呢？是推理能力或交谈能力吗？然而，与生长了一天、一个星期或一个月的胎儿相比，成熟的马或狗是更善交谈、更有理性的。就算事情不是这样，它又能给我们带来什么益处呢？问题的关键不是：它们能推理或它们能交谈吗？而是：它们能感受苦乐吗？"①

在这段论述里，边沁把感受苦乐的能力视为一个存在物获得平等关心的权利的根本特征。感受能力（更准确地说是感受痛苦、愉快或幸福的能力）并不是某种性质与语言能力或更高级的计算能力相同的另一种特征。边沁的意思并不是说，那些试图划定一条能决定某个存在物的利益应否得到关心的"不可逾越的界线"的人，刚好选择了那些错误的特征。感受痛苦和享受愉快的能力是拥有利益的前提，是我们在谈论真实的利益时所必须满足的条件。说一个小学生踢路边的石头是忽视了石头的利益，这是荒谬的。一块石头确实没有利益，因为它不能感受苦乐。我们对它所做的一切不会给它的福利带来任何影响。但是，一只老鼠却拥有不遭受折磨的利益，因为如果遭受折磨，它就会感到痛苦。

如果一个存在物能够感受苦乐，那么拒绝关心它的苦乐就没有道德上的合理性。不管一个存在物的本性如何，平等原则都要求我们把它的苦乐看得和其他存在物的苦乐同样（就目前能够做到的初步对比而言）重要。如果一个存在物不能感受苦乐，那么它就没有什么需要我们加以考虑的了。这就是为什么感觉能力（用这个词是为了简便地表述感受痛苦、体验愉快或幸福的能力，尽管不太准确）是关心其他生存物的利益的唯一可靠

---

① 边沁：《道德与立法原理导论》，第 17 章。——原注

界线的原因：用诸如智力或理性这类特征来划定这一界线，是一种很武断的做法。为什么就不能选择其他的诸如皮肤的颜色这类特征呢？

　　当其利益与其他种族成员的利益发生冲突时，种族歧视主义者常因过分强调自己种族成员的利益而违背了平等原则。同样，物种歧视主义者也为了他自己这一物种的利益而牺牲其他物种成员的更重要的利益。①这两种歧视主义使用的都是同一种推理模式。大多数人都是物种歧视主义者。现在我们就来简要地描绘一下某些体现了这种歧视的实践。

　　对于人类中的大多数，特别是居住在城市工业化社会中的人来说，与其他物种成员最直接的接触是在吃肉的时候：我们吞食它们。在吞食它们时，我们仅仅是把它们当作达到我们的目的的工具。我们都把它们的生命和幸福看得低于我们对某道特殊菜肴的嗜好。我特意用了"嗜好"一词，因为这纯粹是满足我们的口腹之欲的问题。即便是为了满足营养的需要，也没有必要非要食用兽肉，因为科学已经证明，食用豆类、豆制品和其他高蛋白蔬菜产品比食用兽肉能更有效地满足我们对蛋白质和其他重要营养品的需要。②

　　我们为满足自己的嗜好而虐待其他物种的行为不仅仅表现在对它们的杀戮上。我们施加在活着的动物身上的痛苦，比之于我们准备杀戮它们这一事实来，更淋漓尽致地展现了我们的物种歧视主义态度。③

---

① "物种歧视主义"一词我借自理德（R. Ryder）。——原注

② 为了生产含 1 磅蛋白质的牛排或牛肉，我们必须给动物喂食含 21 磅蛋白质的饲料。其他牲畜产出蛋白质与消耗蛋白质的比例要低一些。但在美国，平均比率仍是 1∶8。据估计，人类以这种方式损耗的蛋白质总量，相当于世界每年蛋白质短缺总量的 90%。概述见拉佩（F. M. Lappé）《一颗渺小星球的食谱》（纽约，1971），第 4—11 页。——原注

③ 虽然人们可能会认为，杀死某个存在物是他们所犯的最严重的错误，但我认为，给动物施加痛苦的行为更淋漓尽致地展现了我们的物种歧视主义态度，因为有人争辩说，杀人的错误至少部分存在于：大多数人都能意识到他们的未来，并希望他们的愿望和目的能在未来得到实现。见托利（M. Tooley）《流产与杀胎》，载《哲学与公共事务》第 2 卷，第 1 期（1972）。不过，一个人如果同意这种观点，他就得坚持（像托利那样）杀死一个胎儿或精神不健全者本身不是错误的，而且其错误也没有比杀死某些能意识到其未来的高等哺乳动物严重。——原注

为了能给人们提供与其昂贵价格相当的美餐，我们的社会容忍了那种把有感觉能力的动物置于戕害其性情的环境里，并使它在痉挛中慢慢结束其生命的烹饪方法。我们把动物当成一个能把饲料转换成肉食的机器来看待，只要能带来更高的"转换率"，我们无所不用其极。正如在这个问题上的一位权威所说，"只有停止追求利润，人们才会认识到其行为的残酷性"①。

如我所说的那样，由于所有这些实践都仅仅是为了满足我们的口腹之欲，因而我们为饱餐而饲养和杀戮动物的实践就不过是下述态度的一个昭然若揭的例证：为了满足我们自己的琐屑利益而牺牲其他存在物最重要的利益。要避免成为物种歧视主义者，我们就必须停止这类实践，我们每个人都负有停止支持这类实践的道德义务。我们的习惯就是对肉品工业的最大支持。决定放弃这种习惯也许有一定困难，但不会比一个美国南方白人反对其社会传统而释放他的奴隶更困难：如果我们连自己的饮食习惯都不能改变，我们又有什么资格去谴责那些不愿改变其生活方式的蓄奴主义者呢？

这种形式的歧视还可在广为流行的对其他物种所做的实验中观察到。这些实验的目的是为了观察某些物质对人是否安全，或检验某些有关严惩对于学习的影响的心理学理论，或是试图查明某种新出现的物质的构成成分……

以往关于活体解剖的争论常常忽略了这一点，因为这种争论总是以绝对的形式出现的：如果在一个动物身上做实验能拯救成千上万人的生命，那么主张废除活体解剖的人是否准备让这些人死去呢？回答这一纯假设性问题的方法是提出另一个假设：如果在一个幼小孤儿身上做实验是拯救许多人的生命的唯一方法，那么实验者准备去做这个实验吗（我说"孤儿"是为了避免父母情感的介入，尽管在这样做时我已经让了实

---

① 见哈里逊（R. Harrison）《动物机器》（伦敦，1964）。关于动物在牧场里的命运，见我的《动物的解放》（纽约，1975）。——原注

验者一把，因为实验所用的非人类动物标本并不是无父母者）？如果该实验者不准备用幼小的孤儿，而用非人类动物做实验，那他纯粹就是出于歧视了。因为与婴儿相比，成熟的类人猿、猫、老鼠和其他哺乳动物都能更清楚地意识到发生在他们身上的事情，更能自我控制，对苦乐的感受（就我们目前所知）也更敏感。似乎并不存在某种只有婴儿具有、而成熟的哺乳动物却不具有（在同等或更高程度上）的能力特征。有人可能会争辩说，在婴儿身上做实验之所以是错误的，是因为只要条件允许，婴儿最终将发展到高于非人类动物的状态。但是，为了与此保持一致，人们就得反对流产，因为胎儿也具有和婴儿一样的潜能——事实上，从这种观点来看，甚至避孕和节育也是错误的，因为只要能恰当地结合，卵子和精子也具有上述潜能。无论如何，这种观点仍然没有给我们提供任何理由，使得我们可以挑选一个非人类动物，而非一个大脑已遭严重的不可逆伤害的人来做实验对象。

如果一个实验者认为，在一个其感情、意识、自我控制力等方面都相当于或低于动物的人身上做实验不合理，因而就在非人类动物身上做实验，那么，他这种行为所展现的就不过仅仅是他喜爱这一物种的偏见而已。那些了解大多数实验给动物所造成的恶果的人都不会怀疑，如果消除了这种偏见，那么人们用作实验对象的动物数量就会比目前少很多。

在动物身上做实验和吞食其肌肉，这是我们社会中物种歧视主义的两种主要形式。比较而言，物种歧视主义的第三和第四种形式也许不那么重要，不过本文的读者对它们可能更感兴趣。我指的是现代哲学中的物种歧视主义。

哲学应对其时代的基本假设提出疑问。我相信，审慎而批判性地反思大多数人视为理所当然的东西，这是哲学的主要任务，正是这一任务使得哲学探索成为一项有价值的活动。令人遗憾的是，哲学并不总是能完成它的这一历史使命。哲学家也是人，他们也屈服于他们生存于其中的那个社会的先入之见。有时，他们也能得心应手地摆脱流行的意识形态而实现某些成功的突破，但更多的时候，他们却成了这种意识形态最老练的捍卫者。因此之故，今天的大学讲坛所流行的哲学，都没有对人们所持的有关我们与其他物种关系的先入之见提出任何挑战。那些探讨过这一问题的哲学家们，在其著作中提出的仍是一些与其他大多数人一模一样的未经反思的假设，而且他们所提出的理论也倾向于强化读者心中的那种令他或她惬意的物种歧视主义习惯。

我将通过引证不同领域哲学家的著作来说明这一问题——例如，那些对权利问题感兴趣的哲学家曾试图给权利的范围划出这样一个界限，以致这一界限恰好与作为一个物种的人类的生物学界限相当，能够把胎儿和精神不健全者包括进来，而把那些在餐桌上和实验室中对我们是如此有用的、具有与胎儿和精神不健全者相等或更高的能力的其他存在物排除出去。我想，如果我们打算深入细致地讨论我们一直在关心的平等问题，那么把对平等范围的讨论作为本章的结尾也许是较为恰当的。

耐人寻味的是，平等问题在道德和政治哲学中都被毫无例外地理解为人的平等问题。这样做的后果是，其他动物的平等问题就没有被作为问题本身摆在哲学家或学生面前——这是哲学无力对那些已被人们接受的信仰提出挑战的一个标志。不过，哲学家们已发现，如果不费点笔墨来探讨动物的地位问题，那么就难以说清人的平等问题，其理由（从我的观点来看一目了然）在于：如果要把人人都视为平等的，我们就需要这样一种平等观，这种平等观不以人们在能力、天赋或其他资质方面的描述性的事实平等为前提。如果平等要与人的实际特征联系起来，这些特征就必须是人的特征的最小公分母，这些特征必须被规定得很有限，以致没有人会缺少它们——但这样一来，哲学家们就会发现他们陷入了一种窘境：所有人都具有的那些特征并不仅仅只有人类才具有。换言之，如果我们是在维护事实的意义上说所有人都是平等的，那么至少其他物种的某些成员也是平等的——也就是说，这些物种成员之间以及它们与人类之间都是平等的。另一方面，如果我们是从"非事实"（non-factual）的规范角度来理解"所有人都是平等的"这一命题的，那么，如我们已证明的那样，要把非人类动物从平等王国中排除出去就更加困难了。

这一结论是有违平等主义哲学家的初衷的。因而，大多数哲学家不仅没有接受这种由其理论顺理成章地推导出来的激进结论，反而用一种虚玄的理论把他们对人类平等的信念与动物不平等的信念调和起来。

我们可以把弗兰克纳（Willam K. Frankena）的著名文章《社会公正概念》作为一个例证。弗兰克纳反对那种把公正建立在美德之上的观点，因为他发现，这将导致某些更大的不平等。于是，他提出这样一个原则："所有人都将被看作平等的，这不是因为他们在哪一方面是平等的，而仅仅是因为他们是人。他们是人，因为他们有情感和愿望，能够思考，因而能够以某种其他动物所不能的方式来享受美好的生活。"[1]

但是，所有人都具有而动物不具有的这种享受美好生活的能力究竟是什么呢？其他动物也有情感和愿望，而且似乎也能享受美好生活。我们可以怀疑它们是否能思考（尽管某些类人猿、海豚，甚至狗的行为已表明：某些动物能够思考），但是平等与能思考又有什么联系呢？弗兰克纳继而承认，他使用"美好生活"一词并不意指"道德意义上的美好生活就是幸福的或美满的生活"，因而思想并不是享受美好生活的必要条件。事实上，强调思想的必要性会给平等主义者带来麻烦，因为只有某些人能够过那种智性的完满生活或德行的美好生活。这使人很难看清弗兰克纳的平等原则与纯粹的人之间究竟有多少联系。毫无疑问，每一种有感觉能力的存在物都有能力过一种较为幸福或较不痛苦的生活，因而也拥有某种人类应予关心的权益（claim）。在这方面，人类与非人类动物之间并不存在一条泾渭分明的分界线，毋宁说，它们是一个群体连续体（continuum），正是沿着这个连续体的发展轨迹，我们逐渐发展出了自己的、与其他动物或多或少有些相同的能力：从享受和满足、痛苦

---

[1]　见布兰特（R. Brandt）编《社会公正》（克里佛斯，1962），第 10 页。——原注

和感受的简单能力到更为复杂的能力。

当哲学家们陷入这样一种境地——即他们发现，需要为那种通常被认为是把人类和动物区别开来的道德鸿沟提供某些证据，但他们又找不出任何既能把人和动物区分开来又不动摇人类平等的基础的具体证据时，他们往往就闪烁其词。他们或诉诸人类个体的内在尊严这类美丽动听的词句[①]；或大谈特谈"所有人的内在价值"，好像人们（人类？）真的具有其他存在物所不具有的某些价值似的[②]；或不厌其烦地宣称，人类且只有人类才是"自在的目的"，而"人类之外的所有存在物都只相对于人而言才有价值"[③]。

关于人类的独特尊严和价值的这种观念可谓源远流长，它可以直接上溯到文艺复兴时期的人文主义者，例如皮科·米兰多拉（Pico della Mirandola）的《关于人的尊严的演说》。皮科和其他人文主义者把他们对人类尊严的估价建立在这样一个基础之上：在从最低级的物质形式到上帝本人这一"伟大的存在之链"中，人类居于承前启后的中心位置。这种宇宙观又可追溯到希腊传统和犹太—基督教的学说。现代哲学家已经摆脱了这些形而上学的和宗教的锁链，并且在尚未证明有关人类尊严的理念的合理性之前，就轻率地求助于这种理念。我们为什么不应该把"内在尊严"和"内在价值"的殊荣擅自颁发给我们自己呢？因为普通大众不会拒绝我们如此慷慨地赠予他们的这一殊荣，而我们否认其享有这种殊荣的存在物又无法反对这一点。确实，当我们思考的仅仅是人类时，大谈特谈所有人的尊严是非常开明、非常进步的。在大谈人的尊严时，我们含蓄地谴责了奴隶制、种族歧视主义和其他侵犯人权的行为。我们自认，我们自己完全是站在我们这个物种中最贫穷、最无辜的成员的角度来考虑这一问题的。然而，只有当我们把人类仅仅看作栖息于地

---

① 弗兰克纳：《社会公正概念》，第23页。——原注
② 贝多（U. A. Bedau）：《平等主义与平等的理想》，载《法学第九集：平等》，彭诺克（J. R. Pennock）和查谱曼（L. W. Chapman）编，纽约，1967。——原注
③ 弗拉斯托斯（G. Vlastos）：《正义与平等》，见布兰特编《社会正义》，第48页。——原注

球上所有存在物中的一个较小的亚群体来思考的时候，我们才会认识到，我们在拔高我们自己这个物种的地位的同时却降低了所有其他物种的相应地位。

事实上，只有当人类的内在尊严经得起各种挑战时，对它的呼吁才能解决平等主义者的理论难题。为什么所有人（包括胎儿、精神不健全者、心理变态者、希特勒和其他人）都具有大象、猪或大猩猩所不具有的某些尊严或价值？一旦这样提问，我们就会发现这个问题非常难于回答，就像我们最初试图寻找某些有关的事实来证明人类和其他动物不平等的合理性那样。事实上，这两个问题实际上是一个问题：谈论内在尊严和道德价值仅仅是把困难暂时掩盖起来而已，因为要圆满地论证所有人且只有人才拥有内在尊严这一论点，就必须要借助于所有人且只有人才拥有某些相关的能力或特征。当哲学家们不能为其论点提供别的理由时，他们常常就引入尊严、尊重和价值这类迷人的理念。但是，这样做并没有使问题得到解决，华美的词句往往是那些才思枯竭的哲学家的王牌。

（选自 ［澳］彼特·辛格《所有动物都
是平等的》，江娅译）

第十四讲　为动物权利辩护

[美] 汤姆·雷根

　　雷根（Tom Regan，1938— ），出生于美国匹兹堡，1966 年在弗吉尼亚大学获得博士学位。1967 年以来，雷根一直在北卡罗来纳州立大学任教。雷根被认为是当代动物权利运动的精神领袖。他因倡导和实践动物权利观念而获得 1986 年度的甘地奖，并于 1987 年获得了美国仁慈协会颁发的克鲁奇奖章（Joseph Wood Krutch Medal）。2000 年获得了美国教师的最高荣誉奖霍拉迪奖章（Holladay Medal）。他的主要著作包括《素食主义的伦理基础》《为了所有存在物的正义》《共居同一地球：动物权利与环境伦理学文集》《为动物权利辩护》《捍卫动物权利》和《动物权利争论》。

为动物权利辩护

[美] 汤姆·雷根

【编者按：雷根首先说明了间接义务论、仁慈理论和功利主义在证明我们对动物所负有的义务方面所存在的问题，进而认为，只有认识到动物自身的天赋价值，承认动物拥有权利，才能恰当地解释我们对动物负有的义务。】

我自认是动物权利的捍卫者——是动物权利运动的一部分。在我看来，这个运动力图实现一系列目标，包括：（1）完全废除把动物应用于科学研究（的传统习俗）；（2）完全取消商业性的动物饲养业；（3）完全禁止商业性的和娱乐性的打猎和捕兽行为。

我知道，许多人都声称，他们相信动物的权利，但他们不赞成这些目标。他们说，工厂化的农场是错误的——侵犯了动物的权利，但传统的动物农业无可指责。在动物身上作化妆品毒性测试是侵犯了它们的权利，但重要的医学研究——例如癌症研究却不是。用棍棒猛打海豹幼崽的行为令人发指，但对成年海豹的定期捕杀并不可恶。我曾认为，我能理解这种论调。但我现在再也不理解了。通过修修补补，你不能改变不公正的体制。

我们对待动物的方式的错误（根本性的错误）并不取决于这个或那

个不同事例的具体细节。错误出在整个制度。肉用小牛的孤苦伶仃令人同情——撕心裂肺；电极深植于其大脑中的黑猩猩所遭受的那种由脉冲引起的痛苦令人憎恶；被套在捕兽夹中的浣熊的缓慢的、痛苦的死亡使人感到难受。但是，我们所犯的根本性的错误，不是我们给动物所带来的痛苦，不是我们给动物所带来的苦难，也不是我们对动物的剥夺。这些都是我们所犯的错误的一部分。它们有时常常使我们所犯的错误变得更为严重，但它们不是根本性的错误。

犯了根本性错误的是那允许我们把动物当作我们的资源（在这里是指作为被我们吃掉的、被施加外科手术而控制的、为了消遣或金钱而被我们捕杀的资源）来看待的制度，只要我们接受了动物是我们的资源这种观点，其余的一切都将注定是令人可悲的。为什么要担心它们的孤独、它们的痛苦、它们的死亡？由于动物是为了我们（这里是指以这种或那种方式使我们受益）而存在的，因此对它们的伤害确实是无所谓的——或者只有在这种伤害开始使我们感到烦恼、令我们感到有稍许不安的情况下（例如在我们享受牛腿肉时）才是有所谓的。那么，好了，让我们把小牛从孤独的牛圈中放出来，给它们更多的空间、一些干草、少许伙伴。但是，让我们继续保持我们的吃牛腿肉的习惯。

但是，给予小牛一些干草、更多的空间和少许伙伴，这并没有消除——甚至没有触及——我们所犯的根本性的错误，即那种与我们把动物当作资源来看待和对待的做法联系在一起的错误。一头在封闭的牛圈中生活一段时间后就被我们杀来吃掉的小牛，是被当作资源来看待和对待的，但是一头被（他们说）"较为仁慈"地养大的小牛，也是被当作资源来看待和对待的。要改正我们对被饲养的动物所犯的根本性错误，这需要的绝不只是使饲养方法"更为仁慈"——它需要的是某些完全不同的东西——它需要的是完全取消商业性的动物饲养业。

我们如何取消商业性的动物饲养业，我们是否取消，或者就像把动物应用于科学研究的事例那样，我们是否以及如何废止这种应用，这些问题在很大程度上是政治问题。在改变其习惯之前，人们必须首先改变其信念。在我们拥有保护动物权利的法律之前，必须要有足够多的人，特别是那些被选出来担任公职的人，相信这种改变的必然性，他们必须要努力实现这种改变。这一改变的过程是非常复杂、非常费力、非常劳神的，它需要多方面的共同努力——教育，宣传，政治组织，行动，直至用舌头封贴信封和邮票。作为一名受过训练的实践型哲学家，我能够做出的贡献是有限的，但我还是认为，这种贡献是重要的。哲学的通货是观念——它们的意义和理性基础，而不是（例如）立法程序的具体细节或社区组织的机制。这就是过去十年左右我在我的论文、谈话，以及最近在我的《为动物权利辩护》（加利福尼亚大学出版社，1983 年出版）一书中一直在探讨的问题。我相信，我在那本书中得出的主要结论是正确的，因为它们得到了最好的论据的支持。我相信，动物权利的观念不仅具有情感的吸引力，还拥有理性的力量。

根据我在此能够支配的篇幅，我只能以最简略的方式勾勒那本书的某些主要论点。该书的主题（这一主题不应使我们感到惊讶）是探讨和回答深层的基础性的道德问题，包括道德是什么，它应如何来把握，最好的道德理论是什么这类问题。我希望我能够把我认为是最好的道德理论的某些轮廓告诉大家。这一工作将是（用一位善意的批评者曾用来批评我的著作的话来说）诉诸理智的。事实上，这位批评者曾告诉我，我的著作"过于理智"了。但这是对我的误解。对于我们有时对待动物的某些方式，我的情感与我的那些情绪较为激动的同胞的情感，是同样深层和强烈的。用当今的行话来说，哲学家的右脑 [①] 确实较为发达。如果我们贡献出来的，或主要应当贡献的是左脑的情感——那是由于我们的情感也很丰富。

我们的探讨如何进行呢？我们首先探讨的是，那些否认动物拥有权利的思想家是如何理解动物的道德地位的。然后，通过说明他们能否经得起合理的批评，我们将测试出他们的观念的生命力。如果以这

———————

① 一般认为，右脑主理智，左脑主情感。

种方式开始我们的思考，我们很快就会发现，有些人相信，我们对动物并不直接负有义务——我们不欠它们任何东西，我们不可能做出任何指向它们的错误。毋宁说，我们能够做出牵涉到动物的错误行为，因而我们负有与它们有关的义务（duties regarding them），尽管不负有任何针对它们的义务（duties to them）。这种观点可称之为间接义务论。可以这样来解释它：

假设你的邻居踢了你的狗，那么你的邻居就做了某件错误的事情。但这不是针对你的狗的错误，已经做出的错误是一个针对你的错误。毕竟使他人恼火是错误的，而你邻居踢你的狗的行为令你恼火。因而，是你，而不是你的狗，才是受伤害的对象。换言之，通过踢你的狗，你的邻居毁坏了你的财产。由于毁坏他人的财产是错误的，因而你的邻居就做了某件错误的事情——当然是针对你的，而不是针对你的狗的错误。你的邻居并未使你的狗受到伤害，就像如果你的轿车的挡风玻璃被弄破了，你的轿车并没有受到伤害那样。你的邻居所负有的牵涉到你的狗的义务不过是针对你的间接错误。更一般地说，我们所负有的与动物有关的所有义务，都是针对彼此（针对人类）的间接义务。

一个人将怎样试图证明这种观点呢？他会说，你的狗不会感觉到任何东西，因而它不会受到你邻居的踢打的伤害。由于你的狗感受不到任何东西，正像你的挡风玻璃毫无意识那样，因此不用担心会有痛苦出现。有人会这样说，但有理性的人绝不会这样说，因为最起码的，这样一种观点将迫使任何一个坚持该观点的人接受这样的论点：人也感觉不到痛苦——人们也不用担心发生在他们身上的事情。第二种可能的推论是，尽管在被踢打时，人和你的狗都受到了伤害，但只有人的痛苦才事关紧要。然而同样地，有理性的人也不会相信这种观点。痛苦就是痛苦，不管它发生在什么地方。如果你邻居的狗给你带来痛苦的行为是错误的（因为它给你带来了痛苦），那么，从理性的角度看，我们就不能忽视或忽略你的狗所感受到的痛苦的道德相关性。

坚持间接义务论（而且还有许多人仍在坚持）的哲学家们已开始明

白，他们必须避免刚刚提到的那两个理论缺陷——也就是说，既避免那种认为只有人的痛苦才与道德有关的观念，也避免那种认为动物感受不到任何东西的观点。现在，在这类思想家中，受青睐的观点是这种或那种形式的契约论。

简而言之，这种理论的核心观念是：道德是由人们自愿同意遵守的一组规则组成的——就像当我们签订一个契约时所做的那样（因而也就有了契约论一词）。那些理解并接受契约条款的人都直接与契约有关——拥有由契约提供，且得到契约承认和加以保护的权利。这些签约者还为其他人提供了保护，这些人尽管缺乏理解道德的能力，从而不能亲自签订契约，却被那些具有这些能力的人所喜爱或关爱。因此，虽然幼小的儿童不能签订契约，缺乏权利，但是他们却得到了契约的保护，因为他们是其他人，特别是他们的父母的情感利益（sentimental interests）所在。因而我们负有牵涉到这些儿童的义务，负有与他们有关的义务，但不负有针对他们的义务。就儿童而言，我们所负有的义务只是针对他人，常常是他们的父母的间接义务。

就动物而言，由于它们不能理解契约，因而它们显然不能签订契约。由于它们不能签订契约，因而它们没有权利。然而，像儿童一样，某些动物是他人的情感利益的对象。例如，你喜爱你的狗或猫。因而这些动物（那些得到足够多的人关心的动物：作为伴侣的动物、鲸鱼、幼海豹、美国的白头鹫）尽管缺乏权利，但仍将得到保护，因为它们是人们的情感利益所在。因而，根据契约论，我并不负有直接针对你的狗或其他任何动物的义务，甚至不负有不给它们带来痛苦或不使它们遭罪的义务。我的不伤害它们的义务，只是我负有的一个针对那些关心它们的处境的人的义务。就其他动物而言，如果它们不是或很少是人的情感利益的对象——例如，农场饲养的动物或实验用动物，那么我们负有的义务就越来越微弱，也许直到变为零。它们所遭受的痛苦和死亡（尽管是真实的）并不是错误，如果没有人关心它们的话。

如果契约论是一种探讨人的道德地位的恰当的理论方法，那么当用来探讨动物的道德地位时，它就是一种很难驳倒的可靠的观点了。然而它不是一种探讨人的道德地位的恰当理论，因而这使得能否把它应用于探讨动物的道德地位这一问题变得毫无实际意义。想一想，根据我们前面提到的（粗糙的）契约论观点，道德是由人们同意遵守的规则组成的。什么人？当然要有多得足以产生重要影响的人数——也就是说，要有足够多的人，以致从总体上看，他们有力量强制执行契约签署的规则。对于签约的人来说，这当然是再好没有了——但对于没被邀请来签约的人来说，这就不太妙了。况且，我们正在讨论的这种契约论并没有提供任何条款来保证或规定：每个人都将拥有机会来平等地参与道德规则的制定。其结果，这种伦理学方法将认可那类最为明显的社会的、经济的、道德的和政治的不公正，从强制性的等级制度到有步骤、有计划的社会或性别歧视。根据这种理论，权势即公理。就让不公正的受害者遭受痛苦吧，因为他们愿意。这是无关紧要的，只要没有其他人（没有或只有极少数签约者）关心这一点。这样一种理论抽空了人们的道德感……就好像南非的种族隔离制度没有什么错似的，如果这种制度只令极少数南非白人感到苦恼的话。一种在关于我们应如何对待人类同胞的伦理学层面都难以令人赞同的理论，当被应用于关于我们应如何对待动物的伦理学层面时，肯定也难以令人赞同。

我们刚刚考察的这种契约论观点，如我已指出的，是一种粗糙的契约论，而要公平地对待那些相信契约论的人，我们就必须注意，还可能存在着其他形式的更为精致、更为微妙、更为精明的契约论。例如，罗尔斯在他的《正义论》一书中就建构了一种契约论，这种契约论要求签约者忽略他们作为一个人所具有的那些偶然特征——例如，是否是白人或黑人、男性或女性、天才或平庸之辈。罗尔斯相信，只有忽略了这些特征，我们才能确保，签约者所达成的正义原则不是建立在偏见或歧视的基础之上的。尽管与较为粗糙的契约论相比，罗尔斯的这类契约论有了较大的改进，但它仍然有缺陷：它彻底地否认了，我们对那些没有正义感的人——幼小的儿童和智力发展迟缓的人负有直接的义务。然而，我们却有理由相信，如果我们虐待幼小的儿童或智力迟钝的老人，那么我们就是做了某件伤害了他们的事情，而不只是这样一件事情：当（且仅当）其他那些具有正义感的人对此感到苦恼时，它才是一件错误的事情。既然这样对待人是错误的，那么从理性的角度看，我们就不能否认，这样对待动物也是错误的。

因此，间接义务论，包括最高明的间接义务论，不能征得我们的理性的认可。所以，不管我们理性地予以接受的是什么道德理论，它都必须至少承认，我们负有某些直接针对动物的义务，就像我们负有某些直接针对我们彼此的义务一样。我将要勾勒的后两种理论都力图满足这一要求。

第一种理论我称之为残酷－仁慈论。简而言之，这种理论认为，我们负有一种仁慈对待动物的直接义务和一种不残酷对待它们的直接义务。这些观念虽然带着使人感到亲切和宽慰的光环，但我并不相信这种观点是一种恰当的理论。为说明这一点，让我们来考察一下仁慈。一个仁慈的人是出于某种动机——例如，同情或关怀——而采取行动。这是一种美德。但这并不能保证，仁慈的行为就是正确的行为。例如，假如我是一名慷慨大方的种族主义者，我将倾向于仁慈地对待我自己这个种族的成员，把他们的利益看得比其他种族成员的利益更为重要。我的仁慈是真实的。而且就其本身而言是美好的。但是，我相信，无须解释就可以看出，我的仁慈行为也许难逃道德的谴责——事实上，它也许是完全错误的，因为它植根于不公正。所以，仁慈本身无法确保它自己能成为一种值得加以鼓励的美德，不能成为关于正确行为的理论基础。

反对残忍的理论也好不到哪儿去。人们或他们的行为是残忍的，如果人们在看到他人受苦时，表现出来的是对他人的苦难缺乏同情，或者更恶劣，是对他人的苦难幸灾乐祸，那他们或者说他们的行为就是残忍的。残忍，不论它以什么形式表现出来，都是一件可恶的事情——人的悲剧性的堕落。但是，正如一个人的出于仁慈动机的行为并不能保证他所做的就是正确的行为那样，缺少残忍也不能确保他避免做出错误的行为来。例如，许多做流产手术的人都不是残忍的虐待狂。但是，他们的性格和动机并没有解决流产的道德性这一无比困难的问题。当我们（从这一角度来）考察我们对待动物的伦理学时，我们遇到的困难与此并无不同。因此，让我们呼唤仁慈，反对残忍，但千万不要以为，对仁慈的呼唤和对残忍的反对就能解决道德上的正确和错误的问题。

有些人认为，我们正在寻找的理论是功利主义。功利主义者接受两条道德原则。第一条是平等原则：把每个人的利益都考虑进去，而且，必须把类似的利益看得具有类似的分量或重要性。白人或黑人、男性或女性、美国人或伊朗人、人类或动物：每一方的痛苦或挫折都与（道德）有关，而且每一方的类似的痛苦或挫折都具有平等的（道德）相关性。功利主义者接受的第二条原则是功利原则：选择这样一种行为，这种行为给受该行为影响的每一个人所带来的满足将最大限度地超过该行为给他们带来的挫折。

因此，作为功利主义者，这就是我如何解决我在道德上应当做什么这一问题的方法：如果我选择做这件事而不是另一件事，那么，我必须弄清楚谁将受到影响，每一个人将受到多大的影响，最好的结果最有可能存在于何处——换言之，哪一种行为方案最有可能带来最好的结果，它所带来的满足最大限度地超过它所带来的挫折。这种行为方案，不管它是什么，就是我应当选择的方案。这就是我的道德义务所在。

功利主义的巨大吸引力存在于它所表现出来的毫不妥协的平等主义：每一个人的利益都加以考虑，而且平等地考虑每一个人的类似的利益。某些契约论能够证明可憎的歧视是合理的——例如，种族或性别的歧视。但这种歧视似乎原则上都得不到功利主义的认可，就像物种歧视主义（基于物种成员身份的有计划、有步骤的歧视）那样。

然而，我们在功利主义中发现的那类平等，并不是动物权利或人的权利的捍卫者所向往的平等。功利主义并没有给不同个体的平等道德权利留下地盘，因为它没有为他们的平等的天赋价值①留下地盘。对功利主义者来说，具有价值的是个体利益的满足，而不是拥有这些利益的个体。一个能满足你对水、食物和温暖需要的宇宙，在其余情况相等的情况下，要好于不能满足你这些欲望的宇宙。对于具有类似欲望的动物来说，情况也是如此。但不论是你还是动物，你们自身都不具有任何价值。只有你们的感觉才具有价值。

有一个类比有助于更清楚地说明这种哲学观点：一个盛着不同液体的杯子——这些液体有时是甜的，有时是苦的，有时是二者的混合。具有价值的是这些液体：愈甜愈好，愈苦愈糟。杯子——容器本身并无价值。具有价值的是那些进入杯子中的液体，而不是液体要进入其中的那个杯子。对功利主义者来说，你和我就像杯子。作为个体，我们毫无价值，因而也不具有平等的价值。具有价值的是那些让我们体验到的东西，是我们作为容器要去接纳的东西。我们的满足感具有正面的价值，我们的挫折感具有负面的价值。

只要我们提醒自己，功利主义给我们提出的要求是使我们的行为带来最好的结果，那么我们就能明白，功利主义将遇到严重的困难。带来最好的结果意味着什么？它当然不意味着给我一个人、我的家庭或朋友，甚或任何单个的人带来最好的结果。不，我们必须要做的大致是这样的：我们必须把可能被我们的选择所影响的每一个人的分散的满足和挫折累加起来，并把满足列为一栏，把挫折列为另一栏。我们必须要把我们面临的每一个行动方案所带来的满足和挫折加起来。当人们说功利主义理论是一种合计理论时，指的就是这个意思。因而，我们必须选择这样一种行动方案，这一方案最有可能使得我们的行为所带来的总的满足最大限度地超过总的挫折。能够带来这种结果的行为就是我们从道德上应当选择的行为——是我们的道德义务所在。而且，这种行为肯定不

---

① 天赋价值（inherent value），亦译内在价值或内生价值，为与 intrinsic value 相区别，我们特译为天赋价值。

是那种将给我个人、我的家庭或朋友，甚或一个实验用动物带来最好的结果的行为。总和起来的，对每一个相关的个人来说是最好的结果，对每一个具体的个体来说未必就是最好的结果。

功利主义是一种总计理论——即把不同个体的满足或挫折累计、积累或合在一起——这是反对这种理论的主要理由。我姑母比阿特丽丝尽管身体没有毛病，但她是个衰老、迟钝、古怪、乖戾的人，她想继续活下去。她还很富有。如果我能得到她的钱，那我可真是走大运了，她十分愿意在死后把这些钱留给我，但现在拒绝给我。为避免交大笔的遗产税，我计划把很大一笔钱捐献给本地的一所儿童医院。很多很多的儿童将从我的慷慨捐赠中获得好处，这将给他们的父母、亲戚和朋友带来很大的喜悦。如果我不能很快得到这笔钱，所有这些希望都将变成泡影。突然获得巨大成功的千载难逢的机会眼看就要从手边溜走，那么为什么不真的杀死我姑母比阿特丽丝呢？当然，我也许会被抓住。但是我并非傻瓜，此外，我还可以指望她的医生与我合作（他很赞赏我的计划，而且我碰巧非常了解他的不光彩的历史）。这件事情可以做得……非常高明，我们可以说，被抓住的可能性非常小。尽管我的良心感到自责，但我是一个足智多谋的人，想到我已给这么多的人带来了快乐和健康——当我躺在（墨西哥）阿卡普尔科的海滨时，我将感到心安理得。

假设比阿特丽丝姑母被杀了，其他的事情也按计划进行着，那么，我做了什么错误的事情吗？做了不道德的事情吗？人们可能会想，我做了。但根据功利主义，我没有做错任何事情。由于我的所作所为给受该行为结果影响的所有人带来的总体满足，最大限度地超过了给他们所带来的挫折，所以，我没有做错。确实，在谋杀比阿特丽丝姑母时，医生和我所做的正是义务所要求的。

上述理由可以重复应用于各种各样的场合；它一次又一次地说明，功利主义的观点是如何导致了公正的人发现难以从道德上加以接受的那些后果。以给其他人带来最好的结果为由而杀死我姑母比阿特丽丝，这是错误的。善良的目的并不能证明罪恶的手段的合理性。任何一种恰当的道德理论都得对此做出说明。功利主义未能说明这一点，因而不是我们所要寻求的理论。

怎么办？从什么地方重新开始我们的探索？我认为，开始的地方是功利主义关于个体的价值——或者，毋宁说是个体没有价值的观点。在此让我们假设，我们认为，你和我作为个体确实拥有价值——我们将称之为天赋价值的价值。认为我们拥有这种价值，也就是认为我们是某种不同于，且比纯粹的容器更有价值的存在物。更重要的是，为确保我们不至于滑向奴隶制或性别歧视这类不公正，我们必须相信，所有拥有天赋价值的人都同等地拥有它，而不管他们的性别、种族、宗教、出身等如何。同样地，需要剔除的（与拥有天赋价值的多少）无关的因素还包括一个人的天赋、技能、智力、财富、人格或变态，以及一个人是否被热爱、被崇拜或被鄙视和被憎恨。神童与痴呆儿、王子与乞丐、脑外科医生与水果商贩、特蕾莎修女①和寡廉鲜耻的废旧汽车商人，所有的人都拥有天赋价值，都同等地拥有这种价值，而且都拥有获得尊重的平等权利，即以这样一种方式加以对待的平等权利，这种方式不把他们的地位降低到物品的层次，就好像他们是作为他人的资源而存在似的。我的作为个体的价值，是独立于我对你的有用性的，你的价值也不依赖于你对我的有用性。对我们中的任意一方来说，以一种对对方的独立的天赋价值缺乏尊重的方式对待对方，这就是做出了不符合道德的行为，是侵犯了一个人的权利。

这种观点（即我所说的权利论）所具有的某些理智德性是很明显的。不像（粗糙的）契约论，权利论原则上否认所有形式的种族、性别或社会歧视的道德可容忍性。不像功利主义，这种理论原则上否认，我们可以用那种侵犯一个人的权利的罪恶手段来证明好的结果的合理性。例如，它否认那种为给他人带来有益后果而杀死我姑母比阿特丽丝的行为

---

① 特蕾莎修女（Mother Theresa，1910—1997），印度天主教仁爱传教会创建者，被印度政府授予"莲花主"勋章，获 1979 年诺贝尔和平奖。

是道德的。那种做法将准许人们以社会善的名义行不尊重个人之实，而这是权利论永远不会也绝对不会接受的。

从理性的角度看，我相信，权利论是最圆满的道德理论。它说明和揭示了我们对彼此负有的义务——人际道德领域的基础。在这个意义上，它胜过所有其他理论。在这方面，它确实提供了最好的理由、最好的论据。当然，如果我们有可能证明，只有人类才能纳入它的保护范围，那么，像我这种相信动物权利的人就只得寻求别的理论而非权利论了。

但是，我们可以证明，从理性的角度看，把权利论仅仅限制在人类范围内是有缺陷的。毫无疑问，动物缺乏人所拥有的许多能力。它们不会阅读，不会做高等数学，不会造书架，不会玩轮盘赌游戏。然而许多人也没有这些能力，而我们并不认为——也不应该认为，他们（这些人）因而就拥有比其他人更少的天赋价值和更少的获得尊重的权利。正是这些人（他们最明显、最无可争议地拥有这种价值），例如，读这篇文章的人之间的相同之处，正是我们之间的相同之处，而非我们之间的不同之处，才是与道德有关的最为重要的因素。而我们之间真正关键的、基本的相同之处无非是：我们每个人都是生命的体验主体（the experiencing subject of life），每个人都是拥有个人幸福（不管我们对他人有什么用处，这种幸福对我们来说都非常重要）的有意识的存在物。我们需要并喜好某些事情，相信并感觉某些事情，回忆并期盼某些事情。我们的生活的所有这些方面，包括我们的快乐和痛苦，高兴与烦恼，满足与挫折，我们的延续或最终死亡——所有这些对于我们（作为个体所要承受和体验）的生活质量都有着至关重要的影响。由于这一切对于那些与我们有关的动物（例如我们吞食和捕捉的动物）来说也是真实的，因而它们必须要被当作（具有自身的天赋价值的）生命的体验主体来看待。

有些人反对动物拥有天赋价值这一观念。"只有人才拥有这种价值"，他们宣称。如何来证明这种狭隘的观点呢？我们能认为，只有人才具备必要的智力、自律能力或理性吗？但是有许许多多的人不能满足这些标准，而我们仍然有理由认为，他们拥有高于并超越于他们对他人的有用性的价值。我们能宣称，只有人才属于拥有权利的物种——智人这个物种吗？但是，这是一种明目张胆的物种歧视主义。那么，我们能认为，所有人——也只有人拥有不朽的灵魂吗？这样一来，我们的反对者就是给自己出了一道难题。我自己不会轻率地接受人拥有不朽的灵魂的观点。就个人而言，我十分希望自己拥有一个不朽的灵魂。但是，我不想把自己的论点建立在一个充满争议的伦理学议题上，该议题讨论的是谁或哪些事物拥有不朽的灵魂这一更让人们争论不休的问题。那样做无异于把自己陷入更深的思想牢笼中，难以自拔。从理性的角度看，更好的做法是，无须做出那些没有必要而又容易引起争议的假设就能解决道德问题。谁拥有天赋价值的问题就是这样一个问题，即对它的解决无须引入不朽的灵魂这样一个没有必要的观念。

当然，有些人或许会认为，动物拥有某些天赋价值，但只拥有比我们的要少的天赋价值。然而我们将再次证明，试图捍卫这种观点的努力是缺乏合理根据的。我们比动物拥有更多的天赋价值的依据是什么呢？是它们缺乏理性、自律能力或智力吗？除非我们愿意对那些具有类似缺陷的人做出与此相同的判断（否则我们不能接受这种论点）。但是，这些人——例如低能儿或精神错乱的人，事实上并不比你我拥有更少的天赋价值，因而从理性的角度看，我们也不能证明这样的观点：像他们（作为生命的体验主体）那样的动物拥有较少的天赋价值。所有拥有天赋价值的存在物都同等地拥有它，不管这些存在物是否是人这一动物。

所以，天赋价值是同等地属于生命的体验主体的。它是否属于其他存在物——例如岩石和河流、树木和冰川，我们不知道，而且也许永远不会知道。但是，我们也没有必要知道，如果我们是为动物的权利进行辩护的话。在我们确认自己是否有资格之前，我们并不需要知道有多少人有资格参加下一届总统选举投票。同样，在我们确认某些个体拥有天赋价值之前，我们并不需要知道有多少个体拥有这种价值。因而，就对动物的权利进行辩护而言，我们需要知道的只是，动物（在我们的文化中，它们一般都被我们吞噬、猎杀和用于做实验）是否和我们一样都是生命的主体，而我们确实知道，它们是这样的生命主体。我们确实知道，许多动物——具体地说是数百亿，都是我们所说的那种生命主体，因而拥有天赋价值，如果我们拥有这种价值的话。既然（为了获得关于我们对彼此的义务的最好的理论）我们必须承认，作为个体，我们拥有同等的天赋价值，那么，理性——不是感情，不是情感而是理性，就迫使我们承认，这些动物也拥有同等的天赋价值。而且由于这一点，它们也拥有获得尊重的平等权利。

以上大致就是为动物的权利进行辩护的理论的轮廓和特征。论证的大部分细节都省略了。这些细节可以在我前面提到的那本书中找到。这里我们暂且不去管这些细节，在本文的结尾部分，我必须就四个问题谈谈自己的看法。

第一个问题是，为动物的权利进行辩护的理论表明，动物权利运动是人权运动的一个部分，而不是它的敌对者。从理性的角度为动物的权利提供证明的理论，也能够为人的权利提供证明。所以，那些投身于动物权利运动的人士，同时也是那些为确保人权——诸如妇女、少数民族和工人的权利得到尊重而进行斗争的人士的伙伴。动物权利运动所依据的道德理论与人权运动所依据的道德理论是完全相同的。

其次，在勾勒了权利论的大致轮廓后，我现在可以说明这一点了：为什么权利论对饲养业和科学提出的潜在要求既是明显的也是不妥协的。就把动物应用于科学而言，权利论提出的是绝对的废除主义观点。实验动物不是我们的测试器，我们不是它们的国王。由于我们是——一贯地、有计划有步骤地这样地对待这些动物，就好像它们的价值可以归结为它们对其他存在物的有用性似的，所以我们总是一贯地、有计划有步骤地以缺乏尊重的方式对待它们，从而一贯地、有计划有步骤地侵犯它们的权利。不论把它们用于琐碎的、千篇一律的、毫无必要的或不明智的研究项目，还是用于那些确实有望给人类带来利益的研究项目，都是如此。我们不能够证明，出于类似的理由而伤害或杀害一个人（例如我的姑母比阿特丽丝）的行为的合理性。我们也不能证明，出于类似理由而伤害或杀害哪怕是像实验老鼠这样低等的动物的行为的合理性。权利论所要求的，不仅仅是改进或减少实验，不仅仅是更大、更干净的笼子，不仅仅是更慷慨地使用麻醉药或取消多部位外科手术，不仅仅是对动物实验体系的修修补补。权利论要求的是取消动物实验——完全取消。就把动物用于科学而言，我们能做的最好事情就是停止使用它们。根据权利论，这就是我们的义务所在。

权利论对商业性的动物饲养业所持的也是类似的废除主义观点。这里根本性的错误不是动物被关在难受而拥挤的圈里，或被单独地关在圈里，也不是它们的痛苦和不幸、需要和偏好被忽视或低估了。当然所有这些都是错误的，但不是根本性的错误。它们是那个更深层、更系统的错误［即允许我们把这些动物当作缺乏独立价值的存在物、当作我们的资源（事实上是当作一种可再生资源）来看待和对待的制度］的症状及其结果。给被饲养的动物更多的空间、更自然的环境、更多的伴侣，这并不能改正那个根本性的错误，就像给实验动物更多的麻药、更干净的笼子并不能改正用动物做实验这一根本性的错误一样。只有完全取消商业性的动物饲养业才能改正这一根本性的错误，正如道德所要求的（出于类似的原因，我在此无法详细展开）无非是完全禁止商业性和娱乐性的打猎和捕兽行为。因此，正如我所说，权利论的含义是明显的，而且是毫不妥协的。

我的最后两点是关于哲学，即我的专业的。十分明显，哲学不能代替政治行动。我在这里以及其他地方写下的文字本身并不能改变现实。只有我们的（以这些文字所表达出来的思想为指导的）行动——我们的活动，我们的行为才能改变现实。哲学能够做的，以及我力图做的，无非是对我们的行动目标做出说明。而且它说明的是为什么要这样做，而不是如何去做。

最后，我想起了我的一个很有思想的批评者，即我在前面提到的那位批评者。他批评我"过于理智"。确实，我是很理智的：间接义务论、功利主义、契约论——这些观点的内容几乎都是由深层的激情构成的。但是，我还想到了我的一个朋友曾放在我面前的另一个形象——表现有节制的激情的女芭蕾舞演员的形象。长期的辛劳和汗水、孤独与练习、疑虑与劳累，那是对她的技能的训练。但是，这里也充满激情：她有一种强烈的冲动，想出人头地、想通过身体来表达内心的感情、想表达得恰如其分、想震撼我们的心灵。这就是我想留给读者诸君的哲学形象：不是"过于理智"，而是有节制的激情。关于节制的问题我们已谈够了，现在我们来谈谈激情。曾有多少次（而且这种事情经常发生），当我看到人类掌握着其生杀大权的动物身陷苦境或读到听到这类报道时，我的眼泪就止不住地流下来。它们的痛苦、它们的不幸、它们的孤独、它们的无辜、它们的死亡，这些都令我感到生气、愤怒、可怜、遗憾、愤慨。整个造物界都在我们人类施加给这些沉默而孤弱无助的动物的罪恶的重负下呻吟。是我们的心灵，而不是我们的大脑，要求结束这一切，要求我们为了它们而扫除那些支持着我们对它们的全面压迫的习惯和力量。正如书中所言，一切伟大的运动都要经历三个阶段：讥笑、讨论、接受。正是这第三个阶段——接受的实现，既需要我们的激情，又需要我们的克制；既需要我们的心灵，又需要我们的头脑。动物的命运掌握在我们手中。愿我们每个人都为上述目标的实现做出自己的贡献。

（选自［美］汤姆·雷根《为动物权利
辩护》，杨通进译）

第十五讲　走向植根于本土文化的环境伦理

[美] 尤金·哈格洛夫

哈格洛夫（Eugene Hargrove, 1927—2015）美国著名环境伦理家，曾先后任教于新墨西哥大学和佐治亚大学，1990 年至今在北得克萨斯大学哲学系任教，1997—2004 年任哲学系系主任。哈格洛夫于 1979 年创办了国际环境伦理学最具权威的杂志《环境伦理学》，并担任该杂志主编至今；他还于 1989 年在北得克萨斯大学创办了美国第一个也是目前影响力最大的环境哲学研究中心。除《环境伦理学基础》外，哈格洛夫还主编了《宗教与环境危机》《超越地球飞船：环境伦理学与太阳系》《动物权利与环境伦理论争》。哈格洛夫教授曾于 2004 年、2005 年来华进行学术交流。

走向植根于本土文化的环境伦理

[美] 尤金·哈格洛夫

【编者按：哈格洛夫认为，特定的环境伦理基于不同的文化传统。只有在文化的相互借鉴中，当环境伦理以其自身缓慢的节奏发展时，一种单一的、普世的、国际的环境伦理最终才可能出现。这种普遍的环境伦理不会是某位哲学家或某一哲学家群体的发明，而只能是不同文化中的人们所接受和实践的、与各自本土文化相适应的环境伦理。】

一、学院型环境伦理学的产生

学院型环境伦理或环境哲学基本上起源于英语国家，特别是美国和澳大利亚。最早详细讨论哲学与环境的著作是 1972 年约翰·柯布（John B. Cobb, Jr.）的《是否太迟？一种生态神学》，其关注的焦点是宗教，同时也包含大量的哲学研究。澳大利亚的理查德·劳特利（Richard Routley）撰写了第一篇环境伦理的论文《需要一种新的、环境的伦理吗？》，并在 1973 年第五届世界哲学大会上宣读了该论文。这篇论文引发了另一位哲学家约翰·帕斯莫尔（John Passmore）写了整本书来回应，他在《人类对大自然的义务》一书中驳斥了劳特利的观点，并试图阻止创立环境哲学这一单独的研究领域。

以上三位学者都深受同一篇文章的影响，即莱恩·怀特（Lynn

White）于 1967 年发表在《科学》杂志上的《我们生态危机的历史根源》。该文将基督教视为环境危机的罪魁祸首，并指出西方人需要"发现一种新的宗教，或者对旧宗教进行反思"[1]。莱恩·怀特的观点开启了长达十余年之久的关于基督教责任的论争，至今也没有平息。这场争论对比较环境哲学乃至整个比较哲学都产生了消极的影响。当我准备编辑一本名为《宗教与环境危机》的论文集时，我需要寻找一些来自亚洲的论文，但很难找到。最终我不得不重印了《环境伦理学》杂志上发表过的一篇有关道家思想的文章，尽管连作者本人都认为他的这篇文章跟宗教没有多少联系。[2]直到三年后，亚洲与比较研究协会组织了一系列的专题讨论会，并在此基础上由克利考特（J. Baird Callicott）和安乐哲（Roger Ames）出版了论文集《亚洲传统思想中的自然：环境哲学论文集》，自此比较环境伦理的研究状况才有所好转。

柯布和帕斯莫尔都对莱恩·怀特论争倾注了大量精力。柯布认为，一种新的基督教是可能的，非西方宗教在应对环境问题方面并不比基督教更加有效。如在他的书的副标题《生态问题与西方传统》所显示的那样，帕斯莫尔认为，更普遍地讲，非西方传统与西方传统不相容，因而不存在一种能够延续西方传统的替代方案。他写道：

> 伦理……不是那种能够简单地决定要有的东西；"需要一种伦理"绝不像"需要一件新衣服"那样。一种"新的伦理"只能从现有的态度中生发出来，否则就根本不会产生。[3]

帕斯莫尔的说法有些言过其实，因为我们很容易想到某些偶尔发生

[1] Lynn White, Jr., "The Historical Roots of Our Ecologic Crisis", *Science* 155 (1967): 1203.

[2] Po-Keung Ip, "Taoism and the Foundations of Environmental Ethics", *Environmental Ethics* 5 (1983): 335-343.

[3] Passmore, *Man's Responsibility for Nature: Ecological Problems and Western Traditions* (New York: Scribner's, 1974), p. 56.

的跨文化借鉴的事实，但他的说法代表了当时在哲学家、历史学家和其他领域学者中普遍持有的一种观点，即西方传统正面临着被不恰当的非西方传统所取代的危险。

但实际出现的危险恰恰相反，西方的做法和价值观更加频繁地出现在非西方文化中，且经常造成十分糟糕的后果。例如，1962年，西方人在乌干达一个名叫 Ik 的部落所居住的地方创建基代波河谷（Kidepo）国家公园，由于西方理念中的公园是没有人的地方，该部落被迫搬离了公园。但是，重新安置造成了极为严重的饥荒，给部落的社会和文化生活带来了毁灭性影响，整个部落传统几乎全部瓦解。柯林·特恩布尔在其著作《山里人》中详述了这一悲剧，戴维·哈蒙在其所撰写的《文化多样性、人的生存和国家公园理念》一文中将其界定为一种跨文化问题。①

二、对西方环境伦理学的批判和反思

有关西方环境哲学对非西方国家的影响，最著名的批评也许应属印度学者古哈的那篇《极端的美国式环境主义和荒野保护：第三世界的批评》。②和 Ik 部落一样，印度人民也被以国家公园、荒野保护和为像老虎这样的动物建立保留地等名义剥夺了传统的牧场。

西方环境哲学内部对此也出现了大量批评，如女性主义和后现代批判。这些批评称西方环境哲学是帝国主义的、专制主义的（totalizing）、精英化的（essentializing）和殖民主义的。吉姆·切尼（Jim Cheney）这样解释这一问题：

---

① See Colin M. Turnbull, *The Mountain People* (New York: Simon and Schuster, 1972). David Harmon, "Cultural Diversity, Human Subsistence, and the National Park Ideal", *Environmental Ethics* 9 (1987): 147-158.

② Ramachandra Guha, "Radical American Environmentalism and Wilderness Preservation: A Third World Critique", *Environmental Ethics* 11 (1989): 71-83.

专制主义的、殖民化的话语可能源自这样一种理解，即认为概念和理论能够从一些范例中抽象出来且用于其他地方。尽管这些抽象只有在其产生的、使这种抽象获得生命的特定环境中才能够被完全理解，但在对外输出这种理论的时候，输出者可能只是根据该理论自身逻辑的一致性进行了阐释，并以某种表面上完整的形式输出和应用于各种不同的情境。但实际上，能够应用某种理论的情境应该是内在于该理论，由该理论所规定，能在其典型的环境中被清晰地抽象出来的。问题在于，即使该理论在一种新情境下取得经验和道德上的一致，但这种理论不是要为阐明新情境服务的，相反，在行动层面和主动理解新情境及相关因素方面，该理论事实上可能对新情境中某些经验维度构成了一种抑制机制，因而导致了混乱和阻碍。①

国家公园理念和荒野概念就是这种专制主义的、殖民化影响最好的例证。但它们实际上不过是美国自然保护的一种做法而已。被抽象过的对外输出的版本是将人剔除在外的一种国家公园的运行方式，但实际上至少还有另一种自然保护方式被忽略了，即美国森林管理的运行方式。这种方式并不要求因创建休闲或荒野保护区而转移人口，通常这些保护区还允许放牧。如果这种自然保护方式应用于印度和非洲，其产生的破坏性就会比较小。当然也存在着在本地发展出某种根本就不受美国或欧洲理念的方式的可能性。

某些这种帝国主义式的、殖民式的跨文化借鉴的术语反映了在不久的过去，欧洲国家对世界其他地区的军事和经济影响。当这些国家控制了非西方世界时，他们的观点、价值观和方法常常取代了那些非西方文化中的传统观念。其他一些精英化的、专制主义的术语则反映了，当某些观念剥离了其原先产生的情境，而被应用于其他地方，但却没有充

---

① Jim Cheney, "Postmodern Environmental Ethics: Ethics as Bioregional Narrative", *Environmental Ethics* 11 (1989): 120.

分意识到新情境的差异的这种对观念的抽象。当差异被忽略，各种并不相同的情境却被同等对待时，被误导的跨文化借鉴就很容易产生。[①]伯奈特和坎格瑟在《班图人心中的荒野》一文中谈及肯尼亚时指出："如果西方人从未闯入班图，荒野保护的问题最终会自己呈现出来。"但是，"西方的入侵仓促地打断了允许过剩人口将荒野改造成人类空间，使他们通过努力获得地位、财富和安全的这样一个重要的社会过程。我们有充分的理由相信，对这一过程的突然中断是当地人憎恨荒野保护区的原因，而且欧洲入侵者允许人口的迅速增长，但同时，除了越来越举步维艰地为基本生存而进行的农业生产和不断恶化的城市贫困，他们没能找到替代荒野开发的其他有效经济手段，因而使得问题更加棘手"[②]。

两位作者指出，如果班图人有机会（能够被允许）自己了解荒野的理念，他们也许会沿着西方人采取的道路最终爱上荒野，但由于建立国家公园实际上是作为殖民主义的一部分强加在他们头上的，时至今日他们仍对国家公园充满了憎恨。

即使对学校里的孩子们进行荒野价值的教育，这种憎恨也依然在延续。伯奈特和坎格瑟表明，对肯尼亚学校儿童进行的关于西方野生动植物和荒野价值观教育的努力之所以失败，原因在于教育者假设，"可以在孩子们把从家庭和社区获得的非洲观点内化之前就给他们灌输西方的观念"[③]。

三、文化情境中的环境伦理

孩子们之所以拒绝西方价值观是因为他们已经内化了非洲观点，即

---

① See "The Other and the Politics of Difference" in Jim Cheney, "The Neo-Stoicism of Radical Environmentalism", *Environmental Ethics* 11 (1989): 312-319.

② G. W. Burnet and Kamuyu wa Kang' ethe, "Wilderness and the Bantu Mind", *Environmental Ethics* 16 (1994): 160.

③ Ibid., p. 159.

使他们不能清晰地表达，但他们本能地发现西方价值观与非洲观点难以兼容。任何社会中的人都不需要任何正式的教导就会获得通俗的社会知识。当我在撰写博士论文时，我曾卷入到一场保护洞穴免受污染的政治斗争中。后来我开始对我对手观点的来源产生了兴趣，并且应用这些观点。我了解到我的对手们所持的观点与德国土地使用的传统有关，这一传统至少可以追溯到公元前100年，当罗马人第一次来到德国的时候。德国人将这些观点从欧洲大陆传到了英国，后来这一传统在英国被封建土地法所取代。但是，六百年后，这些观点在美国得到复兴，在美国大多数农村地区依然被广泛应用，且这一土地利用的传统与洛克的财产权理论相符合。[①]相反，我的观点建基于根据风景画、诗歌和小说、风景园林和生物学、植物学、地理学等博物学而来的现代的审美和科学态度。[②]在冲突中，双方都没有意识到各自观点的源头。尽管大家都在某种程度上理解对方的观点，但很难清楚地表达这些观点。而且，双方都认为他们理所当然地代表了看待这个世界的正确的方法，而对手所表达的观点是站不住脚的。

泰勒在《尊重自然》中主张，直觉根本不应该成为任何论据的一部分："由于伦理学中的直觉判断强烈地受到我们早期道德情境的影响，而且不同社会给孩子们灌输了不同的关于如何对待动植物的态度和情感，因此我们不能将我们或任何其他人的道德直觉作为接受或反对一种环境伦理的依据。"他还写道：

> 对那些我们坚信的内在信念，道德直觉是最不该依赖的理据。道德直觉与真理性或谬误性没有多大关系。实际上，依赖道德判断的倾向严重地阻碍了对真理的探索。我们会认为自己所坚信的道德

---

① Eugene C. Hargrove, *Foundations of Environmental Ethics* (Denton, Tex.: Environmental Ethics Books, 1996), chap. 2.
② Ibid., chap. 3.

信仰是正确的，而其他人的那些相反的信仰是错误的。但是他们对
自己信仰的肯定程度和我们毫无差别。除非我们能提供充分的、好
的理由来说明我们的信仰，否则我们就不能简单地认为其他人的那
些直觉的信念是错误的。[1]

泰勒建议我们忽略自己的直觉，只依靠理性（逻辑）。但这样做的
结果有好有坏，因为直觉也可能成为指引我们走向正确方向的向导，极
力避免考虑直觉很可能将我们指向错误的方向。

我和我的对手们在岩洞污染事件中所应用的那种直觉知识即波兰尼
在《默会维度与个人知识》一书中所称的"默会知识"。[2]波兰尼认为"我
们知道的比我们能够表达的要多"[3]。他指出，我们能从上千人，甚至上
百万人中辨认出一个人的脸，但无法讲出是如何做到的。同样，我们可
以在对离心力、回转力都毫无了解的情况下学会骑自行车，这些知识对
骑车基本没什么帮助。就如同关于土地使用的直觉或默会知识与出于审
美和科学的保护一样，除非深入了解这些知识的来源，否则对解决分歧
很难有帮助。例如，洛克曾就他的财产权理论声称，当个人对一块（经
过他劳动的）土地主张所有权时，他并没有不公平地对待其他人，因
为那时候可以获得的土地远比人们能够完全占用的土地要多，但这种说
法在今天显然就是错误的了。[4]同样，环境主义者们所持那些基于长达
四百多年历史的风景画、诗歌、散文、园艺、博物学等知识的审美判断，

---

① Paul W. Taylor, *Respect for Nature: A Theory of Environmental Ethics* (Princeton: Princeton University Press, 1986), p. 23.

② Michael Polanyi, *The Tacit Dimension* (Garden City, N. Y. : Doubleday and Co., Anchor Books, 1967) and *Personal Knowledge: Towards a Post-Critical Philosophy* (New York and Evanston: Harper and Row, Harper Torchbooks, 1967).

③ Polanyi, *The Tacit Dimension*, p. 4.

④ John Locke, "Second Treatise", in *Two Treatises of Government*, ed. Thomas I. Cook (New York: Hafner Press, 1947), sec. 36. See also, Hargrove, "Modern Problems with Locke's Position", in *Foundations of Environmental Ethics*, chap. 2, pp. 68-73.

也可以从一种个人的（武断的）偏好转化为接受讨论、分析和认同的具有传统的社会偏好。认识到存在一种具有四百年历史的传统对于帮助解决这一环境争议十分重要，因为那些不了解他们所代表的这一传统的环境主义者们在争议中往往不能突出自己论点的力量，连他们自己都认为他们不过是在表达一种个人的意见，而不是代表了一种每个人都在某种程度上认识到并理解的悠久的传统。

对我而言，以一种严肃的态度弄清楚我们直觉背后的默会知识并认真对待它，是比泰勒所建议的简单拒绝更好的方法。[①]如果泰勒的这一观点——直觉代表着"我们最强烈持有的内在信念"——正确的话，那么对其漠视的态度显得非常不明智。尽管单纯作为社会直觉，它们可能不具有明显的真理性或谬误性，但它们肯定是些真实存在的社会信仰，因而其实际的真理性或谬误性应该得到进一步的考量，以便更好地判断这些"我们最强烈持有的内在信念"是否具有实质性意义，是否应该在解决环境事务中被当作重要的因素考虑。

这一方法在美国尤其重要。例如，在关于土地使用的直觉与自然保护直觉的冲突中，大多数公民对这两种内在信念都认同。与忽略这些信念相比，通过明晰其背后的默会知识来检验这些信念的合法性和正确性应该是一种更好的解决问题的思路。与泰勒声称的"对真理的探索被依赖道德判断的趋势所阻碍"的说法正相反，如果道德判断不受到检视，那它们就只能成为阻碍。

许多年前，当密苏里州自然资源部部长读了我对该问题的一篇文章后曾写信给我，告诉我这篇文章改变了他在过去工作中对那些土地拥有者的看法。[②]他先前认为那些土地拥有者是疯子，但现在他意识到这些人所持的土地使用的立场也可以被理解为一种具有连续性的、理性的态

---

① Taylor, *Respect for Nature*, p. 23.

② Eugene C. Hargrove, "Anglo-American Land Use Attitudes", *Environmental Ethics* 2 (1980): 121-148.

度，尽管他们并不是这样表达的。我的文章改变了他对那些土地拥有者的理解，也增强了他与这些人谈判的意愿和能力。

但这种方法在跨文化情境中可能没有那么有效，因为在跨文化情境中，各种直觉通常基于某一文化内部的广泛的默会知识，却很难支持外来的理念或概念。大多数情况下，即便了解那些能够支持来自另一文化的理念和概念的信息，除非外来的信息恰巧以某种方式与当地传统产生共鸣，否则这些信息也会因为与原有文化缺乏兼容而难以获得充分的信服力。因此，我们可以把帕斯莫尔的观点改为一种弱化的版本，即在大多数情况下，一种新伦理会"从既有的态度中产生，否则就根本不会产生"。换种说法，按照泰勒的观点，在任何文化中，已有的传统直觉通常会成为建立一种新伦理观的"阻碍"。

默会知识的问题令我们很难想象会存在一种单一的、普世的国际环境伦理。问题不仅简单地因为帝国主义式的、专制主义的、精英化的和殖民主义的西方环境伦理不恰当的入侵，而是在于来自任何文化或国家的任何环境伦理的引入都存在障碍。如果有人试图为所有国家、所有文化创造一种环境伦理，必然会与各种地方性传统和直觉发生各种冲突，产生各种问题。当一种伦理被引入其他国家，试图对其做出调整以包容这些国家传统的努力很可能只会在取得进步的同时创造新的冲突，陷入一种新问题、新冲突不断产生的永久循环中。

我们可以相信在未来的某一天，可能会有一种单一的、普世的环境伦理出现，但试图在各地强行创造一种初步的范本，然后将其修补为最终形式的做法只能产生无尽的混乱，直到这一努力最终被取消。一种更为合理的方法也许是在各个国家现实的文化传统中发展各种独立的环境伦理。当其在某一特定社会中出现冲突时，通过解密那些制约创造环境伦理的直觉背后的默会知识以解决这些冲突。当各种环境伦理在全世界范围内普遍发展，我们可以把这些各自独立的环境伦理视为一个集合，看它们之间是否存在着某些共同的因素，然后将这些因素提取出来作为一种单一的、普世的环境伦理的草案的组成部分。

　　然而，对我而言出现一种唯一的环境伦理的可能性还很遥远，因为要实现这一目标，环境伦理的所有因素需要在世界上所有文化中代表同样的意义。这样一来，我们就将面对本质主义（essentialism）的挑战。而在我看来，我们所能期望的最好的结果可能是如维特根斯坦所谓的"家族相似"①。维特根斯坦以术语游戏为例指出，不存在某一种能够使游戏成为游戏的特征。我们最多能够建构一组特征，包含其中的某些特征能够成为将某一特定活动称之为游戏的理由。根据家族相似概念，两个都被视为游戏的活动可能不具有任何相同的特征，而不是说二者具有该组特征中的不同特征。

　　尽管也许我们永远都不会拥有一种单一的、普世的国际环境伦理，但我们最终可能创造一个环境伦理家族。认可这样一个目标也许是我们前行的一种更好的选择，因为这样一来我们仍可以进行跨文化的借鉴，只不过不是将一种文化强加于另一种文化。即使在特定情境下跨文化借鉴没能发生，也应该意识到其他方法对环境伦理来说并非都是阻碍，因为认可其他方法也有可能有助于促进变革和进步。

　　最后，寻求一个环境伦理的家族并非必然地排斥创造一种单一的、普世的环境伦理，因为如果有可能创造一种普世伦理的话，那么寻找一个伦理的家族很可能是实现这一目标的一种压力较小的方法。尽管实现这一目标时，我们这些当代人很可能都已经不在了。

（选自［美］尤金·哈格洛夫《是否且
应该存在单一的、普世的、国际的环境伦理》，
郭辉译，原载《南京林业大学学报》2013
年第1期）

---

① Ludwig Wittgenstein, *Philosophical Investigations* (New York: Macmillan Company, 1953), para. 66-67.

第十六讲　自然的终结

[美] 比尔·麦克基本

比尔·麦克基本（Bill Mckibben，1960— ），出生于美国的麻省，美国著名的环保主义理论家，他在《纽约人》《纽约时报》等报刊发表的数百篇有关自然的论文在美国引起了巨大的反响，他广博的知识以及在哲学、自然科学方面的造诣，确定了他在环保科学领域的重要地位，被认为是与梭罗、卡逊齐名的环保作家。20 世纪 80 年代以来先后出版了《信息遗失的时代》《可能是一个：关于小家庭的个人与环境讨论》等多部论著。《自然的终结》是其中最有影响的代表作。

自然的终结

[美] 比尔·麦克基本

【编者按：麦克基本认为，随着科技的进步，人类获得了统治地球的权力。人类驯服了整个地球，驯服了地球上的所有生物。然而，这一过程也伴随着悲哀。我们再也找不到原初的自然，只能生活在枯燥的、人工合成的未来之中。】

核武器的发明可能真正地标志着自然终结的开端。终于，我们拥有了征服自然的能力，在一瞬间，在世界上的每一处都将留下难以磨灭的痕迹。"在通常情况下，核危险看起来不同于其他类型的对生命形式和生态系统构成的威胁，可是事实上，核危害却是生态危机的最核心部分，诸如使喜马拉雅山瞬间笼罩在乌云当中，不过是各种可以想见的破坏自然的形式中的一种。"约纳坦·斯切尔（Jonathan Schell）在《地球的命运》（*The Fate of the Earth*）一书中这样写道。他说得很对，在他写这本书的时候（大约是不到十年以前），人们还很难相信会有规模和范围如此之大的威胁存在。对于大多数人来说，全球变暖还是一个十分模糊的理论，核武器却是无可匹敌的（直到现在他们依然这样认为，但愿这仅仅是一个认识快慢的问题）。可是，核武器的两难状态至少为人类的理性开启了一条通道：我们可以不投下核武器，我们也可以事实上减少核武器或在根本上清除核武器。核武器力量的可怕，曾在日本、比基尼岛、内华达州的地下，也无数次在我们心中，得到了充分的证实，这使得人类能够慢慢地朝着这个充满希望的方向努力。

相比较而言，各种各样的导致自然终结的过程远远地超乎人们的认识。例如，只有为数不多的人晓得二氧化碳将使这个世界变暖，在相当长的时间里，他们很不成功地尝试着说服我们。现在，这一切已经太迟了——还不太晚，在我对这个问题进行阐释的时候，使已经发生的某些变化得以改善，我们或许可以避免更加可怕的后果。但是，科学家们认为，我们已经向大气中排放了足够多的气体，以至于气温明显地升高，天气的最终改变将是不可避免的。

究竟是如何不可避免，我们不妨看一下一些科学家为挽救我们而提出的补救措施——这不是补救措施，诸如削减矿物燃料的消耗、保护热带雨林等措施，只不过是使事情不至于变得更坏，而不是使自然恢复到应然的状态。可是，答案却是，这些措施有可能使自然恢复"正常"。有人提出的一种最自然的方法，就是大量地种树，以便把二氧化碳从大气中清除出去。这一论点可以用实例来说明：假设一个全新的燃煤发电厂，它的发电能力是 1000 千瓦，热效率是 38%，设备利用率在 70% 以上，为了抵消它产生的全部二氧化碳，就得在它周围半径为 24.7 公里的范围内，以 4 英尺的间距全部种上美国大枫树（一种速生树种），而且要每四年"收割"一次。要达到这样的生长速度是完全可能的，一位政府方面的森林专家对国会议员们说，运用现代的遗传技术，合理间隔、剪枝、除草，加强防火和病虫害防治，施肥、灌溉，树木的年净生长率将"远远地高于现在的生长率"。即使这项建议真的被付诸实施，这些人造林难道就是自然吗？当在被等距种植的漫无尽头的大枫树林里漫步的时候，头上徘徊着除草剪枝的机器，脚下是静静流水的灌溉管线，我大脑中怎么还会有自然的意识。还有一些十分古怪的建议。《纽约时报》表述了一个从普林斯顿大学托马斯·斯蒂克斯（Thomas Stix）的大脑中跳出来的一个"富有远见的想法"：他提出了这样一种可能性，即在氯氟烃达到臭氧层之前，用激光把它从大气中"擦洗"掉。斯蒂克斯博士计算出，一排红外激光每年可以清除大约 100 万吨的氯氟烃，他称这一程序为"大气工程"。随后，亚拉巴马大学的一位化学工程师列昂·赛德勒（Leon Y. Sadler）又提出建议，雇用几十架飞机把臭氧运送到同温层（还有人建议持续不断地发射冷冻的臭氧"子弹"，它们在进入大气以后将会融化）。为了解决变暖问题，哥伦比亚大学的地球化学家瓦拉斯·布鲁埃克（Wallace Broecker）还提出，用几百架巨大的喷气机组成编队，逐年把 3 亿—5 亿吨的二氧化硫运送到大气中，以便把更多的阳光从地球反射回去。还有一些科学家建议发射一种"用薄膜制成的巨大的人造卫星"，在地球上方形成阴影，通过这种不定向反射的方法抵消温室效应。一些实际的问题有可能阻碍这些方案的实施。例如，布鲁埃克博士曾经承认，向大气中注入大量的二氧化硫将有可能增加酸雨，也会"使蓝色的天空变成白蒙蒙一片"。这些方案也许正在付诸实施，也许，正如布鲁埃克博士指出的那样，"一个理性的社会需要为保持一个可以居住的行星而制定若干种保险政策"。但是，即使这样的建议付诸实施，即使我们这颗行星仍然是可以居住的，这也不是本来意义上的自然。在几何形状的卫星云庇护下，下午白茫茫的天空将转变为激光交叉的薄暮，我们没有任何一种办法能够重新组装自然，我们也确实无法听从某位专家这样的建议：为了增强地球的阳光反射率和使气温变冷，用漂浮在海面上白色的泡沫圆片覆盖大部分海洋。

有一些人，也许有很多人，对于他们来说，人类与自然的诀别并没有什么。两年以前，一个由行政部门的工作人员组成的小组，到哥伦比亚境内的一条河去漂流，一场意外使他们之中的五个人丧生以后，其中一个生还者对记者说，这个组织已经把这条河看作"一种人工的可滚动河岸"。自然已经成为我们的一种嗜好，一个人喜欢室外活动，另一个人喜欢烹调，第三个人却爱好在互联网上进入军用计算机。20 世纪 70 年代，人们对于自然的兴趣不断地膨胀，现在可能冷却了些许（1983 年以来，申请到国家公园徒步旅行和露营的人数已经下降了一半，不过申请驾车穿行国家公园的人数还在增加）。我们对于自然的心理需求已经变得那样的肤浅。对于我们中的大多数人来说，除去作为一种景色以外，季节已经与我们没有什么关系，在我居住的县里以及我们这个国家的许多地方，农业收获物交易的集市大都发生在 8 月下旬，在此期间人们手中的闲散资金依然在迟缓地流通。为什么在收获的季节里，我们每个星期都要赶着马车去采购，以便用这种方式去庆祝丰收？我是一个在城郊长大的孩子，尽管我生长在荒野的边缘，但是，我对于自然界却没有很深的理解，我可以开着车子旅行数百英里，却认不出田里长着的是什么庄稼，当然苞谷除外。即使是那些农民，对于他们周围世界的感觉也很迟钝。作家文德尔·贝里（Wendell Berry）引述了一个新型拖拉机广告中的这样一段话："外面，尘土、噪音、酷热、烟雾；里面，一片寂静、舒适、安全……驾驶员把驾驶室内的空调调到他喜欢的温度……他按下收音机或立体声录音机的按钮聊以自娱。"在我订阅的报纸上，似乎每周要刊登满满一版的广告，一个陵墓经营者在广告里说了这样几句比哲学还有哲理的话："在地上，清洁地埋葬，不在地下与土壤中那些讨厌的元素相混。"他的四个"清洁、干爽、文明"的椭圆形墓顶已经全部卖了出去，第五个正在建造。与此同时，我们还都活着，我们在关注着一项自然计划，在奥马哈市互助保险基金会（Mutual of Omaha）的资助下，观察着乌贼鱼和角马。当然，我们也关注着洛杉矶的法律。

然而，如同任何一种比较大的观念流逝一样，当我们知道自然已经离我们而去的时候，或迟或早，对我们的意识将会产生一定的影响。早在 1893 年，当弗雷德里克·杰克逊（Frederick Jackson）对美国历史学会声明处女地正在消失的时候，还没有人晓得处女地是美国人生活中的重要力量。可是，当处女地已经不复存在的时候，人们才真正地理解了它的重要。其原因之一就是人们对于自己周围的自然界是这样地缺少关注，它一如既往地存在，我们也假设它将来还会存在。当它消失以后，它基本的重要性便一目了然了，这和那些日常生活中从不想起他们的父母，只有在为父母举行葬礼的时候才有了异样的感受的人是一样的。

面对自然的终结，我们的感受如何？我想，有多种方式。如果自然的意义就是巴特拉姆（Bartram）因清新流畅的自然之美而产生的快慰的话，自然的消失就是人类遍布世界各地的脚印的悲哀。不过，如同一个人的死去一样，自然的终结也不是简单的消失，在原有的各种关系的作用下，也将会有一些新的关系发生。自然的终结本来是可以避免的，由于这一特殊性所致，自然的终结将引发一些十分深奥的问题，这些问题是不可能由一个行将就木的人提出来的。

首先，我想应该讨论一下上帝。把自然的事实与上帝联系起来，并且径直地探讨它的形而上学的意义似乎难以理解，不过，如同我们所知道的那样，自然不仅是一种存在，更重要的也是一种意识——在某种意义上说，自然也是与上帝联系在一起的。我不想走得更远，因为我并不是一个神学家，我也不知道在上帝那里我的意义是什么（或许某些神学家可以为我解开这一难题）。

在现代社会，宗教已经在衰落，这绝不是文学层面上的观察。尽管近年来原教旨主义有所抬头，但是宗教信仰危机却依然在继续。许多人，包括我自己在内，都或多或少地离开了原有的宗教信仰而把上帝置于自然的位置上来理解。从季节的变换、从自然的美、从不可改变的衰朽与生息……从整个自然界，我看到了许许多多永恒的一瞬、美妙的设计和慈悲之心。当然，除此以外还有其他一些符号，如人与人之间无私的爱，可是这些或许是不可靠的，它如同白驹过隙那样短暂，而不是自然所宣示的永恒。这似乎是一种陈腐的观念，可它恰恰是我的观点。我们知道，最初，人们观念中的上帝都是动物，老虎、鸟类或者是鱼，从古代的文化遗址、原始图腾和人类早期的宗教壁画中可以清楚地看到上帝的体态和面貌。

尽管随着时间的推移，我们开始赋予上帝人的形象，但是我们对上帝的感觉却依然依附于森林、田野、鸟类和狮子，这也正是我们为什么会因为人们对环境的"亵渎"而感到悲伤的原因。我是一个相当传统的卫理公会的教友，我每个周日都到教堂去做礼拜，这是因为，我们的团体对此十分重视，因为我在犹太人历史和福音书中发现了意义，因为我喜欢唱赞美诗。但是，我感觉中的上帝并不是存在于"上帝的房间里"，而是存在于他的室外，存在于阳光普照、松针满目的山坡上，存在于激流拍岸的浪花里。那些无知的人们却把那里设计为神秘的地方——原罪、赎罪、转世等等——这些最终都不存在了，只有善与爱的意识依然在现实的世界上发挥着作用。

或许这种情感在都市时代已经淡化了，现在，大多数的人们是通过基督教广播网来理解上帝的。虽然这没有什么关系，但是，上帝却是一种关于自然的意义——它对于古代人虽然没有什么影响，但是极大地影响了美国那些伟大的博物学家，他们使我们对自然界的理解超过了野生物质资源和濒危动物家园的层次。"现在我们使用自然这个词远远多于我们的父辈对于上帝这个词的使用。"约翰·布鲁斯在世纪初这样写道："我假设，如果再回到他们那个时代的话，我们之中所有人都会认为那无所不在的伟力以及在这种力量作用之下的宇宙都是由上帝支配和培育的。"对此，他进一步补充道："没有哪一个无神论者和怀疑论者关注这方面的知识。"自然是真实的，梭罗说：与《天方夜谭》里面的故事不同的是，人类能够自我调节，"在现代，上帝已经达到了他的顶点，伴随着时光的流逝，他已经永远不会变得更加神圣。通过我们周围真实的自然持续不断地灌输和浸润，我们已经能够完全地理解庄严与崇高的意义"。这种浸润可以来自于瓦尔登湖的森林，但更多的是来自于真实的自然。在去往克大定山（Katahdin）的旅途上，梭罗环视了几英里范围内未被割过的草地之后说："也许在康科德野生松树林里，在铺满树叶的林地上，都曾经有过收割机的痕迹，也曾有农夫在那里种植过谷物，可是在这里，甚至是地表也未曾被人们触动过……这是上帝用来塑造世界的标本。"地球是上帝神圣目的的博物馆。

然而，简单地说，我们把上帝理解为自然，仅仅是一个开端。这可能是真实的，如同一个神秘主义者所指出的那样，许多人在他们的生活的某一时刻，都被自然之美引领到了一个"高尚的精神境界"，在这种意识里，"每一片草叶看起来都有着强烈的意义"。可问题是：它的意义是什么？"全部的自然。"另一个生活于一个世纪以前的神秘主义者回答道："这个意义就是上帝用来表达思想的语言。"很好，但是上帝的思想又是什么呢？

首要的一课就是，世界显现着一个十分可爱的程序、一个与它的复杂性相适应的程序。也许这一适应性的最动人的部分，在于它的永恒——那种认为我们属于某种事物的组成部分的观念，而这一事物的根向后延伸多远，它的枝权就将向前伸出多远。清纯的人类生活只能部分地实现某种不朽的愿望。作为个人，我们可能会感到极度的孤独，我们可能没有孩子，或者我们可能没有注意到他们是怎么出生的，或者我们没有通过我们的双亲很好地追忆我们自己，我们之中的一些人可能还是悲观厌世者，或者无法感到我们自己生活的重要性，简而言之，就是匆匆忙忙地走向终极的空虚。但是，地球以及它全部的过程却在延续，太阳哺育着植物，动物以这些植物为食，动物的肌体腐烂以后，为更多的植物提供新的养料，这可以称之为一个循环圈。这个过程赋予我们一个持久的角色，诗人罗宾逊·杰弗斯（Robinson Jeffers），一个深切地关注着人类的环境的悲观主义者，曾经写道："在我看来，人、种族、岩石和星星，它们都在改变，在成为过去，或者在死亡，它们之中没有哪一个具有单一的重要性，它们的重要性仅仅存在于整体之中……在我看来，只有这个整体才值得我们付出深深的爱，至于现实的和平、自由，我可能会说是某种类型的奴隶制……"约翰·缪尔（John Muir）对这种观念作了最好的表达。他出生在一个信奉加尔文教的家庭里，父亲用皮带帮助他记住了《圣经》，缪尔最终逃到了森林里，到加利福尼亚内华达山脉的约塞米蒂河谷中去旅行。在他第一个夏季的日记里，记述了在秀美的环境中产生的令他屏住呼吸的喜悦。在这山岭中度过的7月里，日复一日，"这是我生命中最伟大的完整的一个月"。他使用了不朽这个词，用一种特殊的方式使用了这个词，即在他的想象中把这个词与父亲的严厉与自私的宗教相对照。在那些山冈上，时间终止了，因而显现了它的正常的意义："这是另一个愉快的山岭中的一天，在这一天，一个人就好像是溶解在自然里，被推向我们毫无所知的远方。生命看起来既不漫长，也不短暂，和树木、群星一样，我们无须注意节省时间，也无须注意浪费时间。这是真正的自由，一种可以很好地实践的不朽。"在这样的心境里，空间的界限也和时间一样瞬间消失了，"我们站在一座高山之上，现在它已经溶进我们的身体里，使我们每一根神经都平静下来，它填充了我们周身的每一个毛孔、每一个细胞，在我们周围秀美的自然衬托下，我们肌骨的每一处似乎都变得像玻璃一样清澈透明，浑然是它不可分离的一部分，在阳光的照耀下，与空气、树木、溪流、岩石一起颤动——这是自然的一部分，既没有年老，也没有年轻，既没有疾病，也没有健康，只有不朽"。

于是，所有这一切都依然保持着些微模模糊糊的、超凡的意境。在布鲁斯、缪尔、梭罗那里，上帝没有名字，也没有信条。这就是我们许多西方人模模糊糊的上帝观念的归宿，这和其他人把上帝的意义至为明显地归结于他们的好恶是一样的。事实上，在我们占主导地位的犹太—基督教传统中，人们所说的有关自然的一切通常都是反自然主义的，这种观念把人置于其他万物之上。《创世记》的故事以及它所表达的强调主权的观念（"填充地球并且征服它，拥有高于海里的鱼、天上的鸟和地上一切可以移动的生物之上的主权"），这成为人们砍伐森林、在每一处野生地带修起四通八达的道路、消灭蜗牛和鳔鲈飞鱼的完美的理由。约瑟夫·坎贝尔（Joseph Campbell）说，基督教传统属于流动人群的"社会本位方法论"，它与农耕社会的自然本位方法论是相对的，所以，我们控制了自然，或者正在尝试着这样去做。莱恩·怀特（Lynn White）在环境运动高潮时期撰写的一篇很有影响的论文中说，基督教对于生态危机承担着无限的罪责。为了理解他的这一说法的意义，有必要到犹他州去旅行一次，这个州的一个座右铭是，"工业"与摩门教友已经制订了一个伟大的征服自然的计划，只有传教士才热衷于征服自然，才能有在如此贫瘠、干旱、险峻的地方建立起众多城镇的动机。

不过，基督教对于奴隶制也有着长长的壁垒。当然，人们从经文中至少可以得出这样一种观点，即《圣经》在鼓励土地掠夺的同时，也支持动产奴役制。这种观点实际上出自于对《圣经》中一个短小段落的狭隘理解。当通读了全部的《圣经》以后，我想，相反的信息就将产生共鸣，尽管我们是慢慢地获得这方面信息的。因为《创世记》的每一个段落都是韵文，它劝告人们节制、热爱大地。近年来，不少神学家指出，《圣经》要求人们小心翼翼地"管理"这颗行星，而不是漫不经心地征服；在给予人类在地球上的主权以后，上帝立即命令人类必须"养育和保持它"，但实际上，我想，这部经典的含义要比这深刻得多。在《旧约》中有许多处，特别是在《约伯记》中，记述了有关自然的最深入的答辩之一，就是自然在人类的控制以外。这一观点植根于我们的心中，它告诉我们自然的流失对于我们来说意味着什么。

当然，约伯（Job）是一个正直与成功的人。魔鬼与上帝打赌说，约伯的虔敬是因为上帝保护他成功，如果使他破落，他将会诅咒你。上帝同意打这个赌，于是，约伯很快就生活在一个小城镇边上的粪堆上了，他的身体生满毒疮，他的孩子们死去了，他的畜群被抢光了，他的财产散失了。他拒绝诅咒上帝，却要求与上帝会一次面，以便解释他的不幸，他不肯接受那些正统的朋友们为他所作的解释，即他犯了潜罪，所以才受到惩罚。他们的观点在地上所有人中间很为流行，每一个结果都可以用人的行为来解释，约伯并不满足于此，他知道自己是无罪的。

上帝终于来了，一个声音从旋风中传了过来。可是，他没有进行深奥、抽象的议论，而是谈起了有关自然的尺度、有关具体的创造物的话题。"当我奠定了地球的基础的时候你在哪里？"他问道。在一首精美的诗篇中，他列举了自己的成就，他为自己的创造而感到自豪。当他"为海安上门和门闩的时候"约伯是否在这里？约伯不在。所以，约伯就很难理解这许许多多的奥秘，包括雨为什么会落在"没有人生活的地方，去满足荒凉的废弃物的需要，使荒草生长在地面上"。上帝似乎是在强调，我们并不是宇宙的中心，如果在没有人类生活的地方降雨的话，他会感到很高兴——上帝深为那些没有人居住的地方而感到幸福，这根本不同于我们那些根深蒂固的观念。

在《约伯记》的最后有对于河马和鳄鱼的描写，这两种动物是上帝创造并受到上帝压制的。"现在看一看河马，"上帝大声地说，"它像牛一样地吃草，看哪，它的强健在它的腰腹，它的力量在它腹部的肌肉里，它摇动的尾巴像香柏……它的骨头像黄铜管，它的四肢像铁柱……看哪，如果河水泛滥它不会颤抖，约旦河水涨到嘴边，它也照样安然，在它警觉的时候，有谁能够捉到它，谁能把它困在牢笼里，刺穿它的鼻子。"显然，答案是不。这一段虽然没有直接地解答约伯的不平，但是却告诉我们，人类不能从自己的观点出发去对待任何事情——也就是说，自然并不是我们的征服物。

尽管西方世界的大部分是按照它自己引为自豪的方式发展的，可是还是有一些人理解了这段话。在基督使徒中，没有一个人比阿西斯的弗兰西斯（Francis of Assisi）更可爱，我们每个人都有一个关于他的想象，通常他是一个穿着棕色长袍、肩上和手上站满了鸟的人。他作为牧师的洞察力并不是空前的：因为至少在教会的最初的五个世纪里，占统治地位的基督教符号是有好牧师象征的基督，而不是十字架上的基督。我们假定弗兰西斯对自然的重要性的理解与我们有某种不同——因为水是用于洗礼的，他的传记作者威廉·阿姆斯特朗说：弗兰西斯在偏离了他倒空洗礼盆的地方的时候，就会感到疼痛。不过，他的这一意识并不足为怪：正是因为是上帝使耶稣显现了人形，所以，他也就使他自己代表了鸟类、鲜花、河流和鹅卵石，太阳和月亮，空气的清新。他手里拿着一只小鸭子，在《圣波那文彻》（Bonaventure）中记述道，弗兰西斯沉浸于宗教的喜悦之中，"他注视着公正的事情，而他就是最大的公正"。

于是，野生的自然便成为我们认识上帝，甚至讨论他究竟是谁的一种方式——这与《约伯记》中上帝谈论他是谁的方式一样。否则事情会是怎样？人类所不能及的世界是什么？或者它曾经是什么？在另一个空间里有一个神灵能够自由地支配一切吗？赞美诗集中的每一首赞美诗与人类未曾触及的自然之间所产生的共鸣绝不是偶然的，"你们周围的快乐陪伴着你们每个人去工作，地球与天国反射着你们的光芒"，我们伴随着贝多芬的《欢乐颂》歌唱着。绵羊、收获物以及《圣经》中的其他主题并不仅仅是一种暗喻，它们同样也是地球古老的真实，它蕴含着为人类所仰赖的存在于他们身边的生命和自然的意义。"我们耕耘着土地，播撒着良种，但却是上帝的万能之手供养和滋润了它们，它送来了冬季的飞雪、使种子复苏的温暖、和风与阳光、清新的细雨。我们身边一切美好的赠礼都来自于天国。"

那么，基于我们对上帝与人的理解，我们所认识到的自然的终结又意味着什么呢？重要的是我们应该记住，自然的终结并不是类似于地震那样的非人为的事件。这是由人类一系列的有意或无意的选择引发的：我们终结了自然的大气，于是便终结了自然的气候，尔后又改变了森林的边界，等等。通过这些，我们展示了一种在以往被认为是超凡入圣的力量（这如同我们通过基因工程改变生命那样）。

我们作为自然界中的一族，已经变得不可置信地强大——极其强大。在某种观念中，我们是与上帝等同的事物，或者至少是他有能力摧毁天地间万物的对手。当然，这种观念在很早以前就形成了。"我们已经越来越无法看到我们自己在万物中的微小，部分的原因是人们认为我们可以量化地理解自然界，另外也是由于我们自己正在成为机械产品的创造者，使得我们在自我感觉上被极度地放大了。"散文作家文德尔·贝里这样写道，"何以如此？总之，当一个人站在楼顶上时，他的目光所及与站在山巅同样远时，他还会为高山而感到兴奋吗？坐在飞机上看得更远呢？坐在宇宙飞船上又会怎样？"我们的原子武器已经显而易见地创造了一种可能性，即我们可以使用类似于上帝的力量。

但是，可能性并不等于事实。实际上，我们看起来已经意识到了核武器的拖累，于是我们开始向回走，一场没有先例的限制行动，尽管在已经发生了大规模改变的自然界里，我们从未表现出如此的胆怯。巴里·洛佩斯（Barry Lopez）报道说，尤比克爱斯基摩人（Yupik Eskimos）认为我们西方人是"改变了自然的人"，因此对我们感到"怀疑和恐惧"。当改变自然不过就是给自然制造一个小小的装饰的时候，于是我们就会看到一条水坝横过一条河流——这只会提出很少一些哲学方面的问题——特别是在那条河流是一条美丽的河流的时候，它会提出些许哲学问题，但是这并不是主要的问题。当改变自然就意味着改变所有的事物的时候，随之而来的就是一场危机。现在，无论我们喜欢与否，我们都对自然的改变负有责任。作为与上帝相似的物种，我们的手已经伸遍了全球。

可是上帝并没有制止我们，如果世界上有或者曾经有一种和上帝一样永恒和神圣的东西的话——至少包括他的追随者，他们也许能够这样做。如果上帝完全同意我们的所作所为，这是我们的命运。上帝并没有赞同我们所做的一切，可是他对于我们的所作所为却是无能为力的，这或者是由于他自身的软弱，或者是因为他按照自由的愿望创造了我们，或者上帝没有兴趣，或者他不在，或者他已经死了。

当然，"上帝死了"并不是一种新说法，很早以前，尼采就说上帝已经死了，自从大屠杀（Holocaust）以后，许多人接受了尼采的观点。这与我所说的自然的终结，并不是可以相互比较的事件，后者是一种意识，就像人们所说的"处女地消失"一样，至少在提出这一说法的那一刻，物质上的真实只不过是其次的。但是它们却有着极其相似的信仰破灭的效应，对于那些把自己的信仰建立在上帝与以色列人之间的契约基础上，确信上帝能够保护他们的诺言的人来说，大屠杀摧毁了他们的信仰，或者在根本上使他们的信仰发生了改变。犹太思想家、神学家马尔·塞利斯（Mar Cellis）写道："大屠杀说明了上帝与人、上帝与团体、上帝与文化之间的关系，大屠杀给我们的教训是，人类是独立存在的，在人类的生活中，只有人类的团结才有意义。"（当然，人类的团结也将永远地受到大屠杀之类的问题的困扰。）出于同样的情形，对于我们之中那些把上帝定位于自然的人来说，当我们把春天当作上帝存在的标志，或者认为春天是上帝的某种暗示的时候，原有的春天已经被我们破坏了，它已经被我们用我们自己设计的新的春天取代了，这又说明了什么？为什么上帝没有制止我们？他为什么允许我们这样做？

或许所有这一切都是最好的，但是它看起来却又是无尽的悲哀。与大屠杀不同的是，大屠杀的教训可能增加了人类思索的机会，而这改变了的自然却只能说明它自己。在我们接管了创造者的位置以后，无论怎样都将是那样的卑微。有一次，梭罗站在树林里，观看着"一只昆虫在地面上的松针中间爬行，竭力地想要逃出我的视线"，他说（梭罗并不是一个很卑微的人），这使他想到"更伟大的施主和智慧矗立在我、我们人类昆虫的头上"。可是，站在我们的头上的是什么呢？

宗教远远不会终结。现在，我们可能正处在宗教启示与信条的包围之中，可是，那种确切地体认上帝的方式，即可以用来描述那种难以形容的事物的语言却必然会消失。缪尔的父亲在高声和愤怒的语气里讲给他的严格的上帝是原罪和定罪，而缪尔自己的上帝对他说的则是穿过乱石的急流和他的帐篷周围鹈鸟的叫声。他们有各不相同的上帝。"我们之所以能够有一种关于神圣的奇妙的观念，那是因为我们置身于这肃穆的庄严之中。"宗教学者托马斯·贝里这样写道："如果我们生活在月球上，我们的心境和情绪、我们的演说、我们的想象力、我们对于神圣的世界的观念，都将被月球上那荒凉的景象所感染。"

即使我们设法控制了我们的行动的物质后果，如果我们生活在一个与地球一样大小的宏大的天然景色的公园里，我们关于神圣的观念将要发生变化，它至少是公园和野生的自然之间的差别。布朗克斯动物园（Bronx Zoo）做了一件十分神奇的工作，把动物的笼子变为宽阔的草原，可是即使叉角羚有了驰骋的空间，斑马可以作为一个有条纹的动物群体在公园里漫步，也永远不会使你产生那种你不是在布朗克斯动物园，而是在天然的灌木丛中的感受。突然之间，我们已经生活在太空时代了，然而，即使太空世界里真的有一个上帝的话，他也不能通过青草来说话，或者让我们到青草中去聆听他的沉默。

　　诚然，在达尔文以后，在许多人那里，科学已经取代了上帝成为一个指导性的观念，或者二者已经融为一个有机的整体，在某种程度上，这代表着对于神奇的未来的无意识的崇拜，这种对于未来的追求已经使我们处于现实的窘境之中。前些天我浏览了一部由著名天文学家哈洛·沙普利（Harlow Shapley）在 1950 年编辑的《科学宝典》（*Treasury of Science*），书中论述了自荷马时代以来各个时代的智慧。同时书中也包含了一个我们特殊的时代的智慧的模型，一份长达 13 页的论文，文中叙述了由罗杰·亚当斯（Roger Adams）预言的人工合成的未来的神奇的时代。他指出，化学家将用他们自己创造的"全新的、更好的、更便宜的合成品"代替自然的物品，"一个毛纺工业的官员在最近的统计报告中说，作为一种纤维，人们对于羊毛的需求将永远不会被其他原料所代替"。对此，亚当斯用嘲笑的口吻说："这样的话是从一个对于化学研究的潜力一无所知的人的嘴里说出来的。"莱瑟（Leather）也说："随着耐用的、吸湿性能好的塑料的问世，人工合成鞋帮的问题将会得到解决。"从 DDT 的奇迹出发，他对于化学产品提出了更高的期望，即它可以"有效地把杂草从青草地上除去"，此外还有数以百计的奇迹。"由于按钮时代的到来，今天的生活已经是机械化、电气化了的生活，丰富而轻松。"他断言道，"在未来，人们将更加有效地利用土地和海洋，从海洋里获得必要的矿物资源，从煤炭和石油中提炼出衣服……用各种各样的药物治疗疾病，健康，幸福，长命百岁，人们还可能到玫瑰碗①去观看一场星际的足球赛。"
　　并不是每一个热爱科学的人都是这般的达克龙②崇拜者，一个典型的例子就是自然主义作家唐纳德·卡尔罗斯·皮蒂（Donald Culross

---

① 纽约市的一座足球场，1994 年世界杯决赛在这里进行。
② 一种名牌纺织品的商标。

Peattie），尽管他的工作大多已经被人们遗忘，但是他所著的《现代年鉴》（*An Almanac of Moderns*）却被一个图书俱乐部选入 1940 年之前三年间撰写的"最有可能成为经典著作"的美国卷。皮蒂极其强烈地为科学信心进行了辩护："什么是力量、规则？什么是在为永恒的真理而奋斗的誓言约束下的友谊？这个永恒的真理能够证实每一步，也能够永远地被证实，当为我们所珍爱的信条在某一刻已经被证明不可相信的时候，我们能放弃它吗？"他问道："什么能够创造全部的现代奇迹？什么能把实际注入仁爱观念，从而使人们解脱痛苦？什么能把人们从对未知世界的恐惧中解放出来？什么能使我们在几经迫害和折磨以后仍然无所畏惧？"当然，这就是科学。不过，科学仅仅是获得真理的一种方法，它是和真理紧密联系的。在皮蒂那里，在许多人的观念中，真理所代表的就是自然。

皮蒂生活在生态意识刚刚发生的时代，他从自然的重复模型里，从元素周期表上那些构成地球和星球的不变的元素中，感受到了巨大的快慰。"如果根据最高的命令，我可以描述出一个为人们所能理解和尊重的自然界的秩序这个命令和秩序，一直就是存在着的，事实上，它就是自然本身，是经过科学解释的自然。"生物学家、天文学家和物理学家"他们都深入地观察了自然界"，是皮蒂所认识到的"最可信""最精明"的人，因为他们晓得"不可改变的自然秩序站在我们一边，站在生命的一边"。

在那种科学可以代替宗教成为人类与自然对抗的一种方式的希望背后，真实的希望是用自然取代上帝，从而成为人类的精神与智慧的源泉。和谐、稳定、秩序以及我们在自然秩序中的位置——科学家为此曾像约伯一样孜孜不倦地探求着，他们持续关注着"生命之网"和生与死的庄严循环。可是，自然最终被证明是脆弱的：人类可以使它本末倒置，以至于它不再是不可改变的，也不再是"站在生命的一边"。原子弹证明，通过一种新的和令人感兴趣的方式，使某些元素聚合，产生了消灭大部分生命的可能。那种被认为是有意义的生态学观点，用皮蒂的话说，"甚至死亡也是好的，因为它是生命自然的组成部分"的观点，显然不适用原子弹造成的毁灭。不仅如此，我认为，它也不适用于那些自然循环过程已经改变了的世界里发生的死亡。在一个失去了自然意义的世界里，什么是"生命的自然组成部分"？在四季已经变得极不明显的情况下，我们何以能够接受死亡的必然性，甚至死亡的美？

科学家可能坚持认为自然的过程依然占据着支配地位，尽管化学反应正在吞噬着臭氧层，或者在吸收着地球反射向太空的热量，但仍然可以证明自然界是我们的主宰。还有一些科学家论证上帝存在于原子的缝隙里，或者存在于量子理论的神秘之中。最近罗伯特·赖特（Robert Wright）在他的《三个科学家与他们的上帝》（*Three Scientists and Their Gods*）一书中说，上帝存在于 DNA 的联结点，或者存在于其他信息点上，即使是对于那些不到百位真正晓得数学的人来说，这也是一种自然的、过于神秘的知识。我们是根据我们周围可以看到、可以感受到、可以听到的事物提出问题的，所以，自然与模糊混乱的电子、夸克、中微子没有什么关系，因为这些粒子是不会发生改变的，自然不是巨大、奇怪的世界，也不是科学家可以在显微镜里观察到的变化，自然只是和气温、雨水、枫树上颜色发生改变的树叶以及垃圾箱周围的浣熊有关。

我们不能再把我们自己想象为某种比我们自身大得多的事物——这是全部问题的落脚点。我们曾经是这样。当人类还不到 1 亿，或者 10 亿，或者 20 亿的时候，我们对于大气成分的影响是微不足道的，即使达尔文的启示也不过是强化了我们对于宇宙的归属感和我们对于庄严、丰富的自然界的神奇感觉。那时候，可能存在着某种比我们强大的事物——弗兰西斯的上帝、梭罗的施主的智慧、皮蒂的最高命令，他们都在统治着我们。我们就像熊一样，我们起早贪黑，制造了更好的工具，用很长的时间养育我们的后代，我们发现我们生活在一个或者是上帝或者是物理学家、化学家、生物学家为我们创造的世界里，就像熊发现它们生活在一个有人等候着它们的世界里一样。可是现在，我们创造了这个世界，我们的活动影响到了它的每一个方面（只有很少一部分除外，例如白昼与黑夜的转换，地球的旋转与运行轨道和大部分的地质过程）。

结果，没有什么东西站在我们一边。现在，熊已经明显地改变原来的程序，成为我们动物园中的一种动物，它们只是希望我们能够为它们划出一小块地方，使它能够在我们这颗酷热的新的行星上存活下来。由于我们驯服了整个地球，所以，虽然我们并没有做得更坏，但是我们却已经把地球上所有的生物都驯化了。现在，熊或多或少地拥有与高贵的猎犬同样的身份。世界上再没有任何事物可以超越于我们之上，或许通过其他方式活动着的上帝也已失去了对地球的控制，当他再一次像在《约伯记》中那样问起："是谁关上了海洋之门……规定了海洋的界限""谁能够倾倒天堂里的水囊"时，现在，我们可以回答说：那就是我们。我们的行动将决定海平面的高低，可以改变降雨的过程和每一滴雨水的目的地。我想，这至少就是自亚当被逐出伊甸园以来，人类梦寐以求的胜利——多少人梦寐以求的对于地球的统治权。但是，这却和米达斯王（Midas）令牌的故事一样——这种权力看起来与我们所期望的全然不同，它是无理性的、冷酷的权力，不具有任何创造性。我们把地球当作坐骑，俨如军事指挥员一样，我们能够用带有巨大能量的暴力，摧毁一切美好的和有价值的东西，但是却不会把我们的权力用于正当的目的。在根本上，这种暴力却削弱了我们自己。请先把星际玫瑰碗忘掉，"人类的人工合成未来"将与由于惧怕癌症而不敢暴露在阳光下紧密地联系在一起。

但是，癌症、海平面的升高以及其他的物理学效应毕竟是将来的事情，现在，让我们全神贯注一下，生活在自然已不再是自然的行星上会是什么样的感觉，这是何等地悲怆？

首先，仅就我们所探讨的知识说起。一个不可避免的与自然的分离可能已经发生了，人类是如此强大，他们可能已经不再愿意在自然的强制下生活。一个不可避免的进步可能也已经实现了：人类已经成为比他的自然母亲还要强大的物类。可是，这些不可避免的过程也伴随着悲哀，野心增长使我们远离了原有的舒适与保障。我们现在已经习惯于这样一种意识，一方面是观念中的我们要比现实的我们强大得多，另一方面，我们周围的一切都不是我们自己创造的。也就是说，在我们的观念中有两个世界，一个是人的世界，另一个是自然的世界。我们之所以认同这样的意识，是因为它使"人的世界"变得更加易于理解。E. B. 怀特（E. B. White）在缅因州德赛特山（Mt. Desert）附近的咸水农场里撰写了他一生中最后的几篇论文，其中的一篇说道："基于被严重扰乱了的生活和极不明朗的将来……我们很难预言究竟会发生什么事情。"但是，他继续说道："我知道一件事情已经确实发生了，那就是，小河边的柳树已经换上了黄色的衣裳，沿着褪了色的粉红色雪围栅，成为巨大的灰白世界的一个颜色亮点。我也知道，在不久的将来的某一个晚上，在池塘里的某一处或某一个低地里，一只青蛙突然醒来，带着赞美的音调大声地叫着，然后其他的青蛙也参加了进来。当我听到蛙声一片的时候，我对整个世界的感受极其良好。"也可能仍然会有烟雾，可能会有更多的烟雾，因为我知道，它们并不是来自另一个世界的使者，它的持久与经常会使我们逐渐感到舒适，它们来自我们自己制造的世界，就像曼哈顿是我们制造的那样真实。当曼哈顿在发挥着其良好的效能的时候，我却从来没有听到任何人说起，我们生活在这个世界里，真切地感到十分安全。

无论如何，我不认为与自然的分离是不可避免的，像基因决定其成长的儿童那样不可改变。我认为这是一个错误，我们之中的许多人都已经有意无意地认识到这是一个错误。这进一步加剧了我们的悲伤。为了防止这一天的到来，许多人都在为之不懈地努力，进行着区域性的战役，真的，人们也许还没有确切地认识到其中的利害关系，但是却已经晓得独立的自然已经被严重地削弱了。在 20 世纪 60 年代后期产生的"环境意识"，以及在 70 年代和 80 年代实现的实质性的进步，已经使许多城市的大气污染有所缓解，自然保护区的设立，与此同时，我们把伊利湖——死亡的湖泊，世界根本衰退的标志——从坟墓中抢救了出来。

令人悲伤的是，我们在为那些失去的东西而战，更使我们感到悲伤、羞愧的是，我们终于知道，我们早就可以在这方面做更多的事情，这种悲伤变成了我们的自我厌恶。所有生活在第一世界的人们，在半个世纪令人难以置信的繁荣和安逸中，都分享了该场狂欢的某些东西。我们可能已经早就意识到这是一场狂欢，而地球难以承受这场狂欢，但是，除去那些使人安逸的事情例如生物分解清洁剂、轻便轿车以外，我们没有做更多的事情。我们没有调转我们生活的方向，从而防止人类与自然的分离。我们的悲伤似乎就是一个艺术的回应，这主要是由于我们与一件庞大、疯狂、放荡的艺术品联姻，而狠狠地打击了大多数的比例完美的雕塑。

（选自 ［美］比尔·麦克基本《自然的
终结》，孙晓春、马树林译）

第十七讲　还自然之魅

[法] 塞尔日·莫斯科维奇

塞尔日·莫斯科维奇（Serge Moscovici, 1925—　），出生于罗马尼亚，曾因犹太血统被中学开除，被迫接受劳动教养。1948 年流亡法国，1964 年当选为法国高等实践学院院长，1985—1995 年任纽约社会研究院教授。代表作有自然三部曲：《论自然的人类历史》《反自然的社会》《驯化人与野性人》，以及有关社会心理学和社会学方面的一系列著作。他还创办了《社会行为理论》《社会心理学》《欧洲社会心理学研究》等多种杂志。

还自然之魅

[法] 塞尔日·莫斯科维奇

【编者按：莫斯科维奇指出，机械论自然观扫除了自然的魔力，把地球理解为在真空中旋转的纯粹物体。我们的时代正困顿于世界的去魅。要走出这种困境，我们就必须恢复世界之魅，并改变我们的生活方式。】

精神机械论

现代文明诞生于机械学与机械精神的结合。不过，我们刚刚看到，历史的进程似乎发生了转变。让我们试图理解这一结合的原因，从而证明历史转变的意义。在人们对现代文明的印象中包含着一种独特的体验：自然不像自然。自然好像应该是一种自己所不是的东西：一种充满无情或敌对力量的世界，必须与之斗争才能加以掌控。自古以来，自然是我们的感觉和思维直接可以触及的，是我们所熟悉的水、风、草、木的世界，是人类和动物共同生活的地球，四季更迭，夜以继日，无论风雨交加还是阳光灿烂，是我们五光十色、丰富多彩的家园。人们在这里生活和劳动，已经与自然融为一体，他们就是自然，并且对此毫无疑问。但是我们知道，地球已存在了几十亿年，它在万有引力的作用下围绕太阳旋转。每一个物体都由原子构成，而每一种植物或动物都是由世代相传的基因所组成的整体。这一切都在空间中以远远超出我们的知识和想象的速度不断演变。在这个奇怪而无形的自然中，人类的存在是一个意外、一个无用的假设。

　　然而如果研究一下历史，我们却会看到，随着人们发现了新的物质力量及其在时空中的各种组合和天体的运动，自然的法则和内容发生了改变，它越来越遥远、抽象。这种自然剥夺了我们的自然全部的现实意义，但它本身对我们来说并未成为一种新的现实。终于，保罗·瓦雷里（Paul Valery）有力地指出："谁都再也不能谈论'宇宙'了。这个词在寻找自己的意义。'自然'这个词越来越罕见。思维抛弃了它，把它留给了言语。在我们看来，所有这些词越来越只像是一些词而已。"

　　这正是现代文明的特征和结果。在体现这种转变的各种进程之中，有一种包含着最为丰富的体验，我们对其理性价值的感受颇为深刻，这便是世界的去魅（désenchantement du monde）。马克斯·韦伯的这个概念为何具有如此巨大的冲击力，以至于他成为现代性的克里斯托弗·哥伦布？首先是从魔法到科学的转变这个隐喻，其次是几千年来人类的巫魅世界走向机器的去魅世界的趋势。最有意思的并不是启蒙哲学家确定的起点和终点，而是转变的理由和趋势的意义所在，即去魅过程本身，它改变了我们的思维方式和生活形式。换句话说：自然原来是一种模糊而神秘的东西，充满了各种藏身于树中水下的神明和精灵。星辰和动物都有灵魂，它们与人相处或好或坏。人们永远不能得到他们所企望的东西，需要奇迹的降临，或者通过重建与世界联系的巫术、咒语、法术或祷告去创造奇迹。在这个感觉、机体、想象的世界中，魔法的作用借助于咒语、感应以及表达爱恋与仇恨、恐惧与渴望等激情的象征性动作，即巫魅世界的各种奇迹和巫术。皮科·德拉·米兰多拉（Pico della Mirandola）[①]将具有这种能力或幸运的法师称为"自然的奴仆，而不是

[①] 皮科·德拉·米兰多拉，文艺复兴时期意大利哲学家，认为人有自己的尊严、自由意志和自我价值，主要著作有《论人的尊严》《论柏拉图主义与亚里士多德主义的协调》。

主人"。只要查阅古代的文献典籍，就能看到历史的另一面，对于直到欧洲文艺复兴之前世界的魔幻化会做出一个忠实的描述。

为了概括世界去魅的意义，我可以说，这是世界去魔幻化的过程，其目的是使自然摆脱令宇宙间充斥善恶神魔的泛灵论（animisme），摒弃比照人的形象看待一切的拟人论（anthropomorphisme），从而消除世界神秘荒诞的氛围，让世界呈现在非个性化并且漠视人类的光明之中。这样人们将到达顶点，与尼采一起对自己说："科学告诉我们，宇宙是一架机器，并且对我们毫不关心。"在我看来，尼采不仅令世界去魅，而且最重要的是使我们有关世界的知识去魅。亚里士多德说："人天生有求知的欲望。"除了求知的欲望之外，还有求知的激情，对知识和智慧等许多事物的热爱，人类的知识所反映的恐惧或喜悦，以及求知者的忧郁，正如维吉尔所说："他们恐惧，他们渴望，悲伤并且退缩。"

然而纵览人类历史，相对于我们今天所说的科学，极少有哪种渴望表达得如此强烈，有哪种知识经历了世世代代更加漫长的准备。不同的学科先后建立起来，其中的大部分首先从各种运动的、不稳定的、可能变化的事物出发去表达激情，并努力发明最为奇异的现象和最为独特的知识——如数学——以满足激情。科学获得了一种敏锐的嗅觉，能够发现这些发明应该满足的需要。但是我想，正像韦伯所指出的，随着时间的推移，主要的宗教及其艺术都试图对激情加以约束，为己所用，强加规则，建立一种必须遵守的知识模式。简而言之，就是对激情进行分割，按照理性组成一个系统，而经院主义在崩溃之前便是这样一种完善的模式。经院主义无疑是失败的，但它与科学，或者更准确地说，与机械哲学有着相同的取向。而机械哲学却取得了不同寻常的成功，以数学代替逻辑去描述运动的法则，解释物质力量的作用，预言大量可观察的现象并将它们缩减为单一的机械系统。学者告别了充实生动的有生世界，走向另一个世界：在那里，宇宙天体和地上万物都只不过是在真空中旋转的物体。于是，学者坚持不懈地努力排除理性与残余的激情之间的任何接触，表现出一种沉着冷静、讲究方法的精神，再也不会轻信灵魂的虚构或者星象的感应。知识的去魅把一切都交给了寻求真理的理性，还能有比这更加天翻地覆的变化吗？方法发现理性，数学掌握理性并且去伪存真——理性是唯一的，而谬误多种多样。现代科学垄断了真理，并淘汰了从常识到哲学、从艺术到宗教、从实用技艺到传统等一切其他形式的知识。在科学看来，这些知识都是不可靠的，被激情所扭曲，贫乏而神秘，至多可以暂时容忍，留待一门科学或者其他理性知识加以取代。要么人们干脆就忘记了这些知识的存在。

应当指出，没有哪种理念如此深刻地影响了我们的精神：思考真理应当采取的方式不同于我们所用的方式。即使有些人具备思考真理的能力，科学也禁止他们相信熟悉的感觉、推理和语言、现实的各种形式在他们心中唤起的激情和情绪，以及从他人那里学到并与他人共享的常识。科学坚决而傲慢地排除了所有用传统方法获得的有益成果，把这些全都视为谎言、迷信、荒诞不经和似是而非的东西。当时这种情况应当可以预料。一切似乎就这样发生了：为了去除世界的巫魅，精于计算、严谨正规的理性首先宣告我们丰富多彩的世界知识已经彻底过时，把这些根植于我们的精神之中引人入胜的现象归于原始阶段，或者干脆当成垃圾。宗教曾经要求放弃理性，从而确定荒谬的信仰比真理更加真实。科学，我们的现代宗教，要求理性牺牲世代相传的鲜活知识，宣布真理与之相比更为真实。

如果为科学辩护，可以这样说：虽然我们为了科学牺牲了无数宝贵的事物，但科学的效力是无可比拟的，任何其他语言或方法都无法与科学的数学形式语言和演绎方法相匹敌。理性是唯一的，在世界去魅的过程中排除了所有其他认识现实和真实的可能性。不管从哪个角度来看，除了这个过程所设定的限制，人们在知识方面获得的收益是极少的。人曾是自然的奴仆，现在俨然成了主人。他睁开眼，只看到自然之中无边的寂寥，在他生活的迷途行星表面是智慧的荒漠。因此，我们时代的困顿正体现于世界的去魅。在千年之末，我们时常听到忧虑的声音：科学凭借诸多重大发现丰富了我们的精神，却没有意识到同时也使之陷入贫乏。科学并没有履行其承诺，弘扬理性的光辉和自然的伟大。科学虽然如此富有创造力，却变得抽象深奥，使我们远离理性并且无法接近自然。科学缩小了光明的范围，集中成为一个光斑，而周围留下深不可测的黑暗。因而可以毫不夸张地说：我们生活在一个真正去魅的世界中。

他们存在的理由是还自然之魅

我们的文明丧失了巫魅和明智，在饱受批评的同时引起了许多忧虑。每个人都在思考如何解决如此众多的问题。怎么办，或者这样又有什么用呢？是的，可以说正是因为这些忧虑，自然以如此出乎意料的方式重新变得宝贵，打动了世界各地的每一个人。自然之所以获得这样的重要性，是因为它是我们共同的首要现实，而且尤其是千年之交反叛、斗争和决裂的一个象征。人们爱怎么说就怎么说，但是为了实现这场反叛的目标——解放自然，自然主义运动是人类最好的发明。我在这里谈的是我们自己的生活，千百万人的精神生活和物质生活，他们的意识逐渐巩固，彼此之间的关系正在强化，他们相互鼓励以寻找一条出路。他们对于过去出现的或者威胁未来的世界毁灭趋势有着极其清楚的认识。在我们这个时代，每个人都在左顾右盼，一切都在飘忽不定，什么都无法确定，而这些运动已经习惯于少数派的境遇。他们冒着被社会孤立的危险，并且不顾顽固的诅咒，重新创造了一种没有成见的语言和思维。他们还发出了一种新的声音，赢得了舆论的支持。事实上，我们中的每一个人都目睹他们为了一种看似无法达到的目标不顾一切，就此可以举出确切的例证。在自然主义运动开展行动以来的二十多年里，他们关注或推动的每一个有关自然的倡议、具体措施和讨论毫无例外都显示了他们行动的前瞻性。被迫步他们后尘的政党和技术官僚对他们的愤怒与厌恶在实践中证实了维特根斯坦的直觉："超前于自己时代的人，有一天会被时代追上。"

这是一种源自经验的真理：在危难到来之际，每个信念的背后都有一种确实而紧迫的预感。毋庸置疑，如果这些运动声称行动刻不容缓，他们坚定和反叛的精神不应被归入今天屡见不鲜的革命冲动。无论如何也不能将他们视为隐居修士或革命斗士。他们借助同一根绳索，坚定而耐心地翻过自然与我们之间的隔墙。他们深知，根本不是革命者发动革命，而是革命创造革命者。如果说一个运动所为之准备的事件并不取决于运动本身，而是可能导致事件在某一时刻发生的例外情况，这完全是哗众取宠。但可以肯定的是，自然主义运动呼吁开展一场根本的变革，一种唾手可得的变化。由此提出一个问题：他们希望进行什么样的变革呢？这场变革是否会像哥白尼的革命一样，改变世界的中心，以太阳取代地球，以共和国取代君主制，以进步取代历史？这是不是一场开普勒式的革命，使太阳和地球成为太空中行星轨道的两个焦点？我在拙著《论自然的人类历史》中已有论述，在此无须具体解释，为什么从革命的意义上来讲，解放自然并不意味着让自然取代社会在我们的文明中的核心位置，或者可以说使我们的文明自然化。这些运动希望扩大我们的生活和世界的范围，让社会和自然分别成为生活和世界的焦点。当每个人都感受到费尔巴哈所强调的问题时，这种人类主宰的关系将得以确立："我感到自己依赖于自然，因为我感到自己依赖于其他人。如果我不需要他们，我就不需要世界，这令我与自然保持和谐。"

最大的难点就在这里。事实上，解放自然就是摒弃现代令自然去魅、孤立的顽固做法。在现代，好像我们与自然没有什么共同之处，人类与世界的关系并不同时也是人与人之间的关系。如果这种看法只是一时心血来潮，那么它没有什么重要性。但是，这是一种真正的成见。你在马克思那里就能看到：他认为，历史开始于"占有劳动的自然条件——土地，这既是原始的劳动工具，也是实验室和原料库"，而结束于（如果可以这么说）被技术分化的劳动的社会占有。韦伯称之为从巫魅自然向理性经济的过渡。无论人与自然的联系如何消解，从自然人（homme-nature）到机器人（homme-machine）的演变似乎是社会单独和自主存在的必要条件。因此是否需要清除自然的内容以充实社会？人们提出这种理论的轻易方式值得我们警惕。如果完全不同的前提导出预设的同一结论，就是说现代以社会现实取代原始时代的自然现实，这是一个道德问题，而不是真理问题。按照这种道德的要求，无论人完成什么，他必须从自身和周围感到生命只是与敌对的自然展开的一场漫长战斗。这使我相信，对自然的处置、对自然"实验室和原料库"的利用、所谓对自然的征服或掌握与对自然的仇恨不无关联。这一点简直不言自明。

综上所述，自然主义运动真正的任务并不仅仅在于自然，也不在于社会。我认为其任务正是生活方式的变革：自然和社会在其中属于同一层面，共同得以塑造。换句话说，某些人有时试图解决自然的问题，有时又去解决社会的问题，那是原地转圈。当今时代的错误正是将世界的去魅推向极为紧张、完全混乱的境地。由此可以想到哈姆雷特表达的人生苦痛："这是一个颠倒混乱的时代，唉，倒霉的我却要负起重整乾坤的责任！"我们面临的未来是否仍将继续在自然问题和社会问题之间徘徊？或者未来能否创造一种新的生活形式——即一种文化——适应我们的需要并兼顾两个问题？我曾经写道，并相信自己没有说错，排斥自然的文化似乎理屈词穷。自然必然属于未来的文化。它的轮廓尚不分明，但其意义已经清楚：恢复世界之魅。

如果世界的复魅没有对具体的倡议或者经验的共享产生如此众多的影响，人们可能会将此看作一种理想的状态或是白日梦，对此的描述总是充满热情而模糊不清。如果从这些累积的经验以及相关的讨论中总结出某些一致之处，它们都指向从无数的理念和平凡的欲望中凸显出来的两种征兆。首先，世界的复魅是从动物人（homme-animal）向人性人（homme-homme）的过渡。这种解放的努力来源于一种印象，即今天人类的存在意义和行动主要取决于"适者生存"的规则。人们对此曾以许多其他方式进行表述，但都指出一种根本的信念：生命是稀有的，甚至是不确定的，而死亡是多见的，必然是确定的。因此，每一个人必须接受"更少的生命"，吝惜生命，永远也不能要求更多，如果说生命是他人赋予的。只有为了生命而斗争才能获得更多的生命，或者保存人生在世有限的生命，而在这个世界里，人们只有相信基本质性（qualités élémentaires）才能巩固共同的生命。

为什么会这样呢？人们想到的第一个答案是自然选择。这种进化的机制使一个物种的机体和能力在有利的条件下适应其环境，在不断适应的过程中促成了优胜劣汰，"优良"个体缓慢而良好地按照物理环境塑造自身，而"不良"个体抗拒或不能正确地适应。后者就加入不适应者混杂的群体，或早或晚面临消亡。你可能会反驳说这种观点不再正确，比如个体的自我组织、新物种的形成。我不认为这些具有充分的决定性。个体得以"幸存"的最佳手段是适应并促进一切个体之间相互的一致性。"适者生存"的规则正意味着人的责任在于保存生命，而不是孕育生命；在于与死亡斗争，而不是为生命斗争。是否应该接受避免死亡的欲望，更确切地说生存的欲望，是一切知识和行动的基础。幸存是不是无时无刻等待死亡？既然任何事物都不能满足这种欲望，甚至不能加以承认，除非这是别人的死亡？我们是否应该说我们的生活形式的特点在于将生命看作人的一种意外和手段，而不是他的实质和目标？

关于进化，我不知道有谁比达尔文写下了更具激情的文字。此后的革命性话语向我们说明一个种群对于物质空间中的资源的连续适应是如何对进化中出现的变异进行盲目的选择，而并非所有个体都能适应，必然有一部分无法适应。的确，这一努力中包括了道德和思想的一面。达尔文本人试图限定其观察的范围，希望保持严肃的客观，但这只是徒劳。他的语汇中最为细致或深刻的直觉告诉我们，他关注自然中的适应者、胜利者，而没有为不适应者、失败者留下任何机会。如同在轮盘赌中，长远来看庄家必赢，玩家必输。生物学就成了经济或者文化的一种模型，许多人认为这是科学的一种偏离。那么如何加以避免呢？达尔文对这个问题只回答了一半，他解释了为什么人类历史不符合自然选择的规则，人类的历史与所有的生物有着共同的关系，但与自然只有有限的关系。对人的能力进行筛选和调适从而使人改良，这种非常流行的想法面临一些不为人知的困难。不能为了将这一设想的付诸实施而寄望于专家们的良好愿望，因为他们只想淘汰那些最不适应的个体。

无论如何，作为这半个答案的补充又出现了第二个答案，在历史上也同样不可否定。除了自然中的生物之间的共同关系，人类又与另一种没有界限的自然建立了关系。人们称之为能动的自然，以指出我们与不同物种和自然力量的会合中创造性的一面。因此可以确定，自然一分为二，包括被动的自然和能动的自然，从而区分拥有更多理性的动物人与源于自然并在另一种自然中书写自身历史的人性人，后者的生命是由新型自然的独特张力所创造的。仿佛如果没有"生命的创造"，人类的生命就不是生命，也不是人类的生命。我们这里所指的就是人类去魅的一个表现，这种去魅试图消除动物人与人性人之间的区别，将自然的两个方面缩减为一个机械原则，使我们这个物种成为生物长链中终极的一环。因此，世界的复魅采取一种新的形式：并非承诺一个更加美好的世界，而是提出一个更为深刻的任务，即统一人类与自然之间维持的关系。同时人们将认识到，我们以为与生俱来并与所有生物共享的被动自然，其实来源于能动自然，后者在某种意义上是我们在历史中的创造。按照布鲁诺美好的说法，这就是"应该等同于艺术的自然"，莎士比亚对此做出呼应，提出一种更高的艺术"创造自然"。因此我们可以在事物和自然之中进行创造，并且在自身和周围创造其他过程、状态和自然。

有关幸存的悲叹或许表现了我们的生存状态，而其中还剩下什么？我刚才所谈的一切对它表面的压迫性理性进行了界定。这种理性以"适者生存"的规则为生命的不平等提供了依据。我们应当知道，人类通过创造自然来适应自然，人类并非依据现存的自然，而是根据自己创造的自然去塑造自身。由此产生什么结果呢？显然，应当代之以一个更加清楚、准确的规则：人性人是生命的守护者。如果他在世界之中成为生命的守护者，并且改变世界的要素和关系，按米什莱所说，"自我制造并自我创造"，那么这应归因于他对于"更多生命"（plus de vie）的追求。

我在这里受到西美尔的启示，相信他是正确的。他写道："人只能通过创造更多的生命才能存在。"我们是否必定在欲望的驱使下超越我们的现有条件并战胜使之减损和削弱的因素？我们的驱力并不是适应，而是创造，我们在自然中为自身欲望提供形式。即追求"更多生命"——这是西美尔的名言。人的存在不断在这种寻求"更多生命"的欲望和必要与超越这一境界的能力之间演变，人感到必须为自己、为他人努力"超越生命"（plus que la vie）。

人作为"生命的守护者"这一提法的独特和奇异之处在于既包括那些通过适应被动自然而善于保全生命的人，也包括那些曾经拥有抵抗被动自然的力量或者缺乏必要的适应能力而注定消亡的人。他们或者成为多余，或者大材小用，受到内在需要或者社会的制约，他们在寻找并非显然而且不为人知的选择，试图让生命走出它的藏匿之处。在人与自然的关系中，他们故意而大胆地偏离常规，从而创造新的关系。他们通过怪异而低效的努力以及引人注意的差异挑战单一的做法。人们从负面意义上将他们称为畸形或失败的个体，但从许多方面来讲，他们承受着重负，积极而坚决的社会将自己无法解决的问题强加给他们，社会却希望从中获得更多的生命。如果他们通过一个重要的发现、一种新型的实践为"越来越多的生命"找到答案或新的组合方式，那么他们没有任何可供指责之处。他们被视为例外和现实的一种装饰，而他们的存在和与他人的混同始于社会非常古老的阶段，仿佛每一个人的确不可或缺：适应的个体被赋予一般的职责，而不适应的个体在他们与世界以及他人的关系中被赋予特殊的职责。我们非常清楚，适者生存是对生命的否定，而维持最具活力的个体中的适应者和不适应者，这是对人性的肯定，可以兼顾两者。探索新的可能性，从而实现人类不断提高、超越生命的目标。

基于这些思考，我们看到世界复魅的第二个征兆可能就是各种知识联合起来，从而扎根于一种新的生活形式。的确，各种知识模式没有共同的价值体系，分别按照自己的方式演进。那种常识处于边缘而科技占据核心的奇怪体系正是如此。围绕理性和真理独占的核心，分布着一系列同心圆——各种知识模式，它们经历多少世纪才得以形成，但已经不再重要，越来越多地被归入非理性、谬误或虚构的范畴。它们之所以受到边缘化，是因为科学霸占了唯一的位置，能够解读以形式语言、甚至数学语言书写并以实验证明的自然之书，或者用埃米尔·梅耶松（Émile Meyerson）的话说，"人们经常看到……在纯粹科学的范畴和其他智慧的领域之间存在着一条裂痕"。这一切让人们认为可以首先将各种形式的知识缩减为单一的科学，再化作哲学期待或者预见的目的、常识甚至是艺术。它们将变得陈旧，无法通达现实，而只能作为现实的表象和幻觉。

由此可以讲述我们文化的一个故事，引人入胜但未必令人愉快，并不会美化文化的偏执之处。但是在一个故事中，人们不能仅仅满足于叙述者的意向，这其中也包含他所触及的现实。这便是现实所在。直到不久之前，科学为保持与其他知识的分离而发动了一场战争，战争原本应以象征所有其他知识的常识的溃败告终。一方面，常识的知识功能将被剥夺——梅耶松以此作为一篇文章的标题："常识是否以知识为目标？"另一方面，这就意味着我们在日常生活中所共享的描述和解释是错误的。从某种意义上来讲，这将禁止我们对自己的发现和目的进行讨论、评价或选择。而科学却可以肯定，可以甚至应当采用它的语言和理论去理解日常生活中的各种现象——行走、渴望、相信等等，或是解决经济和社会问题。同时，它淘汰我们所熟悉的物品的概念，例如桌子和椅子，认为它们是错误的，不过是一种幻觉，实际上是原子的运动。

但到了这里，我就谈到了知识统合（coalition des savoirs）这个主题。不仅那些试图以科学的概念和语言取代常识的努力不切实际或者缺乏说服力，而且常识对其进行了超乎想象的抵抗并证明自己具有更高的效用，如果我们统计一下每天借助常识能做多少事情。令人惊奇的是，民间的科学是不可或缺的，任何信息科技的语言或科学的世界语都不能取代日常语言，任何神经领域的发现都不会影响我们一般的思维。只要我们与他人一起生活，就会发现常识的世界拥有一种现实，而且无论某些人觉得这有多么荒唐，常识不是也不可能是某种拥有自己的真理和理性的知识所产生的结果。总的来说，"真理不可能违反真理"的著名法则一度存在，它曾为科学与其他知识形式的分离提供依据。当人们在物理学中发现了波粒二象性，量子物理之父玻尔对此提出质疑，因为这意味着一种有效真理与另一种有效真理相悖。在这种新的气氛之下，过去的陋习成了美德，为承载真理的各种知识形式开辟了互补和多元的道路。这并不意味着任何知识都具有价值，情况远非如此，也不像皮兰德娄（Luigi Pirandello）所说，"每一种知识都拥有自己的真理"。每一种知识的有效性取决于自身的规则和与其他知识的关系。知识的统合因此是可能并且是应该的，条件是艺术也能参与其中。

我们对抽象感到厌倦，还有基本质性的物质世界和感觉输入的精神之间著名的对立。以掌控自然为借口。科学篡夺了一种权力，能够拒绝任何思想和感觉的形式、技艺和艺术，同时降低它们的地位。对感性（sensibilité，Sinnlichkeit）的禁止，知识以及求知乐趣的贬值，这些曾是现代的生活形式及其理论、体制和精神统治的主要武器。无论这看起来有多么奇怪，我们与有形和有生世界之间的机体和感觉联系遭到禁止和极端的否定，这却以某种方式解放了世界，让它闲置，将它遗留在一个类似尘世炼狱的地方。可以毫不夸张地说，艺术在克服科学设定的限制之后，在这里找到了一个极为广阔多样的领域，获得一种现实，可以进行组合、表征和塑造而无须考虑重力、广度和持续时间。日常生活中的事件，日落、阵风、生物的寂寞、事实的孤立、灵魂的色彩——这些刺激物和主题都为人类提供了一种居所或布景，符合他们的欲望或者时代精神（Zeitgeist）——即自然的要求。

世界表征的感觉化或非感觉化，或者在某种意义上的过度，具有释放能量和增加与现实的接触点的效应。从这个意义上讲，艺术以知识为目标，因为对于接触点的兴趣是直接的，并且艺术使这些接触点与思维的范畴相连，如和谐与不和谐、简单与复杂、正确与错误。简而言之，艺术扩充了我们有关这些思维范畴的知识。因此在艺术与其他形式的知识和技艺之间形成一种相互的沟通与促进，呈现流畅而随意的运动，摆脱压迫所有人的重力。

这里还应补充一点。全面而抽象的科学留下了一个悬而未决的问题，即科学是止步不前还是继续走向个体及其特殊和具体的现实。当科学陈述其法则和介绍其数据时，它很少关注我们之中某一个人会遇到什么问题，特殊而唯一的个体只能独自面对可悲的无知留下的伤痛。要体会科学与我们的距离以及这种伤痛的剧烈，只需有一天听到一个病人问道："为什么是我？"艺术过去曾是，而现在已不再是对于具体情况进行非一般性与非抽象性的理解的一种途径，是一种触及意义逐渐显现的内在意愿而引起个体情感共鸣的真理。另外，我们发现想象的力量——它无所不在，从某种意义上讲，它在艺术中最为集中——能将各种知识形式与一种虚拟的现实联结起来，从而让我们从其中一种跨到另外一种。想象还能以可塑的方式重新组合知识和语言的各种层次，实现从科学的问题到常识的问题、从平凡的娱乐到热烈的讨论、从偶然的感想到深刻的思辨的过渡。说实话，只有艺术的知识才能预见人们尚不理解的生活形式或关系。这些事物或者奇特，或者无人探索，以至于扭曲了我们的观念并阻碍了自由的思维，所以我们仍然不能理解它们。只有艺术知识能够从中发现新生事物诞出母体、蹒跚学步的努力。在古代，哲学中的启发式问答法（maïeutique）是新生事物的助产士，在现代，这一职责由艺术的具有可塑性的助产术（obstétrique）来承担，莱昂·布鲁姆（Léon Blum）说过："艺术在这方面比科学更为强大，它能重构生活。"

显然，这一切推翻了过去看似简单明了的状况，如果这个词是恰当的。人们曾经想象"在事物之中已经形成一种宏大的科学"——这是梅洛－庞蒂的提法，实际的科学在达到完美后将与之相同，任何问题都将得到解决，所以我们再也没有任何疑问。这种思维的状态虽然并不遥远，但是我们很难重新体验。然而，人们的确曾经幻想有一天，精神将"全部的现实"都封装在一个关系的网络中，如同进食过多的机体，从此处于休息状态。这样只需"从一种最终的知识中推出结论，应用相同的原则解决最后一些不可预见的问题"。这种涵盖一切的科学之所以难以接受，不仅因为它脱离了各种内在知识的形式，压缩了去魅的世界，而且我们感到它并未实现纯粹和真理的诺言。并非"科学的破产"，而是其胜利使热情变成了焦虑。想到我们的世纪。我想说，科学的战争扭曲了科学。但是，科学仍然为我们带来了许多伟大的发明和发现，通过在无穷大和无穷小的广袤宇宙中运作的精神生活与我们保持接近。在这一点上，科学继续保持开放，对我们仍然具有意义。当然，这里并不是主观性的发现在发挥作用，主观性作为真理和理性的灵魂补充，负责将消极关系转化为积极关系。

迈向世界复魅的第一步在于一种接触和一系列交流，将科学、常识和艺术引向一些现实和实践的领域，它们的语言和理论可在其中交汇。有关科学、技术、生物学、生态学和研究态度方面的一些重要领域具有常识或艺术的性质。如果不是通过强制的命令，科学中最具意义的概念和发现如何影响我们的生活和我们与自然的关系，并且根植于日常的生活，难道不是通过向常识的转化吗？这是一个伟大的真理：昨天的科学是今天的常识。帕斯卡尔丝毫不反对学者"通过向后的思维"重新认识司空见惯的观点。然而，通过迁移这种"向后的思维"，将它变为一种"向前的思维"，我们将为知识的统合开辟一条长期和常规的道路，为我们在现实生活中保证最高的必要性和可靠性。

如果我们顺应自己的倾向，超越语言和概念的局限，从而补充科学或常识尚未表述的内容，那么我们就能看到，想象、个性甚至情感的一切都可以在艺术中得以体现，而艺术的世界如同科学有奇异的一面，如同常识有熟悉的一面。我们结束这种粗暴的分离和各方之间的战争，特别是科学与其他知识形式的战争。这一转折不仅以新生代替陈旧，而且意味着一种方向的改变：并不是用另一种知识代替拥有特

权的皇家知识 ①，而是让这种特权在历史中消退，让位于各种知识的统合，包括未知、熟悉、想象或个人的知识，为恢复自然之中完整的联系而必须付出的努力将产生这些知识。我无法预言这一天何时到来，但是对于我们这些仍然投身其中，以重建自然为己任的人来说，时间愈发紧迫。

（选自 ［法］塞尔日·莫斯科维奇《还自然之魅：对生态运动的思考》，庄晨、邱寅晨译）

---

① 在本文中我没有提及哲学，而哲学也可视为各种知识的一种中介和统合。哲学与其他知识形式的分离导致了一种本体论，只有哲学家才有权就此进行讨论，或者至少是那些人，他们知道人们再也不能像耶和华那样宣告："我手立了地的根基，我右手铺张诸天，我一招呼便都立住。"——原注

第十八讲　解放大自然

[美] 罗德里克·弗雷泽·纳什

　　罗德里克·弗雷泽·纳什（Roderiek Frazier Nash，1939—　），美国加利福尼亚大学圣巴巴拉分校历史系教授，美国最著名的环境思想史学者。他分别于哈佛大学和威斯康星大学获得学士和博士学位。纳什已出版的重要著作有：《荒野与美国人的心灵》《荒野的呼唤：1900—1916》《环境与美国人：优先问题》《大自然的权利：环境伦理学史》《神经兮兮的一代：1917—1930 年的美国思想》等。

解放大自然

[美] 罗德里克·弗雷泽·纳什

【编者按：纳什认为，大自然拥有权利，这些权利是人类必须予以尊重和捍卫的。对天赋权利的剥夺在观念上被视为一种道德暴行，这种暴行激起的道德愤怒能够促使人们采取积极的抗议行动。以这一观念为指导，纳什考察和描绘了那些接受了大自然拥有权利这一观念的环境主义者（如动物解放阵线、绿色和平、地球优先等组织的成员）在 20 世纪 70 和 80 年代所开展的一系列捍卫大自然之权利的抗议行为。】

正像美国人在其历史中经常看到的那样，对天赋的或"不可剥夺的"权利的剥夺在观念上被视为一种道德暴行，这能够把理论变成为行动。当争论的问题被理解为道德问题——即涉及道德上的正确和错误——时，要想对它采取无动于衷的态度就很难了。人们一般都不会有意识地放弃其伦理信念，而在美国自由主义的话语中，"压迫"是一种重要的罪恶。"自由"和"独立自主"是神圣的。一旦你确定，一个少数群体是一个被剥夺了权利的受压迫的群体，那么，你就立即获得了一个解放它的强有力的理由。经济问题，甚至选举，相对来说都不会激起人们的太多热情，但是，对基本权利的践踏却会激起人们的奋斗热情，这种热情能够把改良主义者推向激进主义者甚至革命者的行列。在过去的二十五年中，妇女、印第安人、黑人和胎儿是这种热情的受益者，大自然也是如此。

驯养的或圈养的动物理所当然地是被纳入伦理扩展范围的第一批非人类存在物。改善它们的处境，甚至把它们从实验室中解放出来的努力，最近已成为传媒的热点。当人们开始争取野生动物的权利时，鲸鱼、海豹、海豚这类野生动物以及普通的濒危物种都成了新闻的"主角"。与人类中心主义者相反，最激进的新环境主义者追随整体主义的道德哲学家，进而捍卫荒野、河流、岩石、生态系统，甚至大自然和一般意义上的地球的权利。这类"生态抵抗运动"把美国的自由主义推进到了如此激进的地步，以致美国自由主义的开创者都很难加以认同。但是，这些开创者知道，自由是一股不易控制的力量。唐纳德·沃斯特（Donald Worster）发现，在《独立宣言》发表八十七年后，美国才出现《解放（黑奴）宣言》。他考察了20世纪80年代具有强大伦理号召力的环境主义，并评论说，"现在该轮到大自然获得解放了"。

许多生态学家、哲学家和神学家相信，大自然拥有权利，这些权利是人类——他既是大自然的权利的主要侵犯者，也是地球上唯一的道德代理人——应予尊重和捍卫的。其他人则认为，从人的利益的角度看，保护大自然是正确的，破坏大自然是错误的。这两派观点都把环境保护理解为一个伦理问题，把环境保护与美国的自由主义联系起来，并因而使环境保护运动变得比以前更为有力。有些人选择了这样一种行动路线，即在美国现存的法律和司法制度的框架内来实现他们的伦理信念。《动物福利法》（1966）、《海洋哺乳动物保护法》（1972）、《濒危物种法》（1973）以及那些以鸟类、鱼类和植物为原告的诉讼体现的都是那些想用其他物种的权利来限制人类行为的努力。但是，对现存秩序——或如某些深层生态学家喜欢说的，占统治地位的范式——的这种零零星星的改良，却令环境伦理学的更为激进的辩护者感到不满。他们通过采取非暴力的公民不服从（civil disobedience）行为——1955年后的黑人权利运动经常采用这种方式——来表达他们的不满。他们中的某些人占领核试验基地，把自己的身体捆在木材采运车的前面，把自己绑在捕鲸者的鱼叉上；有一次，还有人把自己绑在一条正在被一个水库的水淹没的荒野小河的河岸上。其他人则更为激进，他们破坏那些损害环境的人的财产，并把自己比作1773年波士顿倾茶事件①的参加者。"动物解放阵线"组织把猴子从研究机构中放出来。"绿色和平"组织力图阻止核试验，致使他们的船被炸沉。"海洋保护者"协会开船撞坏偷猎鲸鱼的船只，并破坏鲸鱼加工点。"地球优先"组织的成员把铁钉打进树木中（使锯子无法在树木上作业），并拆毁荒野区的测绘标注。这类"捣乱行为"（monkey wrenching）——一个被激进的环境主义者接受、出自1975年的一部关于"为保护环境而采取捣乱行为"的小说的词语——都尽量避免直接与人对抗或伤害人。但是，不论从哲学还是实用主义的角度看，这些捣乱分子公开承认的违法行为与他们的现实福利之间并没有多少联系。两个世纪前，在美国自由主义形成的初期，波士顿的激进主义者也达到了类似的境界。

解放必然要触犯那些否认被压迫的少数群体的权利的法律和惯例。就解放大自然而言，这些法律和惯例包括人们拥有和掠夺大自然的传统，该传统的历史与欧洲人在美洲新大陆殖民的历史同样悠久。财产权本身常常被视为一种天赋权利。非人类存在物的生命权和自由权以及追求其自身幸福的机会都与人占有和利用不动产及家畜的权利相互排斥。解放大自然会给现存秩序的基础带来潜在的毁灭影响，这使得以新的伦理为价值取向的环境主义者感到不仅有必要寻找一种道德哲学，还有必要证明那些违背（他们认为具有压迫色彩的）法律条文和立法程序的行为的合理性。废奴主义者在力图扩展自由福音的范围时也曾遇到类似的问题（奴隶是白人的财产）。19世纪50年代，美国的自由理想使得人

---

① 波士顿倾茶事件：波士顿居民为反对英国垄断茶叶贸易，于1773年12月16日集会抗议，并袭击停泊港内的三艘英船，将船上数百箱茶叶倾入海内。

们在观念上很难把对自由的追求停止在半路。同样，对现存制度的渐进的、点滴的改良（被生物中心主义者嘲讽为"保护自然资源的保守主义"和"改良的环境主义"）也令更激进的环境主义者感到不满。早期的自由主义者也同样嘲讽那种要求更仁慈地对待奴隶、要求改善而不是结束英国的殖民统治的建议。美国的第一批革命者用约翰·洛克（John Locke）、约翰·特伦查德（John Trenchard）、托马斯·潘恩 [①]和其他自由平等主义理论家的理论来证明其破坏法律的行为的合理性。革命的环境主义者则用当代最具说服力的、主张公民不服从的哲学家的理论来证明其维护大自然权利的行为的合理性。他们的思想有助于环境伦理学走出书斋而深入环境保护的实践。

在构建激进的环境理论方面，能像默里·布克金（Murray Bookchin）——他的笔名刘易斯·赫伯（Lewis Herber）同样广为人知——这样长期锲而不舍的人不多。早在 1952 年，布克金就发表了一篇关于杀虫剂和其他合成农药对食物所产生的影响的文章。但是，布克金的兴趣远远超出了对污染的化学研究。他还探讨了这类问题的"社会根源"，即人的态度、价值观和社会制度，它们能从更为基本的层面解释污染产生的根源。1963 年，在现代美国的环境主义刚刚兴起的时候，布克金就在《我们的人造环境》一书中探讨了人的观念与环境质量之间的联系。尽管蕾切尔·卡逊的《寂静的春天》（1962）先于布克金的著作而出版，但正是他（而非她）的书最为透彻地阐明了这一理论："人对大自然的统治起源于人对人的现实统治。"布克金认为，文明（特别是它的西方变种）的兴起伴随着对等级制以及权力政治和权力经济机制的迷恋。这使得男人对女人、老年人对年轻人、一个民族对另一个民族以及富人对穷人的长期统治压迫和掠夺成为可能。

[①] 托马斯·潘恩（Thomas Paine，1737—1809），美国独立战争时期政论家、资产阶级民主义者，发表名作《常识》，号召北美殖民地反抗英国统治，参加北美独立战争，著有《人的权利》《理性时代》等。

当然，卡尔·马克思已研究了这最后一种形式^①的等级制，并提出了一个革命性的疗救方案。布克金从马克思停止的地方开始前进。他建议废除经济的和生态的阶级差别，还要废除维护并延续这些差别的政府。这意味着革命。在这点上，布克金可谓超越了马克思。19 世纪的革命家呼唤的是一个由劳动阶级享有和治理的政府，布克金则不需要任何政府。他的目标不是为这一或那一集团夺取权力，而是要把它当作一个把人与人以及（作为一个物种的）人类与大自然联系在一起的机构完全予以解散。早在 1965 年，布克金就把无政府主义与生态学联系起来。他相信，这两种理论都强调共同体中每一部分的平等价值以及最大限度地增加个体的自由（以便共同体中的每一构成者都能实现其潜能）的必要性。布克金在《生态学与革命思想》（1965）一文中写道："我认为，一个无政府主义者的共同体类似于一个（正常的）生态系统。它将是多样化的、平衡的和协调的。"他在其主要著作《自由的生态学》（1982）中解释说，实现这一目的的手段是接受一种从"生态自然观"中推导出来的"具有互补性的道德"。布克金的乌托邦不仅仅是建立在生态模型基础之上，它还把生态系统纳入其中。他寻求的是人"与自然的新的和永久的平衡"，就像他在人与人之间所寻求的类似平衡那样。

布克金清楚地知道，他的生态无政府主义的实现必然要求完全废除现有文明的"制度和伦理构架"。他也知道，这是革命的另一种说法。他于 1974 年写道："我想问一问，环境危机的根源是否确实不存在于我们今天所知的社会制度中？我们所需的变革是否真的不需要从生态学的角度对社会进行根本的、实际上是革命性的重构？"正是从这一立场出发，布克金（像他为之奏响序曲的深层生态学家那样）批评了美国的资源保护主义的绝大部分观点，也批评了现代环境主义的诸多论点。作为一名最早的激进环境主义者和公开的革命家，布克金对这些人——他们以为通过禁止使用杀虫喷雾剂或在地球日举办清扫环境的活动就能拯

① 即富人统治穷人。

救世界——的努力深表怀疑。他感到遗憾的是，到了 20 世纪 80 年代，"生态学现在很时髦，事实上已经成了一种时尚——在这种庸俗化的过程中，产生了一种新型的天花乱坠的环境主义宣传广告"。这种时尚具有反污染运动的特点，但它并不对布克金认为是问题根源的心灵污染提出挑战。他驳斥了那种认为环境主义的要求过于激进的观点，他认为，"他们还不够激进"。布克金继续指出，尤其严重的是，"'环境主义'并未对人必须统治自然这一支撑着现代社会的观念提出挑战，它只是力图通过发展出能降低这种统治所带来的灾难的技术来巩固这种统治"。唯一有意义的标本兼治的解决办法，是用整体主义的环境伦理——它以对所有人和所有自然存在物的尊重为基础——来代替现代社会的"陈腐道德"。在一种新的是非观的指导下，生态无政府主义者能够摧毁旧的秩序并建立新的秩序。布克金警告说，除非这一切很快发生，否则，一个被污染的、没有生命的地球将成为其最发达的生命形式的"超级失败的死亡见证"。布克金会令那些想从他那里寻求实践性的行动计划的人感到失望，但他对当代道德的尖锐批评和对革命性变革的公开呼吁却鼓励着大自然的解放者。

自卡尔·马克思于 19 世纪 40 年代发表他的（关于解放劳动者的）宣言以来的一个多世纪，追求人的普遍解放的人都很少谈到大自然的被压迫状况。但在 20 世纪下半叶，反对掠夺大自然的呼声的日益高涨以及认为（由布克金提出的）这种掠夺与对人的掠夺密切相关的观念的出现，使许多人看到了一种超越的自由主义的可能性。例如，在指控资本主义、科学和技术所带来的非人性后果之后三十年，赫伯特·马尔库塞（Herbert Marcuse）进一步把大自然列入了应获得自由的主体行列。事实上，马尔库塞是第一个如此激进——他看到了大自然是人的奴隶这一事实，并第一次使用了"大自然的解放"一词——而又广为人知的美国人。马尔库塞继续指出，资本主义把大自然和人民都变成了具有严格功利价值的原材料。但是，资本主义已处于临死前的痛苦挣扎状态，"即将来临的革命"将带来"普遍的解放"，包括"人与自然之间的新关系的建立"。

马尔库塞认为，这场革命的基础是这样一种认识（后来被深层生态学家加以普及）：所有的自然物都首先是而且最重要的是"为它自己"而存在的。这导致马尔库塞主张：降低人对动物和植物的影响。他以一句被广泛引用的话结束他的文章："大自然也等待着革命。"正如历史表明的那样，美国的某些环境行动主义者也在等待着变成革命者。

主张从根本上改变美国人的生活和思想，这是 20 世纪 60 年代的美国思想的一个最大特色。在美国文化的最底层，所谓的反文化运动呼唤一种新道德，并要求彻底废除许多根深蒂固的传统习惯。60 年代早期强调的是人权，但是到了晚期，随着环境危机意识的高涨，人们关注的视野开始扩展了，并把大自然也纳入了道德关怀的范围。查尔斯·赖克（Charles Reich）于 1970 年写道："一场革命正在到来。它的最终目标是建立一个全新而持久的整体……在人与自己、与他人、与社会、与自然、与大地之间建立一种新型的关系。"赖克说，他所理解的革命的"成功不需要暴力"，但由于政府认可的对大自然的压迫仍在继续，因而赖克的许多读者都想起了亨利·大卫·梭罗的建议："先做人，然后再做臣民。"在解释他自己于 19 世纪 40 年代对奴隶制和墨西哥战争的抵制时，梭罗宣称："应当做的与其说是培养对法律的尊重，不如说是培养对权利的尊重。"

确实，梭罗对他拒绝给马萨诸塞当局付税，并因此而在康科德的监狱监禁一晚上的行为感到心安理得——这在美国非暴力的公民不服从传统中成了一个经典性的姿态。但有一次，梭罗认可了激进的环境主义者后来所说的生态捣乱行为。他的道德愤怒的目标是康科德河上的一座新水库，该水库使得鱼类无法完成其常规的产卵巡游。在《在康科德和梅里马克河上的一周》（1849）一书中，梭罗为那些"可怜的河鲱鱼"感到难过，它们逆流而上（寻找产卵地）的本能受到了阻碍。他问道："当这些鱼哭泣的时候谁能听到它们的声音呢？"梭罗明显地听到了河鲱鱼的声音，他完全被河鲱鱼的"正义事业"打动了，以致想到了使用暴力的可能性。"我站在你们一边。有谁知道，怎样才能用一根撬棍撼动那座比勒里卡水库？"虽然当代那些想破坏葛兰峡谷水库和美国西部其他水库的环境主义者想使用的武器是炸药而不是撬棍，但他们的道德义愤和代表被压迫的大自然超越法律的愿望却是与梭罗完全相同的。1981 年著名的环境主义者大卫·福尔曼（David Foreman）号召他的战友"解放被束缚的河流"，他还指出："在西方，生态斗士的最大愿望就是拆毁葛兰峡谷水库和解放科罗拉多河。"作为美国的第一个"捣乱者"，梭罗对现代环境激进主义者的目标及其所使用的手段肯定都会表示同情。

　　和赖克一样，西尔多·罗斯雷克对反文化运动的研究也使他预见到了都市－工业社会及其"蹂躏地球"的意识形态的瓦解。罗斯雷克希望，在此基础上能够兴起一种"充满诗意的邦联"，它信奉"一种新的生态学，一种新的民主"和对非人类存在物的伦理关怀。到了 1978 年，罗斯雷克呼吁人们接受"对地球的伦理责任"并承认"地球的权利"。他认为，要使这成为现实，就必须发动一场导致"工业社会的迅速解体"的"肯定生命的反叛"。确实，很少有人以大自然的名义支持公开的暴力反叛，但是，由约翰·罗德曼倡导的"生态学的抵抗"和由乔治·塞欣斯、比尔·德韦尔提倡的"生态学的抵制"却与这一观点非常接近。毕竟，在解放人的历史过程中，抵抗运动常常表现为直接发动反对压迫性的专制统治的游击战。在最激进的环境主义者看来，人对自然的统治与这种压迫性的专制统治非常接近。

　　在 20 世纪 70、80 年代，爱德华·阿比是解放自然运动最著名的代言人。作为特立独行的"沙漠之鼠"，阿比曾任职于国家公园管理局，也曾到英国当过几回客座教授，他的散文集《沙漠隐士》因毫不妥协地为西部地区的荒野特色进行辩护而于 1968 年引起了人们的广泛关注。1975 年，阿比出版了一本结构松散的小说《一帮捣乱鬼》——"生态捣乱"一词的出处。该书的卷首语（华尔特·惠特曼的"多抵抗，少服从"）和献给内德·卢德（他的捣乱行为曾在一段时期内减缓了英国 18 世纪工业革命的速度）的题词决定了该书的基调。从某种意义上说，该书是以小说的形式展现了阿比在新墨西哥大学的学位论文《无政府主义与暴力的道德》的内容。该书描写了一小群沙漠爱好者的冒险经历，他们走出西南部的平顶山和峡谷，做出了一系列著名的破坏现代美国掠夺大自然的社会机器的捣乱行为。他们破坏的目标包括从修建道路的推土机到法律的强制执行者的直升机和运送露天采剥煤炭的铁道。这帮人甚至想炸毁葛兰峡谷水库并把科罗拉多河从鲍威尔湖的寂静中"解放"出来。经过多次争论，阿比笔下的抗议者决定不杀害人，但他们对大自然的权利的承诺使他们几乎做出了这类极端的行为来。

爱德华·阿比明白无误地表明，他自己曾幻想过保护环境的捣乱行为。这种行为似乎是阻止那些他认为在道德上是错误的行为的唯一有效方式。正如阿比笔下有口臭毛病的前越南爆破专家乔治·华盛顿·海杜克所说的那样，环境主义者"尝试一切方式……他们尝试打官司，尝试乱哄哄的宣传运动，尝试政治手段"。因此，在海杜克看来，是到了代表大自然采取直接的暴力行为的时候了。《一帮捣乱鬼》只是轻描淡写地谈到了这种不服从行为的哲学基础，但阿比在1979年解释说，应当把环境主义，特别是环境伦理理解为大自然要求其权利的方式。人的心灵的发展已能够理解无言的地球的内在价值。阿比继续指出，"传统的基督教伦理的逻辑发展"超越了"人的狭隘范围，把那些与我们共享这个地球的生物也纳入了它的范围"。但是，伦理还应"延伸到无生物，无机物，延伸到泉水、溪流、湖泊、江河和海洋，延伸到风、云和空气，延伸到构成大地的基础的每一块岩石，延伸到丘陵、高山、沼泽、沙漠、平原和海滩"。在最深层的意义上，这就是生态捣乱鬼所要保护的。

1982年，阿比表达了他的基本信念：人们只有权利使用地球的一部分，而他们已经超越了这一界限。必须让荒野区保持其荒野状态，这不仅仅是为了，甚至主要不是为了那些（因荒野区可供人消遣或使人精神焕发）高度赞赏这些地方的人的利益。自然保护区表达的是对"无生物——例如巨砾或一座完整的山——平静地存在下去的权利的认可"。他真心诚意地想给大自然提供一个与人——他"繁殖到了蜜蜂那样的分群阶段"并已成了"人类蝗虫"（men the pest）——相等（即使不是更高）的道德地位。他相信，人对环境的影响有一个合理的界线——"生活于一个有限地区的合理数量的人群的合理需要"。但是，想一想，现代技术文明是如何地超越了这一标准！阿比于是总结说："我不愿用锋利的斧子砍一株活着的大树树干的程度，绝不亚于我不愿意用它来砍一个人的身体的程度。"这对像大卫·福尔曼这类生态行动主义者来说是千真万确的，福尔曼是"地球优先"组织的一名领导，他称赞《一帮捣乱鬼》"正是僵化的环境保护运动所需要的，是对我们明哲保身哲学的当头棒喝"。福尔曼希望，阿比的著作能够同时在理论和实践上有助于推动环境伦理学的发展。

　　在思考那些属于这样一个社会——它深陷在他所认为的错误中——的有道德的人所面临的选择时，动物解放主义者彼得·辛格力图找到一种可供选择的行动哲学。辛格最关心的是民主社会——在其中，大多数人的道德共识从理论上讲都能在法律中得到体现——中的不服从问题。1973年，在《民主与不服从》一文中，辛格完全是从对人的压迫的角度来讨论这一问题的。六年后，在《实践伦理学》一书中，他转向了"当虐待动物的行为发生时，有道德的人应如何行动"的问题。辛格问道："如果法律保护并认可那些我们认为是完全错误的事情时，我们有伦理责任服从法律吗？"他通过首先提出"法律与道德不同"这一论点来解决这一困境。例如，对动物和环境的虐待和掠夺可能是合法的，但许多公民仍认为这些行为是错误的。当然，辛格知道，法律也有"道德的成分"。特别是在共和政府治理的国家，大多数人统治着国家。因而不应轻易采取蓄意的违法行为。因此，辛格认为，不同政见者所采取的上策应当是试图改变敌视大自然的法律或缔结新的保护大自然的法律，如果这种努力失败了，"那么，在实际行为中我们就必须具体问题具体分析，以便弄清不服从的理由是否大于服从的理由"。

　　在美国，约瑟夫·弗莱彻（Joseph Fletcher）的《境遇伦理学》（1966）把这种伦理相对主义、这种实用主义的具体问题具体分析的方法——在其中，行为发生的背景决定它的道德价值——广泛传播开来。在反文化运动反对规范的文化气氛中，弗莱彻的道德哲学——它与大自然的解放者具有某种特殊的关系——很快得到了人们的欣赏。正如加内特·哈丁指出的那样，"境遇伦理学是生态伦理学。弗莱彻提出的是一种与生态学的洞见完全融为一体的伦理学"。彼得·辛格也把他的环境行动主义理论建立在"境遇"这一概念的基础上。他相信，某些境遇能证明非暴力的公民不服从行为的合理性。被动的抵抗以及心甘情愿地接受由这一抵抗所带来的惩罚——这种做法既以引人注目的方式展示了一种公认的恶，同时又体现了对现行政治制度的尊重。在辛格看来，要找到这样一些境遇——在其中，违法行为在道德上是恰当的——是很难的。主观性是不可避免的。采取违法甚至暴力行为的决定，取决于行动者对与此有关的罪恶的严重性的认识，取决于他对行为后果的估计。辛格一般不赞成暴力，但他承认，"要说暴力革命总是绝对错误的，完全不去考虑革命者力图阻止的罪恶究竟是什么——这也是片面的"。例如，在英美社会中，对基本权利和自由的侵犯被认为是如此严重的一种罪恶，以致可以合理地对它采取特别的抵抗措施。

　　特别是在谈到对实验室和农场中的动物的虐待问题时，辛格认为，反对财产权的行为（例如，一群人强行冲进实验室以释放被拘禁的动物）的合理性是可以得到证明的——如果解放者把动物受压迫的状况视为一种不能容忍的道德错误，如果在袭击实验室的过程中没有人被杀死或受伤，如果作为结果，该行为给公众的态度和政府的政策施加了重要的压力。这些标准是许多行动主义者都会同意的。尽管披着学术的外衣，辛格的境遇论或他自己所说的"后果主义的"方法，证明了保护动物的违法行为的合理性。比辛格的道德视野更为宽广的行动主义者在使用类似的逻辑来证明解放大自然的更为激进的行为的合理性时，不会感到有任何的困难。

　　虽然关心环境的某些哲学家已经打开了通向公民不服从行为的逻辑之门，但大多数环境主义者优先选择的还是法律的或立法的措施。在

20 世纪 70、80 年代，扩展伦理范围的拥护者都看到了美国的法庭和立法所取得的巨大进步。整个以 1872 年黄石公园的建立为起点的国家公园运动，至少部分表明了人们的这样一种决心：让自然界的某些部分照原样保持下去。确实，在早期，对人的快乐的关心几乎无一例外地是建立公园的理由：1936 年以前，美国公园里的食肉动物一直被定期捕杀。但是，自那以后，一种新的观念却深入了人心：公园是所有野生生物自由地追求其幸福的避难所。

国家的野生生物保护区制度更直接地反映了这种观念。引人注目的是，考虑到海洋哺乳动物对后来的环境主义者所具有的重要性，人们于 1892 年建立了第一个保护区，以保护阿拉斯加阿弗格纳克（Afognak）岛的大马哈鱼、海洋鸟类、海豹、海象和海獭。第一个完整的国家级野生动物保护区是佛罗里达的鹈鹕岛，这是西奥多·罗斯福于 1903 年把它作为"当地鸟类的保护和繁殖基地"保留下来的。与国家公园相反，创立保护区的主要目的并不是为了人的消遣。例如，对小小的鹈鹕岛的关心，就是人们对这类行为——即为收集做帽子用的羽毛而大规模地猎杀那些非猎物类的鸟类——进行抗议的结果。1960 年后，随着"环境"和"生态学"这类词汇的不胫而走，公众的激情促成了对美国的野生动物保护政策的重大修改。为获取皮毛而设陷阱捕捉动物的行为和对 1080 号农药这类有毒化学药品的使用，遭到了严厉的批评，并在一定程度上受到了法律的控制。野马、野驴、狼、鹰、郊狼和山狮都成了一种更为慷慨的道德的受益者。在某些人看来，1964 年的《荒野法案》（尽管是用人类中心主义的语言表述的）为野生动物和生态系统免遭人类干扰的自由提供了法律保障。

在 20 世纪 60、70 年代，那些利用现存的政治制度来保护大自然的人，受到了美国的这些法律和国际范围内的"绿色"政治学的出现的鼓舞。那些其成员自称为绿色分子的政党最早出现于西德，并在欧洲迅速发展，它的基本纲领是强调和平，反对核政策，强调妇女的权利和环境伦理。1983 年 7 月，在澳大利亚，一个善于采取公民不服从行为的绿色行动主义者联盟，成功地促使政府改变了这一决定：在一条以前被列入世界文化遗产保护名单中的河流上修建水库。随着澳大利亚的"绿色分子"的政治影响力的发挥，一名首相垮台了，国家的宪法也作了修改，以便尽量降低几个把发展置于优先地位的州的权力。在以两个政党为主的、政治力量不均衡的美国，绿色政治力量的作用虽然不那么明显，但在赞成和反对某个特定国会议员和参议员的政治运动中，它的影响力还是得到了体现。在美国，拥有 41 万成员的塞拉俱乐部是"绿色选票的主要持有者"，它对此深感自豪。1987 年，美国绿色组织的 75 名代表在马萨诸塞州的阿姆赫斯特（Amherst）城集会。他们决定把生态学当作他们的"哲学基地"，把"生物区域主义"当作他们的适宜生活的指针，并宣称"我们在政治上既不左也不右，我们是前锋"。

对于那些选择通过改变国家法律的方式来实现大自然的权利的人来说，各种濒危物种法给他们提供了重要的鼓励。正如约瑟夫·皮图拉（Joseph Petulla）所说的那样，濒危物种法体现的是这样一种信念："在美国，被列入保护名单中的非人类栖息者被赋予了某种特殊意义上的生命权和自由权。"虽然有些哲学家认为，物种——与组成它们的有机体个体相反——并不拥有利益或权利，但 1960 年后的大多数环境主义者都认为，人类那种导致某种生命形式不可避免地灭绝的行为在道德上是错误的。野牛在 19 世纪 90 年代的几近灭绝，以及 1914 年最后一只旅鸽——被拟人化为"马大"①——的死亡使许多美国人的心灵都受到了冲击。出于同样的理由，美国的环境主义者也把拯救陷于灭绝边缘的美洲鹤的行为理解为人们信奉新的生态道德的证据。

…………

虽然给《濒危物种法案》逐年增加的条款使得该法案的力度得以保持，但它在诸如保护鳔鲈鱼这类关键案件中的失败，却挫伤了那些以为通过立法就可以使环境道德得到贯彻的人的积极性。《洛杉矶时报》相

---

① "马大"（Martha），马利亚和拉撒路的姐姐。见《圣经·路加福音》。

信，特里科水库是"以高昂代价"换来的。该报的编者按意味深长地指出，那些限制人类对大自然的影响的法律条文会变得毫无意义，如果它们在方便的时候可以被践踏的话。《纽约时报》认为，"特里科水库事件向我们展现了数百万美国人对政治失望的原因"。那些希望在现存的法律体系内来捍卫大自然的权利的人，也对美国未能签署《联合国保护自然宪章》而感到遗憾。该宪章由扎伊尔提出，联合国大会于 1982 年予以接受。该宪章的序言提出："每一种生命形式都是独特的，都应被尊重，而不管它们对人有何价值。为使人类对其他有机体的行为与这种认识相一致，人类必须要用一种道德规范来引导其行为。"

由于经受了这些挫折，也由于认识到在全球范围内大自然正在与人类文明进行一场正在输掉的战争，因而，环境激进主义者转向了更为直接的变革和抗议。"绿色和平"是第一个表现出这种兴趣的组织。如今，它已在 17 个国家设立了办事机构，拥有 2500 万成员（包括 75 万美国人）。"绿色和平"形成于 1969 年，当年，美国和加拿大反对战争、反对核武器的行动主义者在加拿大大不列颠哥伦比亚省的温哥华举行了一次集会，抗议美国在阿拉斯加阿蒙奇特卡岛进行的原子弹试验。"绿色和平 1 号"是 1971 年派往阿蒙奇特卡岛试验区的一艘船的名字。两年后，"绿色和平 3 号"，驶往南太平洋的穆鲁罗亚环礁（Mururoa Atoll），抗议法国在那里进行的大气核试验。当摄像机拍下了船长大卫·麦克塔格特（David McTaggart）被士兵严重打伤的镜头时，"绿色和平"发现了获取公众同情的最有效的途径。1974 年，正当环境伦理学开始引起公众关注的时候，"绿色和平"扩展了它的关怀范围。用该组织发起人之一罗伯特·亨特（Robert Hunter）的话来说，最重要的关系不是人与人的关系，而是人类与地球的关系。"我们必须开始认真地研究野兔和芜菁的权利，土壤和沼泽的权利，大气的权利，最终还有地球的权利。"经常出现在由"绿色和平"出资印刷的呼吁书和报纸中的"绿色和平哲学"宣称："人类不是地球上的生命的中心。生态学已告诉我们，整个地球都是我们的'身体'的一部分，我们必须学会尊重它，就像尊重我们自己那样。"

20 世纪 70 年代中期，海洋哺乳动物（特别是鲸鱼和海豹）的权利成了"绿色和平"所关注的一个主要问题。海洋哺乳动物的福利首先是在 60 年代晚期引起环境主义者的关注的，那时，蒙特利尔地区的阿太克（Artek）影业公司为加拿大广播公司制作了一部反映拉布拉多（Labrador）地区的捕猎海豹业的纪录片。影片的本意是要描绘那些仍坚持着古老的拓荒传统的勇敢的捕猎海豹者。但现在已是 20 世纪 60 年代，许多加拿大人和美国人从影片中看到的只是对于可爱而没有防卫能力的动物的残酷行为。媒介掀起了沸沸扬扬的讨论，加拿大的仁慈主义者布莱恩·戴维斯（Brian Davies）与纽约作家克利夫兰·艾默里（Cleveland Amory）共同组织了一次大规模的抗议。对于相信动物应"获得生存权"的戴维斯来说，对此事做出的唯一符合道德的反应就是停止捕猎海豹。他从上个世纪的反奴隶制事业中借来一个词，呼吁"废除"捕猎海豹业。在国际动物福利基金会的支持下，戴维斯组织了抵制加拿大的海洋产品的活动，到 20 世纪 80 年代中期，该活动导致了海豹产品加工业的完全停产。

当"绿色和平"加入抗议捕猎海豹业和捕鲸业的行列时，它采取了传统贵格会①教徒那种以非暴力方式"目睹"不公正的发生的方法。许多人组团来拉布拉多冰区旅游，目睹对海豹的杀戮。1975 年，"绿色和平"在加利福尼亚沿岸租用了许多速度较快的气胀式船只，用来阻拦俄国的捕鲸船。由于决心坚持非暴力的立场，因而当那些庞大的动物死去时，他们只能做到让俄国人知道他们的道德立场。照片把这里发生的事情都告诉了"绿色和平"的成员。1981 年，"绿色和平"的一名成员把她自己绑在捕鲸者的渔叉上。公众对这件表现出伟大献身精神的行为作出了反应——这里有一个人为了拯救一条鲸鱼的生命而愿意牺牲自己的

---

① 贵格会（Quaker，亦译公谊会），基督教新教的一个派别，17 世纪起源于英国，创始人为乔治·福克斯（George Fox，1624—1691）。该教主张和平，反对战争，禁止信徒参军。

生命。

　　1985 年 7 月 10 日，当绿色和平的"彩虹勇士号"在新西兰奥克兰市的码头被炸沉时，"绿色和平"引起了全世界的关注。在这次事件中，它的一名船员被淹死。很明显，对环境伦理学的接受已把环境主义运动推向了暴力的边缘。尽管在它的船只被炸沉后，"绿色和平"仍坚持其非暴力的立场，但愈来愈多的大自然权利的捍卫者则准备以暴抗暴。例如在津巴布韦，公园巡逻队已开始对那些胆敢偷猎珍稀的黑犀牛的人采取杀无赦的政策。

　　保尔·沃森（Paul Watson）——在某些人看来，他是世界上最著名的生态激进主义者——的事业说明了，在一个人承认了非人类存在物的权利后，他的非暴力立场是如何很容易地走向直接的暴力反抗。沃森是加拿大人，生于 1951 年，他于 1970 年参加了地球日的游行，还参加了反对核武器、为印第安人争取权利的运动。他参与了"绿色和平"的筹备工作，70 年代中期，他领导了在公海举行的反对俄国捕鲸者的示威活动。1976—1977 年，沃森捡起了克利夫兰·艾默里和布莱恩·戴维斯的工作，把他的注意力转向了加拿大一年一度对拉布拉多海岸浮冰区的鞍纹海豹的捕捉。沃森及绿色和平的成员利用直升机视察到并拍摄下了小海豹被当着其忧伤的母亲的面活活剥皮的过程。他们最初做出的反应是把颜料涂在小海豹的身上，以使得海豹皮对捕海豹者来说变得毫无价值。但是，由于对小海豹的杀戮还在继续，沃森决定用身体护住小海豹，以保护它们免遭棍棒击昏。他还把自己铐在用来把海豹皮输送到加工船上去的一架卷扬机的输送带上。捕海豹者对沃森进行了报复，他们把他扔进冰水里，又把他和成堆的海豹尸体一起打捞起来，最后把他扔在了雪地上，他失去了知觉，差点死去。他在医院苏醒过来，结果却发现，他因违背了加拿大有关海豹捕猎的法律并卷入了所谓暴力行为而被"绿色和平"组织开除了。沃森并不否认对他的这一指控，他已变成了一个"（认为警方治安不力而自发组织的）警戒行动者"。他指出："这是以违法行为阻止违法行为。"他郑重声明，他将继续"反抗政府当局，如果我认为它错了，如果它的政策不利于对海洋哺乳动物的保护"。

由于对绿色和平组织来说，沃森的言行显得过于激进，因而沃森成立了他自己的组织"地球之力"（建于 1977 年）和"海洋保护者协会"（建于 1979 年）。这两个组织的行动哲学反映了沃森的思想：虽然"从道德上看，暴力行为是错误的，但仅依靠非暴力行为很难带来对我们的地球有利的变革"。因而他愿意作出这样的妥协："允许我自己用暴力破坏他人的财产，但绝对不能伤害生命，不管是人的生命还是其他存在物的生命。"这种立场令"绿色和平"感到担忧，却对美国和英国更为激进的环境主义者具有吸引力。在克利夫兰·艾默里动物基金会和皇家防止虐待协会的资助下，沃森购得一艘 206 英尺长的船，他给它取名为"海洋卫士号"。它的第一次行动是驶往拉布拉多地区，干预那里一年一度对海豹的春季捕猎。结果，沃森被指控犯下了下述罪行：抵抗对他的逮捕，妨碍司法工作。在逮捕过程中，警察和公众对他施加的野蛮行为差点要了他的命。他并未被吓倒，他把船驶向葡萄牙，想撞坏那里的偷猎鲸鱼的"塞拉号"船。事实证明，沃森是言行一致的。1979 年 7 月 16 日，"海洋卫士号"撞击了"塞拉号"，在"塞拉号"的船首留下了一道 8 英尺宽的口子，使后者装载的走私鲸鱼肉暴露于外。几个月后，沃森用炸弹炸沉了"塞拉号"，他驾驶"海洋卫士号"逃跑，以免该船被葡萄牙当局扣留。他在法律上遇到了麻烦，但沃森仍获得了海洋保护协会的支持，克利夫兰·艾默里又给他提供了一条船。沃森宣称，他将继续"为鲸鱼而战斗，直到要么不再有捕鲸者，要么不再有鲸鱼"。

到 20 世纪 80 年代中期，海洋保护协会在全球已拥有 1 万名会员，它继续进行着反对海洋哺乳动物捕杀者的神圣战争（在许多人看来）。沃森把"海洋卫士 2 号"称为"盖娅的鲸鱼海军舰队的旗舰"。1983 年，它又回到拉布拉多，阻止对海豹的捕杀。但是，这一次，沃森的船被加拿大海岸警卫队的船撞坏了，他被罚了款并被投进了监狱。然而，由于远不是恐怖行为，沃森的这类行为反而使激进的环境主义者获得了越来越多的支持。抗议在西伯利亚水域的俄国捕鲸者、抗议在不列颠哥伦比

亚省灭绝野狼、抗议捕杀海豚的日本渔民的运动随即展开了。1986 年
11 月 9 日，在破坏了鲸鱼的一个加工点并撞沉了停在雷克雅卫克的两
艘无人看管的捕鲸船后，"海洋卫士号"再次成为传媒的头条新闻。事
件发生时，正值苏联与冰岛举行首脑会谈，因而该事件绝不仅仅是一出
闹剧。捕鲸业的损失共达 460 万美元。负责这次攻击行动的加拿大人罗
德尼·科罗纳多（Rodney Coronado）和英国公民大卫·豪伊特（David
Howitt）乘一架商用飞机悄悄地逃走了，而且相信，他们不会被引渡，
因为冰岛的捕鲸业违背了该国与国际捕鲸委员会达成的协议。沃森认
为，他们的行为不是犯罪，因为"捕鲸行为是对大自然所犯的一种罪
行"。他在另一个地方争辩说，如果破坏他人财产的目的是为了破坏那
些用来对生物实施暴力侵犯的工具，那么，这种行为就不是暴力行为。
他遵循梭罗的教诲，一贯强调："自然法优先于国家法。"换言之，生物
的存在权不应被法律否定。

　　与"绿色和平"和海洋保护者协会一道，克利夫兰·艾默里的动物
基金会也作为野生动物的一个主要保护组织于 70 年代出现在美国的舞
台上。作为一个善于与富人和有权势的人打交道的社会历史学家，艾默
里利用他们的影响来谴责那些以打猎和获取时装原料为目的的打猎和捕
捉动物的行为。在他看来，除获取食物外，杀害野生动物的一切行为都
是错误的。哥伦比亚广播公司的新闻纪录片《秋天的枪声》——它对美
国猎人的野蛮行为进行了曝光——所引起的轩然大波表明，美国人对这
些问题的态度发生了明显的改变。艾默里赞成该片以传统的仁慈主义方
式对人的残酷行为所进行的谴责，但他逐渐改变了他的看法，转而强调
动物的"权利"。他的大作《人是仁慈的吗？》是在彼得·辛格著名的
呼唤解放动物和汤姆·雷根主张动物拥有权利的文化背景下，于 1974
年出版的。该书不仅记录了大量有关人类对动物所犯暴行的事例，还描
绘了动物基金会是如何准备这样一个广告活动的。该活动将说明，美国
最具魅力的女演员穿戴的皮衣皮帽都是人造革的。该书饱含热情。多里
斯·戴伊（Doris Day）宣称："为制作外衣而杀死动物是一种罪孽……

我们没有权利那样做。"杰恩·梅多斯（Jayne Meadows）补充说，任何一个穿戴真皮衣帽的人"都不会没有杀人犯的感觉"。安吉·笛金逊（Angie Dikinson）和玛丽·泰勒·莫尔（Mary Tyler Moore）都指出，动物拥有生存的权利。在仁慈主义运动中，这种思想是新颖的，它反映的是环境伦理学在公众生活中的出现。动物基金会的一本宣传小册子引用了阿尔伯特·施韦泽的一句话"我们需要一种把动物也包括进来的没有边界的伦理"，还配上了被捕捉的动物的痛苦状况的照片。该基金会还以另一种方式表达了同样的观点，即把"动物也拥有权利"的字样印在西服翻领的纽扣上。

随着扩展伦理范围的运动势头的增大，那些遵守法律的维护动物权利的人取得了某些值得称赞的实实在在的成就。1958 年的《仁慈屠宰法》要求家畜屠宰场杜绝施加给动物的那些没有必要的痛苦。那时，动物的权利还不是人们所关注的问题，但是，该法案的主要倡导者、明尼苏达州的参议员休伯特·汉弗莱（Hubert Humphrey）却把该法律理解为美国传统的自由主义价值观的应用。"如果我们对残忍和痛苦，不管发生在人身上还是发生在动物身上，视而不见，那我们就是在部分地辱没这样一种精神，这种精神使得美国能够作为一个把道德原则和行为准则看得高于纯粹的物质利益的民族屹立于世界。"美国反活体解剖协会和美国仁慈协会这类古老的组织为 1958 年的《仁慈屠宰法》的通过进行了大量的游说工作，它们还在继续努力，力图通过用来指导对动物（作为食品被宰杀前）的搬运工作的附加法律。1978 年，随着《仁慈屠宰法》修正案的通过，这项努力获得了部分的成功。

同时，用于研究的动物的处境也日益获得了环境行动主义者的关注。与此有关的第一个重要立法是 1966 年通过的《实验动物福利法》，这对美国的仁慈主义运动来说可谓久旱逢甘露。该法律的初衷是想用法律禁止那些为实验目的而每年都偷盗和买卖数百万只（作为宠物的）狗和猫的行为。动物福利研究所和动物保护立法协会这类组织自 20 世纪 50 年代以来就在为这项事业而积极行动，但是，政策要等到公众理解了被压迫的人与被压迫的动物之间的联系后才能做出。发表在《生活》杂志（该刊还同时发表了有关 1966 年的国会听证会的报道）上的一篇具有里程碑意义的文章阐述了这二者之间的重要联系：宠物家庭的离散了的成员很可能要在"肮脏不堪的动物待领地结束其生命，而动物在待领地生活的惨状绝不亚于'二战'集中营的生活惨状"。

被压迫的人与被压迫的动物之间的另一个相似之处是"动物奴隶贸易"。不过，《生活》杂志所刊登的最有分量的东西还是那些被虐待动物的令人震惊的图片。对于那些对有关亚拉巴马州和密西西比州的黑人——他们生活于白人统治集团的棍棒、高压水龙头和攻击犬之下——的新闻图片感到震惊的美国人来说，《生活》杂志的图片传达的是一种具有浓烈伦理色彩的信息。

为满足公众日益增长的结束对动物的虐待——不仅是在买卖用于研究的动物的贸易过程中，而且在对动物做实验研究的过程中——的需要，国会于 1970 年、1976 年和 1985 年大幅度修改了 1966 年的《实验动物福利法》。1985 年修改了的《实验动物法》极大地增加了需要仁慈地加以保护并为其建立保护区的物种的数量。很明显，美国的政治制度有能力用法律来禁止人的残酷行为，减少动物的痛苦。美国防止虐待动物协会（建于 1866 年）和美国仁慈协会（建于 1874 年）这类组织以改变美国政治制度的这种可能性为基础奋斗了一个多世纪。在美国仁慈协会的基础上于 1954 年重组的全美仁慈协会把改变动物处境的运动推进到了现代阶段，并且如上所述，取得了实实在在的法律成果。到《实验动物法》通过时，仁慈协会已拥有数以百计的州和地方小组（这是一个数目可观的政治筹码）和 60 万名会员。虽然被那些视野宽广的环境主义者讥笑为"狗和猫"的组织，但仁慈协会已开始致力于保护圈养的动物，保护野马、野驴、海洋哺乳动物和长皮毛的动物。1978 年，该协会出版了《第五日：动物的权利与人的伦理学》一书，该书指出："我们寻求的……是一种关注整个地球生物圈以及更多的存在物的伦理学。"虽然在仁慈协会的官员达尔·希尔顿（Dale Hilton）看来，该组织更喜欢关心"动物福利"的旧式观念，而非强调"动物权利"的新式思想，但该协会的主席约翰·霍伊特（John Hoyt）却于1979年指出："所有的生命都拥有内在价值，因而应获得我们通常给予人类的相同关怀。"霍伊特接着说，现代仁慈主义者相信，"人没有为了他的利益而剥夺其他存在物的权利，不管是神圣的权利，还是其他的权利"。他把他的工作理解为美国人"追求权利与正义的伟大事业"的一部分。甚至达尔·希尔顿也承认，在美国使用"权利"这一术语具有极大的好处，因为"它是美国人所熟悉的语言"。尽管有人想把仁慈主义划入另类，但是，这些思想看来是把现代仁慈主义运动与环境主义、环境伦理学联系起来了。它与美国自由主义的联系更是一目了然。

不过，对某些偏爱动物的行动主义者来说，仁慈协会所体现的那种改良的仁慈主义是不够的。那些较为极端的批评者指出，获得较好待遇的被捕获动物仍然是被关押者，就像一个健康的奴隶仍然是被奴役者一样。如果动物——恰如20世纪70年代的某些哲学家指出的那样——不仅拥有生命权，还拥有自由和实现其潜能的权利，那么，对人来说，为了那些无关紧要的目的而阻止它们实现其意愿就是错误的。从这个角度看，谈论动物的解放（用彼得·辛格1973年广为人知的术语来说）是有意义的——在释放被关押的动物的意义上。于是，讨论用于研究的动物的权利成了一个严肃的话题，而海豚则成了这种讨论的第一批受益者。

神经生理学家约翰·利利（John E. Lilly）于1955年开始研究这些鲸目科动物的行为。为研究海豚的沟通能力，佛罗里达州和维尔京群岛（Virgin Islands）的两个高级实验室喂养了许多海豚。利利得出了令人有些惊奇的结论：在许多方面（包括大脑体积），海豚的大脑优于人的大脑。那么，在为了研究目的而关押海豚时，科学家是不是在奴役一种拥有较强的敏感性和较高的智力（甚至从人的标准看，这些敏感性和智力也是不同凡响的）的生命形式呢？利利的一本书的副标题明确地回答了这一问题：海豚是"海洋之人"。利利在60年代早期还得出了这样的结论：伦理原则——诸如金规则——的应用范围不应仅限于人类。只有当"他人这一范畴把其他物种、其他实体和宇宙中的其他存在物包括进来"时，"你想他人怎样待你，你就怎样待人"的金规则才会有意义。正是认识到了这一点，利利才于 1967 年"突然意识到，我必须停止海豚研究"。他再也不能"继续管理一座关押我的朋友——海豚——的集中营了"。他还意识到，他关押的海豚里面，有几只（如他所说的那样）"自杀了"。在其余的海豚自杀之前，他把它们放入了大西洋，并关闭了他的实验室。几年后，利利撰写的一篇文章指出，"我们必须给予海豚以权利，就像它们是受我们的法律保护的人那样"。它们不应再被视为财产或资源，它们"在地球的水域中应获得完全的自由"。利利补充说，对鲸目科动物行为的研究还应继续，但是这种研究必须是在它们完全合作的情况下进行。为实现这一目的，他建议修建一种可自由出入公海的实验槽，海豚可以随意地进来和出去，在研究过程中，它们是与人合作的自愿者。

在利利这里，研究项目的指导者变成了动物的解放者。当研究助手或局外人释放动物时，冲突就发生了。1977 年 5 月 28 日，在瓦胡（Oahu）岛，两名研究生放生了夏威夷大学的一位心理学教授训练了八年的一对海豚。当有人提醒肯尼·勒瓦瑟（Kenny Levasseur）和史蒂夫·西普曼（Steve Sipman）说，他们可能会因那种高尚的盗窃财产罪而坐牢时，他们回答说："我们知道，先生们，我们放生海豚前就想到了这一点。我们认为，如果海豚自由了，我们坐牢也是值得的。"他们在另一个地方说道："我们并未盗窃它们，我们只是把它们放了回去。"法庭当然不同意他们的说法，这两个放生者被处以六个月的监禁和五年缓刑。但是，勒瓦瑟和西普曼却成了夏威夷的名人。他们自称为"海洋地下交通站队员"——这表明，他们了解美国早期解放者的历史，他们还描述了被放生的海豚是如何"刚刚逃脱——并最终获得自由"的。正如勒瓦瑟和西普曼肯定知道的那样，马丁·路德·金曾于 1963 年使用了相同的词汇来表达他关于黑人解放的梦想。

20 世纪 70 年代后期，人们对其他动物实验的伦理问题的日益关心导致了更为直接的行动。纽约的高中老师亨利·斯皮拉（Henry Spira）曾参加过 60 年代的民权和劳工权利运动。1973 年，他读了彼得·辛格发表在《纽约书评》上关于动物解放的文章并总结说，解放动物这一事业"是我终身为之奋斗的事业——认同于没有权利、易受伤害……被统治与被压迫的人——的逻辑延伸"。斯皮拉的计划是把"在民权运动、工会运动和妇女运动中被证明是有效的斗争传统应用于动物运动"。他将"全神贯注地关注一种"他认为是可以改正的"重要的不公正"。对 1956 年的民权行动主义者来说，这种不公正就是发生在亚拉巴马州蒙哥马利市公共汽车上的对黑人的歧视，二十年后，斯皮拉则对声誉卓著的美国自然史博物馆开展的研究（一项对被切除部分器官后的猫的行为的研究）提出了挑战。通过在开展该项目的实验室外抗议十八个月并使公众广为了解后，联邦政府撤回了它对该研究项目的支持，该实验室也关闭了。

斯皮拉的下一个攻击目标是德莱兹（Draize）兔眼刺激测试，这种测试是把化妆品滴入兔子的眼中以评估该化妆品的刺激性。在大多数情况下，这种刺激是如此之强，以致兔子的眼睛变瞎了。这一次，他把几百个动物福利和动物权利组织的努力与数百万"默默无闻"具有不同会员资格的人士的努力结合起来。这次运动的转折点，是一幅刊登在《纽约时代》杂志 1980 年第 1 期上展示一只瞎眼白兔的（占据一页篇幅）广告及其标题："露华浓（Revlon）公司为了美，究竟弄瞎了多少只兔子的眼睛？"人们在露华浓公司纽约办事处及其他办事处的外面举行了示威。公司做出的反应是解雇了从事德莱兹测试的工作人员，并设立了寻求其他测试方法的研究基金。当美国食品和药品管理局撤销了它对"五成致死剂量测试"——该测试每年约使 500 万实验动物丧命——的数据要求时，该测试也成了斯皮拉行动主义的牺牲品。斯皮拉认为，他已向美国的科学家说明，"在星期一上午，你不可能像订购一个灯泡那样随便订购 1000 只兔子或 1 万只老鼠"。

亨利·斯皮拉力图以人们熟知的、合法的方式影响公众舆论与公司的政策，但是，美国的动物权利运动并不总是遵守法律的规定。在这方面，它效仿的——正如美国的仁慈主义经常效仿的那样——是英国的榜样。早在 1974 年，罗尼·李（Ronnie Lee）就因闯入实验室、破坏实验设施并放生动物而引起了人们的关注。四年（他在这四年中曾被拘留了好几次）后，李与其同事建立了"动物解放阵线"（Animal Liberation Front）。到 20 世纪 80 年代中期，这个英国组织已拥有近 2000 名成员，每年都组织上百次违法活动。在一位评论者看来，"动物的解放无疑是 80 年代的青年人的运动"。李说，他可以预言，总有一天，"（动物研究的）残忍的指导者将被枪杀在他家门口的台阶上"。他还认为，"直接的行动"不是代替，而是为了促成"国会的改变"。与此同时，在美国，保护动物的直接行动开始以各种形式表现出来。阿历克斯·帕切科（Alex Pacheco）于 1980 年与他人创建了"以道德的方式对待动物协会"（简称 PETA），他获准作为自愿者进入爱德华·陶伯（Edward Taub）博士在马里兰州银泉市的行为研究所。他提供的证词和拍下的照片促使马里兰当局决定依据该州有关虐待动物的法律对该研究所采取行动。1981 年 9 月 11 日，握有搜查令的警察进入陶伯的实验室，扣押了他用于实验的猴子。陶伯被处以一小笔罚金，该事件所产生的消极影响却使他先是失去了研究基金，后来又失去了他的研究所。到 1987 年，"以道德的方式对待动物协会"已拥有 20 万会员，它还在努力为那些获得解放的猴子寻找一个满意的家园。

在阿历克斯·帕切科利用法律来保护动物的权利的同时，他的某些动物解放战友却没有那么多的耐心，对法律也不那么尊重。从 1982 年 3 月开始，美国各地的"动物解放阵线"成员就不断地冲进实验室，释放被关押的动物。这些攻击行为引起了媒体的关注。《新闻周刊》指出，许多行动主义者都是"反对种族歧视主义与性别歧视主义的老战士，他们把动物视为等待解放的下一个被压迫群体"。他们关注的不再是"动物的福利——为实验室的动物争取较好的生活条件。而是动物的'权利'——完全不被当作实验品的权利"。刊登在《纽约时报》头版的新闻故事告诉人们，最新潮的解放者相信，"动物拥有在一个自然的环境中过完整的生活的天赋权利，剥夺动物的权利是不道德的，不管这能给人带来什么利益"。埃里克·麦尔尼克（Eric Malnic）发表在《洛杉矶时报》头版的论述动物解放阵线的文章指出，这个组织的成员"享有一种共同的观念——作为个体，所有动物（不仅只有人）都拥有不可剥夺的权利……在生活的整个计划中，所有的存在物都具有相同的重要性"。道格拉斯·斯塔尔（Douglas Starr）发表在《奥杜邦》杂志上的文章宣称，动物权利主义者虽然曾经是"极端主义者"，但现在已成为时代的"主流"，而且正在变成一股重要的政治力量。他认为，动物权利运动是不可避免的："在经受住了民权和妇女解放运动的考验后，许多美国人已准备扩展权利拥有者的范围。"

当动物解放阵线组织于 1984 年 5 月 26 日袭击了宾夕法尼亚大学的大脑损伤实验室时，它引起了全美国的关注。尽管出于明显的理由，攻击者的身份要严格加以审查，但他们还是急于使他们的事业广为人知。经过大家的一致担保，一名记者被允许作为目击证人参加他们攻击大脑损伤实验室的行动。该记者发现，有一位攻击者是纳粹集中营的幸存者，他在晚年把关注的对象从被压迫的人群转向了被压迫的动物。这次攻击的成果，是破坏了那些用来损伤被关押的灵长类动物的大脑的设备，但是，他们没有放走一只动物。动物解放阵线转而盗走了记录研究工作长达六个小时的录像带。该录像带通过阿历克斯·帕切科和"以道德的方式对待动物协会"向新闻界予以公布，它向公众展示了未被给以适当麻醉处理的灵长类动物的痛苦形状，而那些给这些完全清醒的动物做手术的研究者嘴里竟然常常叼着烟！该录像带甚至记录了一位科学家的这句话：他希望动物权利组织永远不要拿到这些录像带。但是，动物权利组织拿到了，而公众对此事表现出来的愤怒，最终导致全国健康研究所暂时停止资助并关闭了该研究室。

动物解放阵线维护动物权利的非法而直接的行动，无疑是美国自由主义的一个引人注目（尽管是较不重要的）的部分。动物解放阵线于

1985 年攻击了加州大学河滨分校，放生了 467 只动物，捣毁了价值 68 万美元的设备。1987 年，在加州大学戴维斯分校，解放阵线烧毁了一座价值 250 万美元的动物研究建筑物，以此来欢庆地球日（4 月 22 日）和动物权利日（4 月 24 日）的到来。17 辆大学交通车也被毁坏了。尽管有些美国人认为，这类行为比蓄意的破坏行为好不了多少，但其他人则把它们类比于约翰·布朗 1859 年对哈普斯渡口军火库的袭击。动物的解放者完全认同其历史前辈的所作所为。"解放阵线的行为就像奴隶制时代为奴隶逃往北方提供地下通道的行为，"一位解放者宣称，"为了改变社会，人们有时得逾越法律的界限。"

　　"绿色和平"、海洋保护者协会、动物基金会和动物解放阵线关注的是动物个体的权利，其他组织则倾向于依赖更具整体主义特征的哲学来行动。"地球优先"组织是一份自成风格的激进的环境主义杂志的出版者，是"不妥协的环境主义运动"的公共大本营，它力图把"深层生态学的生物中心主义范式转化成政治行动"。虽然这个组织反对等级制和集权，但我们很难否认，大卫·福尔曼是该组织的主要奠基人。福尔曼出生于 1946 年，在他的思想和行为尚未变得激进之前，他与现存的社会体制关系密切。这包括：他是新墨西哥州的第四代白人后裔，接受过最高级童子军训练，拥有一张大学文凭，参加过巴理·戈德华特（Barry Goldwater）的总统竞选运动，在美国海军服役，还于 1973 年为一个正宗的资源保护团体——荒野协会——工作。但是，在 1979 年，在对林业局保护荒野的决策感到失望后，带着对那种只向政府负责的整个环境保护运动，甚至他自己的所作所为的厌恶，他辞去了在荒野协会的工作。他在《进步》杂志上撰文指出："美国早期的资源保护运动是已经确立了的社会秩序的产物。"在福尔曼看来，即使到了 20 世纪 70 年代后期，美国的环境主义运动与人类中心主义、功利主义之间的联系似乎仍过于密切。只有少数几个深层生态学家指出了这一点：人类对大自然的仁慈控制仍然是一种控制，没有人根据这一信念——大自然拥有的权利与人拥有的权利非常相似——而行动。在用蜡纸油印出版的第 1 期

《地球优先》（1980 年 11 月 1 日）通讯杂志中，福尔曼宣称："我们在政治上绝不妥协。让其他组织去妥协吧。《地球优先》将阐述由那些相信地球最为重要的人提出的真正强硬的激进观点。"

当福尔曼开始阐述他的捍卫大自然的权利的宣言时，20 世纪 60 年代的人权捍卫者的形象久久萦绕在他的心头。他说，院外游说、打官司、对污染环境的行为予以曝光、发布新闻稿、提供研究报告——这些都是有益的，却是不够的。地球优先这一组织将进一步采取"示威和对抗行动，并使用更具创造性的策略和更具感染力的语言"。他总结说："是让激情迸发的时候了，是采取强硬措施的时候了，是像那些曾被投入监狱的民权工作者那样鼓起勇气的时候了，是首先为地球而战的时候了。"在第 2 期通讯杂志中，福尔曼摘引了梭罗关于违背不道德的法律的建议，并且问道："民权与反战行动主义者是否把自己的目标定得太低？"福尔曼认为，美国的环境主义是"懦弱的"。他的意思是说，环境主义者那种想在现存的政治框架内采取合理、温和而有效的行动的努力，是把他们的灵魂出卖给了他们本应反对的政治势力。在讲究策略的同时，他们也付出了妥协的代价。福尔曼的事业，是要给环境主义补上伦理学和激进行动的内容，他出版的通讯杂志的封页上很快印上了这样的口号："在捍卫母亲地球时绝不妥协！"一个半世纪前，威廉·劳埃德·加里森（William Lloyd Garrison）领导的解放者曾宣称："绝不向蓄奴者妥协。"加里森的自由主义促使他对奴隶制采取激进行动，福尔曼的自由主义则进一步以不妥协的态度反对对地球的奴役。

"地球优先"组织把环境保护理解为一种生物中心主义意义上的道德问题的努力，促使了一种生态好战政策的产生。福尔曼及其战友，诸如豪伊·沃尔克（Howie Wolke）、麦克·罗塞尔（Mike Roselle）、苏珊·摩根（Susan Morgan）和巴特·凯勒（Bart Koehler），决心为实现他们的目标而采取必要的激进措施。在可能的情况下，他们当然愿意采取合法的手段，但是，对废奴主义者和民权捍卫者所取得的成功的回忆，却使他们不想回避公民不服从，甚至直接的暴力行为。爱德华·阿比的《一帮捣乱鬼》成了他们行动的指南。他们赞赏该书的那些反抗者，这些反抗者有勇气为了其伦理信念而站出来并进行战斗。福尔曼相信，"整个地球都是神圣的"。他指出："捣乱行为是阻止对自然之地的工业化的一种极端的道德方式。……它是一种手段。有时你得在院外游说，有时你得四处写信，有时你得打官司，而有时，你就得捣乱。"这种态度明显地使地球优先组织变成了美国环境主义的一个极端派别。像早期的废奴主义者一样，地球优先组织的成员不会得到人们的普遍赞赏，其他的环境主义者甚至也不会赞赏他们，但是，像加里森及其追随者那样，地球优先组织的声音将会被人们听到。

在美国的环境危机意识处于高潮之时，许多与地球优先组织的做法类似的生态破坏行为也出现了，尽管它们不再被称为"捣乱行为"。少数狂热分子逾越法律，以便使人们注意他们那种以负责任的态度对待大自然的主张。20世纪70年代早期，在芝加哥地区，"狐面人"（The Fox）就堵塞工厂的大烟囱；有一次，他还把美国一座钢铁厂排出的有毒废水引入该厂总经理的私人办公室中。一位采访者曾在电话中问他，他的策略是否违法或不道德，他回答说："它并不比我在阻止一个男人毒打一只狗或勒死一名妇女时做出的行为更违法或更不道德。"这位狐面人被新闻媒体称为"生态学的孤独的突击队员"，他成功地隐瞒了自己的真实身份，他的面具从未被揭穿。

1971年，被称为"广告牌破坏帮"的密歇根州的环境主义者因毁坏路边的广告招牌而成为媒体关注的焦点。一位被逮捕的环境主义者用人们熟悉的自由主义词汇为这种破坏行为进行辩护："当政府玩忽职守时，总得有人起来行动。"大约与此同时，在俄勒冈州，因蕾切尔·卡逊的著作而变得警觉起来的当地人，划破了运输工具的轮胎，烧毁了一架被用来喷洒杀虫剂的直升机。1978年，在明尼苏达大草原，一个被称为"逃跑的象虫"（Bolt Weevils）的广为人知的农民组织拆除电力输电线，并堵住调查和建筑人员的去路。第二年，在加利福尼亚塞拉山的山脚下，工程兵在斯塔尼斯劳斯（Stanislaus）河上建成了新梅洛内斯（Melones）水库。"河流之友"的领导人之一马克·杜博依斯（Mark Dubois）为拯救一块他认为是神圣的地方不被水库淹没，使用了一切可能的法律手段，包括1974年的一次未成功的公民复决投票。最后，在1979年5月20日，杜博依斯采取了公民不服从的行为。在夜幕的掩护下，他用锁链把自己绑在河岸边一处隐秘的悬崖上。并把开锁链的钥匙扔进了水中。杜博依斯在写给工程兵的信中表明自己的意图：当水库的水升高时，他将被淹死。杜博依斯宣称："当水库蓄满水时，我的精神将部分死去。"他感到，他没有别的选择，除了用自己的生命来捍卫斯塔尼斯劳斯河。虽然费尽周折，但当局还是没能找到杜博依斯的藏身之处并把他弄走。5月28日，加利福尼亚当局同意在工程兵与杜博依斯之间进行斡旋。这时，杜博依斯才从他藏身的隐秘地方走出来。新闻媒体的关注使这位声音柔和的河流卫士感到不好意思，但许多美国人都被这个准备用自己的生命来捍卫一条河流的男人的故事所深深地吸引。

1980年以前，公众对环境伦理学的理解还是很幼稚的，"生态抗议行为"更多的是与人的（从不受污染的环境中获得的）利益，而不是与大自然的权利联系在一起。但是，从一开始，地球优先组织就把自己的行为理解为捍卫"树木、河流、灰熊、高山、草地和鲜花的生存权利——不管它们是否具有人所理解的使用价值"。正如福尔曼于1985年指出的那样，"生态系统中的每一个生物都具有内在价值和在该地生存下去的天赋权利"。两年后，他宣称"我们必须继续扩展共同体的范围，使之包括所有的生物"，因为"其他存在物——四条腿的、长翅膀的、六条腿的、生根的、开花的等等——所拥有的在其栖息地生存的权利和我们拥有的一样多"。福尔曼补充说："它们是它们自己存在的证明，它们拥有天赋价值，这种价值完全独立于它们对……人所具有的价值。"

"地球优先"组织于1981年3月21日第一次把这种哲学付诸行动。那时，爱德华·阿比、大卫·福尔曼和另外70个人会集在科罗拉多河的葛兰峡谷水库，他们引开了守卫的注意力，顺着水库的水泥墙放下一幅300英尺高、用黑色塑料布"制成"的水库大坝的"裂口"。在高喊"使科罗拉多河获得自由！""解放科罗拉多河！"的口号时，他们坚信，他们的动机是捍卫自然生态过程的完整性，而不是人从这些过程中获得的消遣利益。报纸在头版刊登了有关"葛兰峡谷水库大坝的崩裂"的详细报道。有些报纸把这次事件当作一次毫无意义的闹剧来处理。"地球优先"组织的成员却因此而频频地在报纸上出现，福尔曼也因此认为，他"意识到了在这个国家正在兴起的环境激进主义"。

　　葛兰峡谷集会五年后，随着其成员增加到了 1 万人，"地球优先"组织找到了展现其好战精神的富于想象力的新方式。有些方式属于公民不服从的古典传统。该组织的一个徽章是一根长成了紧握的拳头形状的树桩，而在二十年前，黑人权利的辩护者就已把紧握的拳头这一意向推广普及。就像民权运动和反战运动的抗议者用身体封锁道路和建筑物那样，追随这些抗议者的地球优先组织的成员也横躺在伐木车和采矿车的前面。有一次，他们还手拉着手地围住一棵树，以阻止链锯的进一步作业。随即发生的逮捕事件引起了新闻界的注意，这种关注有时导致了要求木材公司暂缓和停止伐木的结果。1985 年，"地球优先"组织发展出了实践民权运动的"静坐"策略的第三种形式：在俄勒冈州的原始森林区，该组织的成员爬上 250 英尺高的冷杉，在上面建立了抗议据点，使得伐木者不敢砍倒冷杉。当锯工转而去砍伐邻近的树时，抗议者就用绳子把一棵棵树都连在一起，形成一个由绳子构成的蜘蛛网。这个网的中心就是他们自己的"窝"。挽救树木的一种可供选择的方式使"地球优先"组织的某些成员从选择公民不服从行为开始转向选择更不合法的不服从方式。他们把上千颗铁钉钉进计划要砍伐的树木中，这一招使得链锯无法作业。在俄勒冈、肯塔基和加拿大的不列颠哥伦比亚省，这种给树木钉钉子（有时还在路中安放铁钉）的方法至少使荒野成功地得到了暂时的保护。看着被毁坏的链锯和受威胁的生意，木材公司和美国林业局被激怒了。但是，"地球优先"组织的创建者之一麦克·罗塞尔却为这种做法辩护说，它与美国自由主义的基本精神是一致的。他指出："捣乱是美国的一个传统。看看波士顿倾茶事件吧——人们已用一枚邮票来纪念它。总有一天，我们也想看到，人们会用同样的方式来纪念给树木钉上铁钉的行为。"

1985 年，大卫·福尔曼曾试图用《生态捍卫：捣乱行为指南》一书来总结环境主义的好战行为。第二版（1987）的献词提到了狐面人、"逃跑的象虫"组织、哈德斯蒂（Hardesty）山复仇者、图森（Tucson）地区生态袭击者这类新近出现的激进组织。爱德华·阿比为该书写了一篇导论。福尔曼写道："是行动的时候了，让我们用英雄主义的，且据说是违法的方式来保护荒野，把捣乱行为投入那毁灭着大自然的多样性的机器齿轮中。"他作了一个多少有些厚脸皮的不承担责任的声明："本书……提到的人，谁都没有……鼓励他人去做那些迄今被认为是愚蠢的违法行为。"但是，他接着却非常严肃而详细地向人们介绍了"在树上钉钉子的行为、破坏道路的行为、毁坏重型机械设备的行为、拔除测绘标志杆的行为、弄脏广告牌的行为、不留证据的行为和确保安全的行为"。福尔曼相信，这类"捣乱行为不仅在道德上是合理的，而且是道德所要求的"。他补充说："当你仔细观察工业国家正在施加给公共荒野地和大自然的多样性的那种令人难以忍受的破坏时……你所观察到的会迫使你选择一切可以抵制这种破坏的手段。"确实，他认为，环境激进主义者从事的是"所有行为中最道德的行为：保护生命、捍卫地球"。福尔曼并不准备用暴力来侵犯他人，但是破坏机器却是另一回事。在夏威夷，捣乱者共"损坏了"价值达 30 万美元的重型设备。在怀俄明州，捣乱者对一个测绘工程的干扰导致承包商损失了 5 万美元，也使霍卫尔·沃尔克被判六个月的监禁。

由于他们在捍卫大自然时极其负责，而且他们又想把大自然纳入其道德共同体的范围，因而，地球优先组织的成员最终不得不认真地考虑他们那种用暴力反对财产权以及最终反对其敌对者（他人）的行为的合法性问题。众所周知，捍卫人权的斗争在过去曾导致流血冲突甚至战争。那么，大自然的捍卫者所持有的不妥协的道德立场究竟应当有多激进呢？ 1983 年，在俄勒冈大关口附近的锡斯基尤（Siskiyou）国家森林公园，这种不妥协的道德立场几乎导致一场对阵战，当时，一名推土机驾驶员高声叫嚷着："我要杀死你们！"他差点把几名木材公路的封锁者碾死在一堆污泥上。大卫·福尔曼被一辆卡车拖出去100码，他的膝盖也遭到了永久性的损伤。1987年5月，当一根被钉了钉子的木头导致一把15英寸长的锯片折断并打在脸上时，加利福尼亚北部一家锯木厂的锯工乔治·亚历山大（George Alexander）差点丧了命。福尔曼评论说，他为亚历山大感到难过，但是，"老实说，我更关心古老的森林、有斑点的猫头鹰、美洲狼獾和大马哈鱼——再说，谁也没有强迫人们去砍这些树"。麦克·罗塞尔说，"我并不认为人比树更重要或树比人更无足轻重"。他补充说，这并不意味着，"我们应当像砍树伐木那样杀人"，而毋宁是意味着，"我们没有为了挥霍而砍树的权利"。甚至许多勇于献身的环境主义者都不能接受这种逻辑推论。哈罗德·吉利阿姆指出，"暴力只能导致暴力"，而"善良的意愿并不能证明破坏性行为的合法性"。竟然有这样一些环境卫士，"他们为拯救树木不惜伤害或杀死他人"——想到这一点时他不寒而栗。一位木材公司的代表则干脆宣称，在树上钉钉子的人是"凶手"。

还有一次，在劝导捣乱者要"尽量减少对他人造成的任何可能威胁"后，福尔曼说，如果破坏机械设备的行为就像"某些胖人必须步行半英里去叫一辆车却犯了心脏病……那么，这确实是很冒险的"。"地球优先"组织的许多宣传给人留下的是这样一种印象：一场内战一触即发。海伦巴赫（T. O. Hellenbach）撰写了《生态捍卫》一书的一章，他把生态捣乱者与美国激进的殖民者联系起来，后者对茶叶和英国法庭文书的破坏有助于促进美国革命的发生。他还提到了"地下通道"这一先例，地下通道曾解放了"那些人——他们把奴隶仅仅视为另一种可供掠夺的资源——的私人财产"。最后，当政府不认可这种变化了的道德观时，那么，"为解决这一问题，就得发动另一场战争，"福尔曼补充道："约翰·缪尔曾说过，如果真有物种之间发生战争的那一天，他将站在熊的一边。这一天已经到来了。"

　　即使在新环境主义者内部，对暴力也有不同的看法。《环境伦理学》杂志的主编把"地球优先"组织所采取的策略当作"更接近于恐怖主义而非公民不服从行为的……准军事行动"来加以谴责。他指出，神圣不可侵犯的财产权也是约翰·洛克所说的天赋权利之一，否认这种权利有可能导致人们"顽强地抵制"环境保护运动，并使这个运动"已取得的成绩毁于一旦"。规模庞大的全国野生生物保护联盟的副主席杰伊·黑尔（Jay Hair）也提出了类似的看法："我们的国家是一个法治国家。恐怖主义根本不可能改变公共政策。"毫无疑问，黑尔是福尔曼所说的现存无效率的环境保护体制的主要支持者，但《地球优先》新闻版的编辑也因发表了同情在树上钉钉子和在路上摆放钉子的行为的论点而引咎辞职了。甚至加里·斯奈德（Garry Snyder，主张大自然拥有权利的先驱人物之一和"地球优先"组织的一名支持者）也警告该组织说，只有在万不得已时才可采取破坏财产或损害他人的暴力行为，而且"真正是出于战士（保护大自然）的觉悟"，而不是出于借酒壮胆式的男子汉气概或浅薄的恶作剧习惯。作为一名佛教徒，斯奈德把结束美国文明对大自然的暴力侵犯的希望寄托在反对普遍的暴力行为的基础上，不应当用暴力来反抗暴力。

　　在这一问题上，人们尚未达成共识。某些激进的环境主义者力图在暴力破坏财产与暴力侵犯他人之间划定一条可接受的界线。《地球优先》的一位来自北卡罗来纳州的记者写道："这些出于良知的行为不是暴力行为，如果我们是这个地球的称职的托管人，那么，采取这些行动就是我们的义务。"但是，他告诫说："对待生命的所有行为都必须是非暴力的。"大卫·福尔曼是不同意这种观点的人之一，他指出，尽管他敬佩甘地或马丁·路德·金式的和平主义，但"从本性上说，他不是一个和平主义者"。在福尔曼看来，忍辱负重似乎"只能招致更多的凌辱"。因而，曾经被一个愤怒的木材卡车司机严重撞伤的福尔曼准备毫无保留地以牙还牙。他感到，"我们大多数人都已欲罢不能，不可能倒回去了"。就他自己而言，他将采取一切他能够采取的手段，包括暴力行为，来为大自然的权利而战斗。福尔曼将不与地球的掠夺者谈判。1981 年，他在落基山各州 ① 法律基金会上提出了一个无疑会令听众感到震惊的类比："如果你回到家，发现一群恶棍正在强奸你的妻子、年迈的母亲和 11 岁的女儿，你不可能坐下来心平气和地与他们谈判或建议彼此妥协。你会拿起你 12 毫米口径的短枪，把他们送进地狱。"很明显，在福尔曼看来，就像对人们所爱的人的强奸一样，对地球的强暴也已变得在道德上不能容忍。

豪伊·沃尔克是"地球优先"组织的一名创建者和有名的生态捣乱者，他认为，对环境主义来说，"符合习俗的策略"和"非暴力的直接行动"是有价值的手段。像福尔曼一样，他并不冒昧地告诉其战友应该采取什么行动，对手段的选择是由个人的良知决定的。但是，沃尔克感到，"如果我们想成功地推动一场有效的激进环境保护运动，那么，采取暴力行为将很快成为不可避免之事"。"在捍卫所有的生物和生物圈的非生命成员的过程中"，人们将成为"彻彻底底的好战分子"。因而，沃尔克欢迎并投入"那些处于社会前锋的人士中"，他们深知，"每一次重要的社会政治变革都需要某种程度的暴力行为"。总之，"就像喜欢苹果派一样"，喜爱暴力行为"也是美国人的特色"。

沃尔克认为，非暴力行为是"不自然的"，因为"动物最基本的本能就是在受到攻击时予以反抗"。在"地球优先"组织的圈子内，最近关于暴力行为的讨论中出现的绝大多数观点都与此大同小异。1987 年，该刊的一位通讯员赞扬了深层生态学，但他也承认，他对大多数深层生态学家信奉并实践非暴力主义感到失望。在指出"几乎所有已知的有机体都对那种蚕食其领地、攻击其身体的行为做出暴力反应"后，他认为，环境主义者确实有权利以暴力行为捍卫其栖息地。一年前，大卫·福尔曼曾告诉一位采访者，他认为"非暴力主义百分之百地是对生命的拒绝"，福尔曼把那种要求人类克服其选择暴力行为的天然倾

---

① 指落基山脉所在各州。

向的思想视为"新时代的一派胡言"。所有活着的生物都捍卫其根本利益，若有必要就采用暴力。在福尔曼看来，要求人不遵守这种生物学规则是与生态学的下述基本前提相抵触的：人与大自然不是截然分离的。当然，这并不仅仅是一个捍卫人（拥有一个健康的栖息地）的权利的问题。福尔曼认为，一条特定的河流、荒野或濒危物种"通过对你发生影响"来保护自己。因而，激进的环境主义就成了——用斯特凡尼·米尔斯（Stephanie Mills）的话来说——非人类存在物或自然客体"自我保护的一种高级形式"。福尔曼乐于这样说，"我是作为荒野的一部分在活动，以此来保护我自己"，生态捣乱行为是"地球的自卫行为"。人为大自然而行动的观念，取决于人对个体自我与生物物理整体之间的关系的理解。在"地球优先"组织的某些成员看来，这种观念能够证明任何一种违法行为的合理性。

美国自由主义的历史为环境激进主义者提供了一种证明暴力行为的合理性的方式。乔治·维特纳（George Wuerthner）在1985年8月号的《地球优先》通讯上告诉读者，像劳伦斯·科尔伯格所理解的个人一样，当生活于一种文化中的个体意识到了与"不公正的法律"相对立的"普遍真理"时，该文化"在道德上就成熟了"，在美国，道德的这一成熟过程并非总是一帆风顺且没有伴随暴力事件发生的。维特纳解释说："我们是通过一场内战才把某些不可让渡的权利扩展到了我们社会中的所有人身上去的。"现在，有些人则指望依靠暴力行为，以便实现"权利范围的下一次重要扩展……使之扩展到大地"。

令人奇怪的是，反战行动主义者竟然很少注意这一问题：那将带来几乎不可思议的全球毁灭的核战争和"核冬天"对大自然意味着什么？反对核战争的大多数理论关注的都是核武器对人类及其文明的威胁。当然，也有少数人认识到了这一问题所包含的更为宽广的伦理意蕴。如果人类自我毁灭了，那么，这一物种可说是自作自受，但是，那些连带被毁灭的其他生物、物种和生态系统又怎么说呢？乔纳森·谢尔（Jonathan Shell）的畅销书《地球的命运》（1982）就是从地球的角度来考虑这一问题的。在该书中，他不仅恳请人类拯救自然使之免于灭绝，还恳请人类把"地球当作人类和其他生命的根基来予以尊重"。在《星球战与我们的精神家园：决定地球的未来》（1985）一书中，帕提西亚·米舍（Patricia M. Mische）指出，现代武器已使我们的"伦理道德陷入了危机"，因为"我们拥有的是一种主宰生与死的新力量——不仅主宰人的生命，还主宰地球上所有形式的生命"。在她看来，人所掌握的这种无坚不摧的力量要求"我们在道德上变得更为成熟"。刘易斯·托马斯（Lewis Thomas）把地球比作一个有生命的细胞，他相信，核战争将给予"生物圈以……致命或几乎致命的一击"。地球上的生命也许还会幸存下来，但它只能像十亿年前当细菌处于进化树的顶端那样重新开始。迈克尔·阿伦·福克斯（Michael Allen Fox）同意这一观点：核战争将导致"生命自杀"。除了是一场导致人的生命大量毁灭和可能灭绝的大屠杀外，核战争还将"因给人类之外的环境带来的影响而被视为一场在道德上更邪恶的"大屠杀。在谈到这一点时，福克斯提到了深层生态学家的这一信仰："其他生物有权利继续存在下去，即便我们执意要毁灭自己。"

　　卡尔·萨根（Carl Sagan）和保罗·埃利希（Paul Ehrlich）是预见到核战争的生态后果并普及"核冬天"这一概念的重要人物。他们更愿意从科学的而非伦理学的角度论证其观点，但是，隐含在他们的著作中的却是这样一种观点：原子弹给人类提出了看护进化过程的可怕责任。在用共同的生物共同体和伦理共同体把人与大自然联系起来的同时，萨根呼吁他的同代人要"呵护我们这个脆弱的世界，就像呵护我们的儿孙那样"。像许多科学家和医生那样，萨根也主张采取公民不服从行为。1986年，他们有好几次都进入了内华达州的试验区以阻止核弹的爆炸，并因犯了非法进入罪而被捕。哈佛大学的心理学家约翰·麦克（John Mack）在为其在内华达州的被捕辩解时提到了波士顿倾茶事件、亨利·大卫·梭罗和马丁·路德·金，他告诉那些向他欢呼致意的哈佛大学生："为了你们的精神健康，我建议大家采取公民不服从的行为。"

核战争和"核冬天"问题比最近的任何其他问题都更容易促使人们关注人和大自然的权利。环境主义运动已开始认识到，在裁军运动中，至关重要的不外乎地球的命运。哲学家和科学家都承认，如果栖息地不存在了，那么，任何有机个体的权利都将变得毫无意义，栖息地本身就是生存权、自由权、追求幸福的机会的保障。许多人都提出了栖息地本身的权利问题。对大自然和人的未来解放者来说，消除核屠杀的威胁很可能将成为一条重要的道德命令。

(选自 [美] 罗德里克·弗雷泽·纳什
《大自然的权利：环境伦理学史》，杨通进译)

第十九讲　相互依存的地球

[美] 希拉里·弗伦奇

希拉里·弗伦奇（Hilary French），毕业于美国达特茅斯大学和弗莱彻法律与外交学院，曾任联合国环境项目特别顾问，世界观察研究所多项项目主管及首席研究员，一直致力于全球的环境问题的研究，是该研究所关于世界环境问题多本著作的作者。

相互依存的地球

[美] 希拉里·弗伦奇

【编者按：弗伦奇从外来物种入侵、野生动物贸易、艾滋病等传染病的蔓延三个方面说明了人类在生态上的相互依赖性，认为要应对这些全球性的环境问题，国际社会就必须互相合作，在全球层面采取统一而协调的行动。】

在历史长河当中，在绝大部分时间内，山脉、沙漠和洋流等自然界限分隔出了不同的生态系统，同时也分隔了这些生态系统当中的许多物种。但现在这些物理界限之间正在彼此渗透，导致这一状况的原因是人和各种组织机构在全球范围内的扩散。这种扩散打扰了自然生态系统的宁静，而且带来了破坏性的和不可预测的后果。

近几十年来，由于贸易和旅游业的迅猛发展，生态一体化的进程也大大加速了。1998 年约有 50 多亿吨的货品在世界范围内的海洋和其他水域进行运输，这一数字是 1955 年的六倍多。国际航空旅行业也有了长足的发展。现在每天都有 200 万人穿越国界。自 1950 年起，飞行的客公里数以年均 9% 的比例上升。1998 年，这一数字超过了 2.6 万亿。

世界范围内人的流动量的迅速增长以及货物和服务业的流动为数以万计的其他动植物物种的流动提供了便利。如今它们已经在远离本土的国度扎根。而物种和微生物的国际流动的急剧膨胀不仅对地球上生物形态的多样性造成了威胁，而且也危及人类居民的健康。[①]

生物入侵的威胁

全球社会开始清醒地意识到非本土的"外来"物种的扩张造成的普遍的危险性。这一物种扩张的过程被称之为"生物入侵"。一旦外来物种在一个既定的生态系统中建立据点之后，它们便开始大量繁衍，从而遏止了本土物种的生存和发展。入侵的物种对地球上的生物多样性造成了极大的威胁。地球上约20%的濒危脊椎动物种群都受到了来自外来物种的威胁。在美国约有一半濒临灭绝的种群之所以沦入困境，至少部分是因为非本土物种的侵入。[②]

导致海洋生物扩张的主要原因是国际航运中使用的压舱水。每天约有3000—10000种海洋生物经由压舱水被带到了世界各地。当压舱水被排放出来时，各种生命体也由此而被释放出来，从那时起它们便造成了难以计算的破坏。20世纪80年代早期，压舱水给黑海海域带来了曾经生活在大西洋中的水母，正是这一物种的入侵在很大程度上造成了80年代末期黑海捕鱼业的崩溃。[③]

最近几十年，美国五大湖区域也遭受了生物入侵带来的沉重打击。而导致这一灾难的元凶便是斑纹蚌。这一物种最初的栖息地可能是在里

---

① 这个主题在我的同事Chris Bright的一本探索性著作中已经得到了完整的阐述，我在本章中作了一些引用。详见Chris Bright著《超越界限的生命》（诺顿出版社，1998）以及Christopher Bright的文章《侵略性的种群：病原体的全球化》，载《外交政策》，1999年秋。——原注

② 参见《超越界限的生命》一书，有关世界脊椎动物的资料来自世界资源研究所的报告：《1998—1999年世界资源情况》（牛津大学出版社，1999）。其他资料参见David S. Wilcover等人的文章《美国濒危物种所面临的威胁的定量分析》，载《生物科学》，1998年8月。——原注

③ 参见《超越界限的生命》一书，另外参见John Yaukey的文章《船只将生命、混乱带到了其他水域》，甘尼特新闻社，1998年12月30日。——原注

海。20世纪80年代中期它们经由压舱水的排放进入了五大湖。现在，斑纹蚌已广泛地分布于五大湖及北美东部的其他水道。它们在这些水域当中摄取了大量的海藻（而这些海藻是水生物食物链的重要组成部分），因此而对脆弱的生态系统造成了极大的灾难。同时，斑纹蚌的繁殖速度也非常快，它们堵住了取水管道的口子，还附在水下基础设施和船体外部结成一层硬壳。与此相关的经济损失相当惊人——据估计，在未来几年内，其造成的经济损失累计将达到31亿美元。①

在生物入侵过程中，陆地的生态系统也未能幸免于难。对杀虫剂具有抗药性的粉虱侵入之后，造成了巨大的破坏。这是一个警告，意味着人类将为此付出高昂的代价。20世纪90年代初期，粉虱的破坏对加利福尼亚州当地农业造成了数百亿美元的损失。之后它们侵入了南美。在那里，粉虱加速了农作物病毒的传播，其结果是有100多万公顷的农田被废弃。在美国，极富侵略性的紫色排草属植物已经被广泛地认同为更大范围的破坏的先兆。据认为，在18世纪后期，经由羊毛进口和海运中的固体压船物两条渠道，这种植物被偶然地带到了北美。如今，它们已经侵入了60万公顷的温带和北半球的湿地，并将土生土长的植物赶出了原来的领地。而正是这些土生土长的植物为当地的野生动物提供了食物和庇护所。②

生物入侵的问题迫切需要引起全球的关注。为防止这一问题的进一步扩大，在所采取的措施中我们所能做的是仔细检测、限制压舱水的排放以及采取预防措施以阻止人们特意引进外来物种，除非它们已经被证明是无害的。大约有23项不同的国际性条约在不同的程度上提到了外来物种的问题，这其中包括了1951年签订的《国际植物保护公约》，1982年签署的《海洋法》和1992年签署的《生物多样性公约》。尽管这些公约中的许多方面都显得非常薄弱，但是此类协议中的许多条约都包

---

① 参见《超越界限的生命》一书。——原注
② 同上。——原注

含了一些重要的承诺。举例来说，1959 年的《南极条约》提出，禁止任何外来物种的进入，除非它们被特别地列在附加的例外条款中或者是这些物种得到了专门许可。除了具有法律效用的条约之外，一系列"软性法律"工具，例如一系列行为规范和行动方案都对生物侵入的危害投入了关注。[①]

但如果要更进一步地解决生物入侵问题，我们就需要有更强硬有力的国际性协议来对之加以足够的约束。然而任何足以改变当今愈演愈烈的生物混同状况的条约都不可避免地会与世界贸易规则相抵触。现在已经出现了这种冲突的预兆。1998 年的下半年，美国政府制定了一项禁令，禁止进口包装在未经处理的木头包装箱里的货物。中国政府（中国当时还未加入世界贸易组织，虽然有希望很快加入）抱怨说，这一禁令实际上是一种不公平的贸易壁垒。而美国政府之所以提出这一禁令，是因为他们已经发现，木质包装箱是导致近年来胃口极大的亚洲长角甲虫侵入的首要原因。而这种昆虫是严重危害阔叶树林的罪魁祸首。而反过来，中国也在一些美国和日本制造的包装箱中发现了嗜食木头的昆虫，从而限制了对这些包装箱的使用。[②]

野生动物贸易

尽管栖息地的丧失和外来生物的入侵是导致物种多样性日益减少的首要原因，但是对那些在国际市场上标价很高的动植物——例如老虎和

---

① 参见《超越界限的生命》一书提到的世界资源研究所的资料，Lyle Clowka 和 Gyrille de Klemm 的文章《国际性的装备、进程、组织和非本土种群介绍：生物多样性公约的协议是必要的吗？》，详见 Odd Terje Sandlund，Peter Johan Schei 和 Aslaug Viken 编《挪威 / 联合国外来物种会议记录》，挪威，自然管理理事会和挪威自然研究协会，1996 年。——原注

② 参见 Joby Warrick 的文章《在美国，一种亚洲的昆虫带来的糟糕的经济恐慌》，载《华盛顿邮报》，1998 年 10 月 19 日；另见 Tom Baldwin 的文章《昆虫的威胁有可能导致进口包装的改变》，载《商业杂志》，1998 年 9 月 17 日；有关欧洲和中国的限制的资料来自《中国加强木材包装的检疫法规》，路透社，1999 年 11 月 2 日。——原注

黑犀牛——而言，野生动植物贸易本身就是一个极大的威胁。[①]

全球性的野生动植物贸易正日益兴旺。每年约有 4 万只猴子和其他灵长类动物成为国际贸易的对象，同时约有 200 万—500 万只活鸟、300 万只活海龟、200 万—300 万只其他活的爬行动物、1000 万—1500 万张未经加工的爬行动物的皮、5 亿—6 亿条观赏鱼、1000—2000 吨未经加工的珊瑚、700 万—800 万株仙人掌和 900 万—1000 万株兰花成为国际性的商品。欧洲、日本和东南亚部分国家以及美国是野生动植物及其相关产品的主要消费国。这些野生动植物和相关产品大多成为家养的宠物，或被放进了动物园，同时还被用于制衣业、装饰业、制药业以及园艺业。每年野生动植物贸易的总额高达 100 亿—200 亿美元。其中约有四分之一的贸易源自非法的渠道。[②]

1973 年达成的《濒危动植物国际贸易公约》标志着各国政府在控制野生动植物贸易方面迈出了重要的一步。至今约有 146 个国家已加入了这一公约。这一公约明令禁止 800 多种濒危动植物的国际贸易，这其中包括了大熊猫、亚洲象和非洲象、犀牛、海龟、多种猴类、猛禽、鹦鹉、蜥蜴、鳄鱼、兰花以及仙人掌。同时，该公约针对共约 29000 种其他面临威胁的动植物制定了出口许可申请制度，从而也在很大程度上限制了这些动植物的国际贸易，这其中包括了蜂鸟、天堂鸟、黑色硬质珊瑚和

---

① 参见世界野生生物基金（WWF-US）的新闻稿《世界野生生物基金公布了第四批"最为缺乏的 10 种动植物资源"》，华盛顿，1997 年 6 月 3 日。——原注

② 正文中提到的这个估计数没有包括原木和鱼类贸易。有关生物种群的贸易数字来自北美野生动植物贸易调查委员会的报告《世界野生动植物贸易》，华盛顿，1994 年 7 月；主要的消费者的资料来自 Peter H. Sand 的文章：《商品还是禁忌？濒危动植物贸易的国际规范》，详见 Helge Ole Bergesen 和 Georg Parmann 编：《1997 年绿色地球年鉴》，牛津大学出版社，1997 年；中国和南亚的资料来自《亚洲仍然存在对熊的器官的需求》，见美联社新闻，1999 年 10 月 26 日；另外参见 Wendy William 的文章《海龟的悲剧》，载《科学美国人》，1999 年 6 月；此外还可参见 Amy E. Vulpio 的文章《从亚洲的森林到纽约的制药业：为犀牛和老虎寻找安全的天堂》，载《乔治敦国际环境法评论》第 11 卷 463 页，1999 年；有关非法贸易等方面的资料来自联合国环境规划署的副总裁 Shafqat Kakakhel 在联合国环境规划署"推动和遵守多边环境协议研讨会"上的讲话，日内瓦，1999 年 7 月 12 日。——原注

鸟翼蝴蝶。从总体上看，《濒危动植物国际贸易公约》对实质性地减少许多濒危种群——包括大猩猩、黑猩猩、猎豹、美洲豹和鳄鱼——的贸易量做出了积极的贡献。[①]

让我们来看一看一个值得注意但又充满争议的例子。面对大象数量急剧减少的状况，《濒危动植物国际贸易公约》的成员同意禁止象牙贸易。在禁令实施之后，偷猎行为迅速减少，许多大象种群的数量得到了恢复，但是一些曾经在大象保护方面做得非常不错的南部非洲国家却对这一禁令进行了长期的抵制。这些国家提出，有限制的和有管理的象牙贸易事实上能鼓励人们保护大象，而与此同时，保护大象要花费很多财力。而将太多财力花费在大象的保护上，这显然是与处于贫困状态的人民的意愿相冲突的。[②]

面对来自这些国家的压力，《濒危动植物国际贸易公约》的成员国于 1997 年达成协议，允许在日本和博茨瓦纳、纳米比亚和津巴布韦之间进行有限制的一次性库存象牙的贸易。1999 年春天，这一交易得以实现。《濒危动植物国际贸易公约》的这一做法仅仅是一个试验。如果成功的话，它将为有序的象牙贸易铺就更为宽广的道路。但批评者们也提出了自己的担忧，他们认为这一政策的实施无异于打开了潘多拉魔盒，它必然会使已经得到控制的偷猎行为再度盛行。而事实上，最初的迹象

---

① 有关 146 个国家的资料来自《濒危动植物国际贸易公约》秘书处的报告《濒危动植物国际贸易公约》，详见 www.cites.org/CITES，1999 年 2 月 2 日；有关禁令和贸易限制方面的资料来自北美野生动植物贸易调查委员会和《濒危动植物国际贸易公约》，华盛顿，1997 年 10 月。有关受限制和禁止的贸易的总体情况参见《濒危动植物国际贸易公约》的报告《受保护的种群》，详见 www.cites.org/CITES，1999 年 10 月 18 日；《濒危动植物国际贸易公约》的有关成就参见 Sand 的文章，同时参见经济合作和发展组织的报告《〈濒危动植物国际贸易公约〉中贸易约束的运用实例》，巴黎，1997。——原注
② 有关象牙贸易禁令的历史和影响参见 Caroline Taylor 的文章：《非洲大象保护的挑战》，详见世界野生生物基金会：《保护问题》，1997 年 4 月，同时参见北美野生动植物贸易调查委员会的报告《象牙贸易》，华盛顿，1997 年 1 月，其他资料参见"肯尼亚大象种群缓慢恢复"，"环境新闻网络"www.enn.com/news/wire-stories/1999/02/022299/elephants.asp，1999 年 2 月 22 日。——原注

表明偷猎行为的确在增多。据报道，自禁令被打破之后，肯尼亚的偷猎大象的行为激增了五倍，津巴布韦的偷猎活动也急剧增加，1999 年一年约有 84 头大象被屠杀。[①]

尽管《濒危动植物国际贸易公约》取得了一些令人瞩目的成就，但一些濒危物种的非法交易仍在继续扩大。世界上有将近一半的龟类正面临着灭绝的危机。这在很大程度上是缘于不断增长的食品行业和医药行业对它们的需求。某些龟类的市场价格甚至达到了每只 1000 美元，产地主要是在越南、孟加拉国、印度尼西亚，此外还有美国。[②]

近年来，美国已成为爬行动物贸易的一个主要中转中心（这些贸易当中包括合法交易也包括非法交易），1995 年流入美国的活的爬行动物数量超过了 250 万条。根据野生动植物贸易调查委员会这一非营利性的野生动物贸易管理组织的数据显示，1996 年经由美国出口和再出口的爬行动物数量达到了 950 万条，而这些爬行动物主要出口到了欧洲和东亚。据报道，在美国的黑市上，有些物种——诸如印度尼西亚的巨蜥，马达加斯加的东北部出产的犁头龟和斑点楔齿蜥（出产于新西兰的像蜥蜴一样的小型爬行动物等）——每条售价高达 3 万美元。[③]

在世界的另一边，也门是非洲犀牛角的主要进口国。在当地犀牛角主要是被用于制作也门双刃弯刀（jambiya）的手柄。据野生动植物贸易

[①] 有关一次性贸易的资料来自国际野生动植物贸易调查委员会的新闻稿《在第 41 届濒危动植物国际贸易公约常务委员会会议上达成了象牙贸易决议》，1999 年 2 月 11 日；肯尼亚的资料参见《对完全禁止象牙贸易的呼吁》，泛非新闻社，1999 年 11 月 22 日；津巴布韦的资料来自 Christopher Munnion 的文章《国家森林管理员越来越担心偷猎象牙的行为》，载《伦敦电讯》，1999 年 11 月 24 日。——原注。

[②] 参见《科学家声称：世界上半数的龟类濒临灭绝》，"环境新闻网络"www.enn.com/news/enn-stories/1999/08/082699/freshturtle_5269.asp，1999 年 8 月 26 日；北美野生动植物贸易调查委员会《美国向世界提供龟类》，载《北美野生动植物贸易调查委员会通讯》，1998 年 9 月。——原注

[③] 参见北美野生动植物贸易调查委员会的新闻稿《美国活的爬行动物贸易的猛然增长引起了保护主义者的担心》，华盛顿，1998 年 9 月 10 日；3 万美元这一数字来自 Michael Grunwald 的文章《美国抓获可疑的爬行动物贸易商》，载《华盛顿邮报》，1998 年 9 月 16 日。——原注

调查委员会估计，从 1994—1996 年，平均每年有至少 75 公斤的犀牛角通过非法渠道进入了也门。1970 年以来，大约有 2200 只犀牛角进入了也门市场。在非洲大陆上，野生犀牛仅存 10000 头，而在 1970 年，这一数字还保持在 70000 头左右。[①]

现今，野生动物贸易已经成为了一种全球性整合的商业行为。航空所提供的便利，使得流行的宠物物种可以在远离其原产地的地方繁殖，然后再在世界另一边的宠物店进行销售。当外来物种进入了外部世界后（实际上，这种情况已经产生），它们会对当地的生态系统造成巨大的破坏。在这一过程中，观赏鱼类是最大的危害者之一，而爬行动物（在生物污染当中）也难辞其咎。从美国出口的爬行动物当中约有 80% 是红耳拟龟。生态保护主义者担心，作为宠物和食物出口的龟类将对世界许多地方的土生龟类造成极大的威胁，而这种威胁最有可能发生的地方是东亚和东南亚。

穿越边界的微生物

在罗马帝国建国后的第一个世纪当中，地中海国家和亚洲国家之间日益扩大的贸易活动加速了公元 165 年"大瘟疫"的蔓延。据认为，当时流行的病毒是天花，它直接导致了罗马帝国四分之一的人口死亡。14 世纪，腺鼠疫横扫欧洲——这就是令人闻风丧胆的"黑死病"。这一病毒导致了三分之一的人口死亡。由于当时的蒙古在整个中亚地区扩张，病毒扩散到了中国，并再次经由一些欧洲商队的行进路线蔓延到了克里米亚半岛和地中海地区。[②]

21 世纪伊始，全球化的进程正大大地加速微生物在全球的流动。正如已故艾滋病研究专家——美国哈佛大学的乔纳森·曼所解释的那样，

---

① 参见国际野生动植物贸易调查委员会的新闻稿《也门对犀牛角匕首的需求仍在持续》，1998 年 5 月 7 日。——原注
② 参见 Clive Ponting 著《世界绿色史》，纽约，企鹅出版社，1999。——原注

"世界在新的和旧的传染性疾病的爆发和大范围传播乃至全球性蔓延面前变得越来越脆弱。这种新的和日益严重的脆弱性并不是什么神秘的东西。在全球化的疾病蔓延背后，急剧增长的人员流动和货物流动以及思想的交流是巨大的推动力量"。于是，只有关注每个地方的人的健康才可能推进某个地方的人的健康状况。[①]

由于航空旅行使得人们能够用比一些疾病的潜伏期短得多的时间到达世界的其他地方，所以飞速发展的国际航空旅行成为全球性疾病蔓延的强有力的推动力量。与此同时，探险旅行和其他一些追求的目的将人们引向一些比较偏远的地区，这也增加了微生物侵入易感人群的概率。[②]

环境的退化是当今对全球人类健康形成最大威胁的另一个重要的因素。据世界卫生组织（WHO）估计，约有四分之一的全球性疾病和伤害是与环境的污染和退化相关的。对于某些疾病而言，环境所产生的影响甚至远远超过其他因素。约90%的腹泻性疾病（例如霍乱）平均每年导致300万人死亡。而这一疾病主要是由于水被有毒物污染所致。每年约有150万—270万人死于疟疾，这其中90%是与环境破坏有关，例如热带雨林的被垦殖以及大量敞开式灌溉系统的修建。这两个因素都增加了人们接触携带疾病的蚊虫的概率。对于这种状况，康奈尔大学的生态学家大卫·皮门塔尔以及他的同事们最近分析得出的结论更让人触目惊心——全球约40%的人口死亡都是由于环境的退化导致的。[③]

当全球化和环境退化形成合力之后，人类的健康状况便陷入了更

---

① 参见 Laurie Garrett 著《逼近的瘟疫》，纽约，Farrar，Straus，and Giroux 出版社，1994。——原注

② 参见美国医学研究所：《美国对全球健康的重大利益》，华盛顿，全国学术出版社，1997。——原注

③ 参见世界卫生组织：《可持续发展中的健康和环境：地球峰会后的 5 年》，日内瓦，1997；另见 David Pimentel 等人：《疾病增长的生态学》，载《生物科学》，1998 年 10 月。——原注

深的困境。我们可以从艾滋病流行的悲剧性历史中看到这种力量如何惊人。1999 年，世界范围内就有 5000 万人感染了艾滋病毒，160 万人因此而丧生。在病情最严重的一些非洲国家，约四分之一的人口遭受了这一病毒的侵害。[①]

这种疾病最早是 20 世纪 80 年代在非洲、加勒比海和北美同时被发现的，关于这一病毒最开始时起源于何处这一问题，一直由于一些政治上的原因而不为人知。连世界卫生组织也一直回避这一问题，而坚持称这一病毒至少同时在三大洲被发现。《逼近的瘟疫》一书的作者劳里·加勒特（Laurie Garrett）在书中写道："几乎没有多少科学家会接受这种解释，他们普遍认为这种解释充其量只是一种政治上的妥协。"在书中，她更是严肃地指出："如果人类想要避免下一场大灾难，那么最重要的就是弄清第一次灾难究竟起源于何处。"近些年来，科学家们在寻找这一有争议的问题的过程中取得了长足的进步。[②]

现在，人们普遍地认为艾滋病病毒最初是由黑猩猩所携带的。这些黑猩猩生活在西非的热带雨林中，早在 20 世纪 40 年代，这一病毒就传染到了人类身上。关于这一病毒究竟是如何转移到人类身上这一问题，人们不得而知，但科学家们仍然指出了如下的可能性：即主要是因为人类在捕获他们的猎物时不幸伤到了他们自己，或者是因为猎人们直接吃了生肉所致。按照这种解释，这次灾难的最终起源很有可能就是因为人们侵入了曾经远离他们的森林，并与病毒的携带者大猩猩发生了接触。阿姆斯特丹大学的亚普·古德斯米德进一步发展了这种解释。他认为，由于人类侵入而导致了黑猩猩种群的减少，这一状况又导致了一种生物性的需求的产生——类人猿免疫缺陷病毒将要寻

[①] 有关艾滋病病毒的资料来自联合国艾滋病项目（UNAIDS）的报告《1999 年 12 月艾滋病流行近况》，日内瓦，1999 年 12 月，非洲方面的资料来自联合国艾滋病项目的报告《全球艾滋病流行的报告》，日内瓦，1998 年 6 月。——原注

[②] 参见 Garrett 的著作《逼近的瘟疫》。——原注

找它新的宿主，也即人类。^①

科学家们相信，保护濒危的非洲黑猩猩是当前最重要的事情。这是因为黑猩猩对艾滋病病毒最致命的后果具有免疫能力，保护它们将有利于人们发现摆脱致命的艾滋病病毒对人类侵害的途径。但是与科学家们的呼吁背道而驰的是，非洲的灵长目动物正处于危机当中，它们中的一部分已经濒临灭绝，导致这一危机最主要的原因是日益红火的野生动物肉类交易。伐木者开辟的道路使人们能够深入偏远的森林。伐木者和狩猎者们不断地捕杀黑猩猩、大猩猩、猴子、野猪、蛇以及其他猎物。他们或者自己享用猎物的肉或者把他们运送到西非的一些城市，在这些地方，野味被认为美食中的上品。亚拉巴马大学的比阿特丽斯·哈恩博士及其领导的一个小组最近证实了艾滋病与黑猩猩之间的联系。对于当前黑猩猩所面临的困境，她呼吁说："这些黑猩猩身上有我们最需要的信息……为贪图美味而猎杀它们无异于把一个装满我们未曾阅读的书籍的图书馆付之一炬。"^②

与艾滋病蔓延的起源问题相关的另一问题是艾滋病病毒在从黑猩猩传播到人类身上之后，如何从有限的并且是一些偏远的地区蔓延到非洲遥远的内陆地区，乃至于泛滥成为一种全球性的灾难。尽管对这一过程中的许多环节人们还不甚了解，但是一系列现象还是能够说明一些问题的。在病毒的蔓延过程中，最早出现病毒的周围地区所发生的战争起到了推波助澜的作用。而穿越非洲的高速公路的修建也难辞其咎，因为从

---

① 有关艾滋病起源的资料来自《艾滋病是如何发生的？》，载《经济学家》杂志，1998年2月7日；同时参见 Feng Gao 等人的文章《艾滋病1号病毒在黑猩猩和盆地类人猿中的发源》，载《自然杂志》，1999年2月4日；有关艾滋病交叉感染的资料来自 Donald G. Mc-Neil 等人的文章《类人猿大屠杀》，载《纽约时报杂志》，1999年5月9日；有关人类感染艾滋病病毒的资料参见 Jaap Goudsmit 的文章《艾滋病流行的真实原因：在热带雨林中对猴子和类人猿栖息地的破坏》，其他资料参见美国自然历史博物馆"植物、动物和微生物对人类健康的价值"春季讨论会上的讲话，1998年4月17—18日。——原注
② 有关野味交易的资料来自 Anthony L. Rose 的文章《非洲野味非法贸易的增长导致了类人猿的毁灭并威胁了人类》，这篇文章是为美国动物园协会准备的，详见 biosynergy.org/bushmeat/bmcommerce199.htm，1999年6月。——原注

客观上说，它为艾滋病病毒穿越大陆提供了条件。此外人口的增长和城市化以及最后迅速发展的国际旅游和大量移民都是导致艾滋病病毒蔓延的客观原因。

当今，由于伐木和捕猎活动所创造的有利条件，人类继续以越来越快的速度侵入偏远的西非森林。对此，科学家警告说，这种趋势很有可能导致人们从灵长目动物那里感染上其他一些危险的病毒，乔纳森·曼提醒人们注意："艾滋病蔓延的事实给人们深深地上了一课……它让我们看到只在地球上一部分地区对人类健康造成危害的疾病可以迅速地蔓延到其他地区乃至全球。"

许多其他对全人类健康造成挑战的危机已经显山露水。在过去的二十年当中，约有三十多种有传染性的病毒首次得到了确认，其中包括艾滋病病毒、埃博拉（Ebola）病毒、汉塔病毒以及丙型和戊型肝炎病毒。最近，美国有一种新型的病例引起了人们的广泛关注，健康专家于1999年10月确认在纽约及附近地区至少有五个人死于一种新的非洲西尼罗河病毒。这种由非常罕见的蚊子所携带的病毒在此之前从未在西半球被发现过。科学家们认为这种病毒的出现主要是由于稳步增长的国际贸易和国际旅行所导致的。他们得出的结论是，这种病毒要么是由走私的外来鸟类传播的，要么就是由受感染者从其他地方带入本国的。[①]

微生物的迁移过程当中，环境的破坏也是个极大的推动因素，据世界卫生组织研究表明，即使不是全部，也有绝大部分新出现的疾病是由于环境的改变而以这样或那样的方式出现的。土地使用方面的变化，诸如毁林造田和草场等向农业用地的转变破坏了微生物和他们的宿主之间经过非常长的时间才得以建立的平衡，从而成为一些疾病的源头。从另一方面来看，人类行为上的转变也是导致新的疾病产生的

---

① 新的疾病的资料见世界卫生组织：《有关传染性疾病的报告：摆脱健康发展的障碍》（日内瓦，1999）；另外参见 Lynne Duke 的文章《警戒死鸟》，载《华盛顿邮报》，1999 年 9 月 29 日；Andrew C. Revkin 的文章《蚊子病毒暴露了安全网上的漏洞》，载《纽约时报》1999 年 10 月 4 日。——原注

罪魁祸首之一。他们随意地处理食物和饮料的容器和车胎，这些东西又为携带疾病的有机体——例如蚊子——创造了滋生繁衍的上佳场所。与此同时，病原体和携带病原体的有机体的运动也是造成新的疾病滋生的另一原因。

另一个出乎人们意料的问题是，一些曾被人们认为已经从世界上许多地方消失了的病菌又再次出现了。拉丁美洲再次出现的霍乱就是一个明证。至 1991 年，这一地区已有约一个世纪左右没有爆发霍乱这一致命的疾病。但就在 1991 年，秘鲁爆发了大规模的霍乱疫情。这次爆发导致 322000 人得病。至少约 2900 人因此而丧生。对秘鲁的经济而言，这次疫情暴发无疑是一个灾难性的打击。国际上的进口商禁止从秘鲁进口鱼和水果在它们的市场中销售，同时旅行者也被禁止进入该国境内。秘鲁由此而造成的经济损失总计达 7.7 亿美元——几乎相当于正常出口收入的五分之一。疫情很快就蔓延到了秘鲁之外，拉丁美洲除巴拉圭和乌拉圭之外的所有国家的水资源都受到了污染，直到两年之后这场灾难才逐渐平息。在整个美洲，这次疫情把 100 多万人卷了进去，90 年代上半叶约有 11000 人丧生其间。①

科学家们一直试图了解霍乱病菌为何有如此强的力量死灰复燃的原因。经研究表明，导致疫情发生有多种因素起作用。有一种理论认为从南亚出发到达秘鲁的船只在秘鲁港口所倾倒的压舱水携带的霍乱病菌是这次疫情的罪魁祸首。糟糕的卫生条件无疑也是导致疾病蔓延的另一个主要因素。因为霍乱的传播常常是由于人们饮用了被带病菌的人类垃圾污染的水及吃了被污染的食物导致的。还有专家认为，厄尔尼诺现象也在疫病的爆发中扮演了重要的角色，这一现象导致海水温度变暖，促使能够庇护带菌有机体的浮游生物数量激增。

---

① 参见 Rohit Burman，Kelly Kirschner 和 Elissa McCarter 的文章《传染性疾病对全球安全的威胁》，载《环境变化和安全项目报告》，伍德罗·威尔逊中心，1997 年春；秘鲁和美国的传染病和死亡数据来自泛美卫生组织的报告《美洲霍乱病状况》，华盛顿，1997 年 7 月 24 日；有关 7.7 亿美元的数字来自世界卫生组织的资料。——原注

如果厄尔尼诺现象真的是导致这场疫情的关键因素的话，那么20世纪90年代初的霍乱流行就可能是某种预兆。科学家猜测，气候的变化将导致传染性疾病的爆发。这是因为气候变化会使携带病菌的有机体大量增加，而且会导致极端反常的天气频频出现，例如洪水泛滥、飓风频繁，紧跟着这些恶劣气候现象之后往往是这些流行病的蔓延。对此，哈佛大学医学院卫生和全球环境中心的副主任保罗·爱泼斯坦称："有足够的迹象表明疾病的类型正以非常纷乱的方式发生改变，而全球气候变暖则是导致这种变化的重要原因。"①

现在，有趋势表明，登革热和疟疾正在逐步向北方较冷的气候带扩散——近年来，在佛罗里达、佐治亚、得克萨斯、弗吉尼亚、纽约、新泽西、密歇根等州甚至安大略湖地区都发现了疟疾的地方性病例。1998年，极端恶劣的天气条件对人们的健康造成了极大的损害。爱泼斯坦撰文表明，东非洪水的大泛滥导致了疟疾、裂谷热和霍乱的发病率陡增；而东南亚雨季的推迟导致了该地区野火发生，并由此引起大范围的呼吸道疾病；而中美一些国家由于遭受"米奇"飓风的肆虐而使霍乱、登革热和疟疾病例大量增加。②

虽然生态健康和人类健康这种全球性的相互依赖导致了惊人的脆弱性，然而，正是因为这种脆弱性的存在，迫使南方穷国和北方富国必须共同努力以面对共同的危机。

19世纪中叶，面对一系列肆虐全欧洲的霍乱和鼠疫等流行病，欧洲各国政府在1851年至第一次世界大战爆发的这段时间内召开了十二次国际性的卫生会议，并达成了一系列国际卫生协定，其内容涉及检疫、贸易限制以及疫情的通告和检查措施。1946年世界卫生组织应运

---

① 气候变化方面的资料来自 Paul R.Epstein；《全球变暖：健康与疾病》，华盛顿，世界野生生物基金会，1999；此外参见世界野生生物基金会的新闻稿《全球变暖所带来的健康方面的影响将是毁灭性的》，华盛顿，1998年11月5日。——原注

② 参见 Epstein 的文章；另外参见《恶劣天气对健康影响的度量》，"环境新闻网络"www.enn.com/news/enn-stories/1999/02/021699/health. asp，1999年2月16日。——原注

而生，从而把各国共同对抗疾病危害的努力推向了高潮。在其成立的最初五十年内，世界卫生组织取得了一系列令人瞩目的成就，其中最为重要的一个成就就是在 1977 年彻底消灭了天花。①

　　这一体系的形成为建立新的生物控制渠道打下了坚实的基础。这种新的生物控制是保护人类和生态系统不受外来物种和疾病侵入所需要的。尽管在 20 世纪末，经济的全球化是最令人瞩目的发展趋势，生态的一体化仍然有可能在接下来的几十年当中对国际性的合作提出更大的挑战。

　　　　　　　　　　(选自 [美] 希拉里·弗伦奇《消失的
　　　　　　　　边界：全球化时代如何保护我们的地球》，
　　　　　　　　李丹译)

---

① 国际卫生方面合作的历史资料来自 Richard N. Copper 的文章《公共健康方面的国际合作是宏观经济合作的序幕》，详见 Richard N.Copper 等人编《各国能够认同吗？》《华盛顿，布鲁金斯学会，1989)。——原注

第二十讲　走向稳定状态的经济

[美]　赫尔曼·戴利

赫尔曼·戴利（Herman E. Daly, 1938—　），美国著名的生态经济学家，研究环境经济与可持续发展的专家。国际生态经济学学会的主要创建者之一，《生态经济学》杂志的副主编。1967 年获范德比尔特大学经济学博士学位，1973 年受聘为路易斯安那州大学教授。他曾获得许多大奖，包括格劳迈耶奖、海内肯环境科学奖。戴利著作颇丰，主要著作有《静态经济学》《经济学、生态学、伦理学》《超越增长——可持续发展的经济学》。

走向稳定状态的经济

[美] 赫尔曼·戴利

【编者按：戴利指出，经济增长受到两种基本的限制：生物物理
上的限制和社会伦理上的限制。增长的生物物理限制来源于三个相互
关联的条件：有限性、熵和生态的相互依赖性。社会伦理的限制主要
有四个：以地质资本减少为代价的增长欲望受到强加给下一代的成本
支出的限制；以掠夺生物栖息地为代价的增长需求受到因栖息地消失
而数量上灭绝或减少的其他物种的限制；总增长的需求受到它本身对
福利的自我消除效应的限制；总增长的需求受到像利己主义和科学技
术世界观这类鼓吹增长的态度对道德标准的破坏效果的限制。】

我认为，可持续发展必然意味着一场离开增长经济的激烈变革，并
引向一种稳定状态的经济，肯定首先是在北方国家实施转变，最终也在
南方国家实施。我的第一个任务不得不在世界观上为这种理论和实践的
转变阐述实例。什么是增长经济最主要的理论和道义上的缺陷，而这种
缺陷如何靠一种稳态经济来得以消解？从迈向稳态经济有力的第一步来
看，增长经济的实际失败又是什么？

对"稳定状态的经济"（SSE）和"增长经济"进行定义是必要的。
这里所指的增长是指用以维持商品的生产和消费的经济活动的物质／能

量流量在物理规模上的增加。在 SSE 中，尽管总流量在竞争性使用中的配置可根据市场自由变化，但它的总量是恒定的。由于从物理意义上讲，物质／能量本身显然是不存在生产和消费的，因此流量实际上是一个低熵原料转换为商品并最终成为高熵废物的过程。流量以衰竭为开端，并以污染为末端。增长只是流量在物理规模上的数量增加。而来源于技术知识的改善或是对目标的更深理解，由既定流量规模构成的使用中的性能改善，才被称之为"发展"。因此,SSE 能够发展，却不能增长，就像行星地球——经济是它的一个子系统——能在没有增长的状态下得以发展。

　　这种稳态绝对不是静止，存在着死与生、折旧与生产的不断更新，以及人类和人工制品两者存量的性能改善。按照这种界定，严格地说，作为能增加人工制品的耐用性和修补能力（长命）的技术进步的结果，甚至人工制品或人们的储存量也能暂时地偶尔获得增长。如果储存量能得以长存，那么同样的维持流就能支持更大的储存量。但是，如果资源质量的下降速度要快于提高耐用性的技术增长的速度，那么库存量也会减少。

　　定义 SSE 的另外一个关键特征在于，经济流量的恒定水平必须是生态可持续的，能在长久的未来保持人类生活在一个足以有优裕生活的标准的或人均资源使用水平。请注意对 SSE 的定义不是按照国民生产总值，这并不意味着"GNP 是零增长"。

　　市场力量是无法保证流量的生态可持续性的。市场本身并不能记录它自己日益增长的规模给生态系统带来的成本。市场价格能测量单个资源相互间的相对稀缺性。但价格通常不能反映环境中低熵资源的绝对稀缺性。在一个完美的市场中我们最好的期望就是帕累托的最佳资源配置（即没有人在使其他人情况更坏的情况下使自己变得更好）。这种配置能够在资源流量的任何一种规模下获得，包括不可持续的规模，就像它能在任何一种收入的分配情况下达到一样，包括不公平的分配。后一个命题已为人熟知，前一个命题知道的人就少了，但它却是相当正确的。可持续性的生态标准，就像正义的伦理标准一样，是不会由市场产生的。市场只是把目标单一地投向了配置的效率。最佳的**配置**是一回事，而最佳的**规模**则是另一回事。

经济学家往往倾向于追求最大化：利润、租金、现值、消费者剩余等等。那么，在 SSE 中，什么将会被最大化？基本上，最大化的是生活，它将通过足以有优裕生活的人均资源使用水平上生活的累计年限来衡量。这肯定不暗示着人口增长的最大化，正如朱利安·西蒙所倡导的，因为太多的人尤其是高消耗的人类同时生活着，将大量消费生态资本并因此降低环境的承载能力和未来生活的积累总量。虽然被最大化的是人类的生活，但在通过把恒定的流量控制在可持续的水平上，因而停止对其他物种栖息地的占据，以及降低下一代可得到的地理资本的使用率，走向为所有物种扩大累计生命方面，SSE 还有很长的路要走。

我不愿把稳定状态能最大化所有物种的累计生命这一概念说得太好，但在这一点上，它肯定比目前追求价值最大化的增长经济要好，只要俘获成本不是太高，增长经济导致了那些生物增长率低于利润期待率的任何有价值物种的灭绝。

当然，在这里为简便计而进行的 SSE 定义中引出了许多深层次的问题。"足以过优裕生活"和"未来长久的可持续"等说法的含义仍然是模糊的，但是任何一种经济系统都必须在这些辩证性的问题上给出暗示性的答案，尽管它可以拒绝明确地回答它。例如，增长经济含蓄地承认，因为越多往往意味着越好，因而没有像足够这样的东西，如果贴现率是 10% 的话，一个二十年的未来是足够长的了。许多东西都倾向于这种明确的含糊而不是含蓄的精确。

在思想上从增长狂热走向稳定状态：
通过稳态来消解增长范式在理论和伦理上的缺陷

增长经济碰到了两种基本的限制：生物物理上的和社会伦理上的。

虽然这两者绝不是完全独立的，但对此进行区分仍大有裨益。

生物物理的限制　增长的生物物理限制来源于三个互相关联的条件：有限性、熵和生态的相互依赖性。经济从物质维度来看，是我们封闭有限的生态系统的一个开放的子系统，这个生态系统既是它自身低熵原料的供应者，又是其高熵废物的接收者。由于经济子系统的增长依赖于生态系统作为低熵物质输入的来源和高熵废物的接收器（就像是一个水池），当经济子系统的规模（流量）相对于整个生态系统而增长时，复杂的生态联系就会变得更加脆弱，因此经济子系统的增长受到其生态母系统既定规模的限制。而且，这三个基本的限制是互动的。如果任何事物都可以循环，那么资源有限性就不会显得那么突出，但是熵的存在阻止了完全的循环。如果环境资源和接收废物的能力是无限的，那么熵对增长的限制性将会大大降低，但两者都是有限的。这两种有限性，加上熵的法则，显示出经济子系统的有序架构是以系统其余部分更多的无序性为代价而得以维持。假如绝大部分的无序性成本和熵的成本是由太阳来承担的，正如传统农业经济那样，那么我们无须担心。但是如果这些熵的成本（耗尽资源和污染）主要是由地球环境来承担，就像现代工业经济那样，那么它们会与复杂的支持生命的生态服务相抵触，这种支持生命的生态服务是通过自然来影响经济的。这种服务的损失毫无疑问应当计入增长的成本，在边际上用以抵消利润。但我们的国民账户并没有强调这一点。

标准的增长经济学忽视了有限性、熵和生态的相互依赖性，因为它们的前分析观点缺乏流量的概念，只把经济看成是交换价值的一个孤立循环流程，只要看一看最早的任何基础教科书的章节就能得到印证。商品和各种要素的物理维度最好是完全地抽象掉（全部省去），最差是假定一个循环的流程，就像交换价值一样。这就像是一个人要学习生理学，只是单独的学习循环系统而没有提及消化道那样。器官对周围环境的依赖性并不是显而易见的。流量概念在经济学家眼中的缺失意味着经济的运行没有与环境进行交换。含蓄地讲，经济是一个自我支撑的封闭系统、一台巨大的永动机器，把焦点集中在宏观经济循环流程的交换价值也无视使用价值和除了追求循环流中交换价值最大化之外的任何其他观点。

然而任何人，包括经济学家，都完全懂得经济增长要从环境中提取原材料，并向环境排放废物。那么为什么这个众人皆知的事实会在循环流程的范式中被忽视呢？经济学家只是对稀缺性感兴趣，不稀缺的事物被省去。相对于经济需求，环境的资源供给和接收废物的能力被认为是无限的，在经济理论形成的年代里这或多或少是一个事实。因此，这并不是一个毫无理由的忽视。但是，当经济规模已经增长到对流量的资源供给和废物接收的能力已经明显匮乏的时候，继续无视流量的概念就没有任何理由了，即使这种新的绝对稀缺性不以相对的价格记录。现行的特别引入"外部性"以解释不适合循环流动模式的流量规模增长的影响的做法，类似于用"本轮"来解释天文学观察与有关天体循环运动理论的偏差。

然而，许多经济学家仍然以某种方式坚持认为资源消费的无限性，因为一旦他们承认了资源的有限性，他们也将不得不承认经济的增长也面临极限，而这是"难以想象"的。一般的策略是把技术和资源替代（创造性）的无限可能性作为动力，使之能持续地超过资源消耗和废物污染的速度。这种做法在许多方面存在缺陷。首先，技术和无限的替代只是意味着在一系列有限而减少的低熵资源中低熵物质／能量的一种形式被替换成了另一种形式。这种替换通常是极为有利的，但我们从来没有能够把高熵废物替换成纯粹意义上的低熵资源。第二，人们往往会宣称可再生资本是一种近乎完美的资源替代。但这是以资本的产生不依靠资源作为假设的，而这显然是荒谬的。况且，资本和资源在生产过程中是明显的补足物，而上述观点根本没有顾及这个事实。资本库存是把资源流从原料转化成产品的一个因素。除了在一个极为有限的边际上，更多的资本并不能替代更少的资源。你不能用更多的木锯替代更少的木料来制造同一所房子。

增长的鼓吹者们剩下的一个基本论点是：资源和环境的极限过去并没有阻止经济的增长，因此未来也不会发生这样的事情。但是这种逻辑的错误太容易被证明了，即没有任何新的情况可能发生：一个伟大的将军在经历了一百次战役后仍得以"皮毛无损"地活下来，那么即使他在下一次战役中挂彩也仍然会活下来。

厄尔·库克在他最近的一篇文章中，对这种关于无限创造力的信仰提出了一些颇有洞察力的批评。他主张，这种无限创造力的观点的吸引力并不是在于前提的科学背景，也不是在于它的逻辑力量，而是基于以下的事实：

> 增长的极限这一概念威胁到了既得利益和权力结构。更糟的是，它威胁到了已把生命投资其中的价值结构……放弃对永恒运动的信仰是走向意识到人类真实条件的巨大一步。重要的是，"主流"经济学家们从来没有放弃过这种信仰，他们拒绝接受热力学第二定律与经济过程的相关性。如果他们这样做，他们在市场经济中高高在上的"神甫"地位就会不复存在。

事实确实如此。因此，更多的智慧投入到了"证明"创造力是无穷无尽的。朱利安·西蒙、乔治·吉尔德、赫尔曼·卡恩和罗纳德·里根都高人一等地鼓吹这个主题。每一项技术的成就，不管它最终是否有意义，都被视为是技术征服自然的一系列无限的未来胜利中又一个胜利而加以庆贺。希腊人把这称之为傲慢。希伯来人受到警告："恐怕你心里说：'这货财是我力量、我能力得来的。'"（《申命记》，8：17）但是这种智慧在增长狂热症看不到恶魔的"乐观主义"鼓声中被湮灭了。重提厄尔·库克尖锐的观点是必需的："如果没有自然在集中能量流和资源存量方面所做的大量工作，人类的创造力将会无的放矢。当物质和能量是被信息以外的其他规则所控制，那么即使人类的创造力是无限的，又有什么关系呢？"

社会伦理的限制　即便具有足够创造力的增长仍然是可能的，社会伦理的限制也将使它成为不受人欢迎的。以下简要列出限制增长的四个社会伦理观点：

1. **以地质资本减少为代价的增长欲望受到强加给下一代的成本支出的限制**。在标准经济学中未来与当前成本和利润的平衡是通过贴现来实现的。时间的贴现率是以数字的方式来表达价值判断，这个判断表示超过了某一点，未来对现在活着的人而言就没有任何价值。贴现率越高，这个点就到达得越快。对将来的人来讲，未来的价值是不会以现行标准来计算的。

平衡当代和未来的原则应该是当代人的基本需求，应该优先于下一代人的基本需求，但下一代人的基本需求应该优先于当代人的过分奢侈，这个原则虽然较少数字化，但也许更有区别性。

2. **以掠夺生物栖息地为代价的增长需求受到因栖息地消失而数量上灭绝或减少的其他物种的限制**。经济增长要求为人工制品的库存和人类的繁衍提供更多的空间，也要求为原料来源的扩张和废弃物资的排放赢得更多的地盘。而其他物种的发展同样也需要空间，需要在"太阳系中获得一席之地"。其他物种对人类的工具性价值，即它们所提供的生命支撑功能，已在上面有关生物物理限制的讨论中有所涉及。另外一个来源于其他物种的内在价值的限制是，把它们看作是有感受力的（尽管也许没有自我意识），经历着快乐和痛苦的生命，它们所体验的"效用"应该在福利经济学中积极地计入，尽管它不会导致市场行为的最大化。

除了来源于工具性限制之外，其他物种的内在价值理应在限制栖息地掠夺者的行为方面发挥更大的作用。但是要说明内在价值的限制作用究竟有多大，确实是一件非常困难的事。澄清这种限制是一项巨大的哲学任务，但是如果我们非要等到有明确的答案之后再把这种限制施加于掠夺者的话，那么问题就没有什么实际意义了，因为其他物种的灭绝现在正在以比过去高得多的速率发生。

3. **总增长的需求受到它本身对福利的自我消除效果的限制**。凯恩斯论述到，人们对绝对需求（独立于其他人生存条件的个体需要）并不是贪得无厌的。而对相对需求（那些能够使人感觉到高人一等的需要）则永远不会知足。因为正如凯恩斯所说，"平均水平越高，人们所要求的也越高"。或者正如穆勒所阐述的，"人们并不期盼富有，而是渴望着比其他人富有"。在富裕国家当前的生产边际水平上，福利的增加很有可能是相对收入变化的函数（就目前来讲福利增加是完全依赖于收入的）。既然为了相对份额的斗争是一场零和游戏，很清楚总增长并不会带来总体福利的提高。就福利依赖于相对地位而言，经济增长不可能在总量上提高福利。这和军备竞赛中我们所发现的自我消除的陷阱是同样的。

因为相对地位这种自我消除的效果，总增长提高人类福利的能力比我们迄今所想的要低。因此，其他的竞争性目标应该相对于社会特权规模的增长而增长。当边际收入主要是用来满足绝对需求而不是相对需求时，仅仅因为经济增长提高人类幸福的能力比过去低，以增长的名义已经牺牲的下一代、低等物种、社区和其他任何东西就应该少一些。

4．总增长的需求受到像利己主义和科学技术世界观这类鼓吹增长的态度对道德标准的破坏效果的限制。 在商品市场的需求方，增长是靠人类的欲望来刺激的，并通过数十亿计的广告工业来强化人类的欲望，使人类的欲望远离了原罪的"自然"禀赋。在供应方，技术专家的唯科学主义声称无限扩张的可能性和鼓吹一种还原主义的机械哲学，这种哲学虽然作为研究方法是成功的，但作为一种世界观却有着非常严重的缺陷。作为研究方法，它能非常有效地促进权力和控制，但作为世界观，它没有给目的留下任何空间，更不要说区别善的目的还是恶的目的。对增长经济而言。"任其自然"是一个方便不过的道德口号，因为它暗示着任何事物都能卖。就增长是一个定义明确的目标而言，它受到目标满足的限制。由于它本身的缘故，扩张权力和收缩目标都会导致一种失控的增长，而失控的增长会破坏道德的和社会的秩序，正如它毁坏生态秩序那样。

目前经济思想的状况能用一种稍显牵强但又切题的类推来加以概

括。新古典经济学，像古典物理学那样是和一个特例相关的，即假设我们远离极限——在物理学上是远离光的极限速度或是远离基本粒子的极限大小——在经济学上是远离地球承载能力的生物物理限制和已"饱和"的社会伦理的限制。因此在经济学中就像在物理学中一样：古典理论在接近极限的地带无法很好地起作用，需要有更为普遍的理论对标准的和极限的两种情况都能做出好的解释。在经济学上，这种需要随着时间的推移显得尤为必要，因为增长的道德规范本身保证了接近于极限的情况最终会成为一个普遍的经济现象。经济越是接近极限，我们可以接受的由大多数经济学家做出的那种实际判断就越少，即"经济福利的变动暗示着如果不是在相同的程度上则是在相同方向上的总福利变化"。而且，当经济逼近极限的时候，我们必须学会定义和能明确计算那些总福利中会被增长所抑制和销蚀掉的成分。

在实践中实现从增长狂热到稳态经济的转变：把增长的失败作为迈向稳态经济的有力的第一步

毫无疑问，增长的最大失败就是从来没有间断过的军备竞赛，这里增长不仅没有给人类带来更多的安全，恰恰相反倒降低了人们的安全，增长还把赌注从对单个生命的损失扩展到了大规模的生态灭绝。过度激增的人口、有毒的废物、酸雨、气候变化、热带雨林的毁坏以及生态系统服务功能的降低等等，这些由于反环境的人为侵略所造成的环境恶化现象都诠释着增长的失败。把它们视作迈向一种稳态经济的第一步要求有一种自愿的充满希望的态度。

上述所有增长的失败事例都是增长经济无视其主人的生物物理限制的恶果。我也想要考虑经济内部一些增长狂热的症状。这里有三个例子：货币拜物教和纸币经济，不完善的国民账户和量化的成功指标的背叛，以及"信息经济"的矛盾性。

货币拜物教和纸币经济　货币拜物教是怀特海称之为"错置具体

性的谬误"的特殊例子，它在一个抽象的层面上进行推理，但又把推理的结论运用在抽象的不同层面上。它主张，既然抽象的交换价值是以循环的形式来流动的，那么物质性的商品组成了真正的国民生产总值。或者，既然银行里的钱能够实现复利的不断增长，那么财富和福利也能实现持续的增长。那些对财富的抽象符号来讲是真实的事，在人们对待具体的财富上也被认为是千真万确的。

货币拜物教在世上颇为盛行，富国贷款给穷国，当债务国没有能力偿还贷款时，它们又简单地施行新的贷款用以偿付老贷款的利息，由此避免坏债上的损失。使用新贷款来偿付旧债利息的做法比庞氏骗局 ① 还要糟糕，但是债务国还是希望通过经济指标的快速增长来抵消呈指数增长态势的债务。国际债务的僵局是增长狂热症的明显症状。太多货币的积聚正以指数增长的方式在世界上寻觅出路，在这个世界里，经济的物理规模相对于生态系统已经够大了，以致对于任何有物理尺寸的东西已经没有多少可供增长的空间。

马克思及在他之前的亚里士多德都曾指出，在日益复杂的劳动和交换分离的压力下，当社会日益把它的焦点从使用价值转向交换价值的时候，货币拜物教就有产生的危险了。以下用四个步骤勾画了整个顺序，不妨用马克思的速记符号作为标志。

1. C-C'。一种商品（C）直接与另一种不同的商品（C'）进行交换。两种商品的交换价值被定义为是平等的，但是交换双方都获得了增值了的使用价值。这就是简单的**物物交换**。没有货币出现，因此不会存在货币拜物教。

2. C-M-C'。**简单商品流通**的开始和结束，伴随着使用价值在商品中的具体体现。货币（M）只是便于交换的一种中介。交换的目的仍在于获取增值了的使用价值。C'代表了对交易方来讲增值了的使用价值，

---

① 庞氏骗局（Ponzi scheme），指骗人向虚设的企业投资，以后来投资者的钱作为快速盈利付给最初投资者以诱使更多人上当。

但是 C' 仍然是一种受到它具体使用和目的限制的使用价值。比方说，有人对一把锤子的需求要远远高于对一把刀的需要，但他却没有对两把锤子的需求，更别说对 50 把锤子的需求了。积聚使用价值的动机是十分有限的。

3. *M-C-M'*。当简单商品流通给**资本流通**开辟了道路后，次序就颠倒过来了。整个流通以货币资本为开端，又以货币资本为结束。在由利润所带来的交换价值的增值中，商品或使用价值成为一个中间媒介，即 $\triangle M = M'-M$。交换价值已经没有具体使用或物理尺度来实施具体的限制。交换价值的 1 个美元不如 2 个美元好，50 美元则更好，而百万美元就更好了，如此等等。不像具体的使用价值，当被储藏时，它会损坏或灭失，抽象的交换价值能够无限地存储积累而不产生任何的损坏或储藏成本。事实上，交换价值能够以自身的复利得以增长。但是正如弗雷德里克·索迪所指出的，"你不能永远地拿人类荒谬的习俗（复利）来和自然法则（熵的衰减）抗衡"。然而，"永远地"和"在此期间"是两回事儿，在微观层面，我们还是试图利用交换价值的积累绕过积累使用价值的谬论，并且把它作为获得未来使用价值的一种留置的权利。但是，如果未来的使用价值或真实财富的增长速度慢于交换价值的增长速度，那么在某一个时间点上，将会由于通货膨胀或其他的坏债形式导致交换价值的贬值。在宏观层面，极限问题即使在微观层面被忽视，它也会再次显现出来，对交换价值积聚问题的探讨已经成为一种推进的力量。

4. *M-M'*。我们不妨把马克思的思想拓展到**纸币经济**的领域，在那里，对许多交易来讲，在交换价值的膨胀中，具体商品作为一种中间的媒介也"消失"了。通过专断和改变税收政策、核算会议、贬值、兼并、公关策划、广告、法律等方式来实现对货币符号的操纵，所有这些使得一部分人能获得正的 $\triangle M$，但由于社会财富并没有增加，最终导致其他人平均承担了负的 $\triangle M$。这种"纸币企业家主义"和"寻租"活动似乎正在吸引着越来越多的商业天才。在罗伯特·赖克的陈诉中能听到弗雷德里克·索迪的回声，"发展到能代表真实财富的货币符号已经丧失了它和实际生产活动的联系。金融已经完全卷入它自己的漩涡中，只与工业维持了松散的联系。"但是，不像索迪，赖克并不欣赏生物物理限制在使人们从操纵有抵抗力的物质和能量改变为操纵温顺的符号的过程中所扮演的角色。他认为，当更为灵活和高信息强度的生产过程代替了以往传统的物质生产时，在某种程度上金融符号和物质世界将会重新达到彼此适应。但是也有可能，当物质资源变得难以获得，这有投资上不断下降的能源回报率为证，那么从 *M-C-M′* 到 *M-M′*，绕过物质世界层面的动机将会加强。我们的确可以在纸面上保持经济的继续增长，但这已不再是真实的了。我们的国民经济核算大会培育了这种幻觉，也许我们正以比我们所预计的还要快的速度迈向了一个没有增长的经济。如果在化工有价值的产品中减掉倾倒有毒废物的成本，我们可以发现，在化工经济部门我们已经处于价值零增长的状况了。

有缺陷的国民账户和量化的成功指标的背叛　除了把防御性支出计算到未来的增长，我们的国民账户并不能反映经济增长的成本。现在，我们已能轻松地指出，GNP 并不能揭示出我们究竟是靠什么获得了增长，是收入还是资本，是利息还是本金。石油、矿产、森林以及土壤的损耗都是资本的消耗，然而，这种不可持续的消耗在 GNP 中和可持续的生产（真正的收入）是被同等对待的，并没有加以区别。但是我们不仅要处理积极的资本（财富），也以有毒废物堆积与核倾泻等形式积累着消极的资本（不幸）。只要生产的货物获得了积累就无忧无虑地说"经济的增长"，而与此同时自然福利则日渐消失，人造不幸则日益增长，这至少表明了对这些变化的相对规模存在一种极大的预断。只有认为环境资源和其承载能力是无限的假设才使这种想法显得有意义。

关于国民账户的另外一个问题是，它不能反映"非正式的"或"地下的"经济。在美国，用估值法核算出的地下经济估计占到 GNP 的4%—30%左右。近年来，地下经济得到了明显的增长，这也许是高税收、失业率上升和纸币经济日益烦琐霸道所带来的结果。就像增多的家庭生产，这些非正式的生产活动都没有计入 GNP 中。这些"非正式的"

或"地下"经济的增长象征着对失败了的传统经济增长的一种适应，它们能提供就业和安全。当在 GNP 中对失败了的增长有了一种适应，地下经济就代表着向一种稳定状态经济迈出了有力的第一步。但是，并非所有关于地下经济的东西都是好的。它的许多活动（贩毒、卖淫）都是违法的，而且许多地下经济的基本动机是为了逃税，尽管在当今这个世上会有许多不付税的高尚理由。

测量行为与被测量物往往会互相作用和干扰。这条普遍的海森伯原理[①]尤其适合于经济学，在报酬或是税收的测量领域往往会有被测物的不良反响。举一个运用于肺结核医院的量化目标管理的病例，这是一个医师讲给我听的：众所周知，当肺结核病人病情有所好转的时候，他的咳嗽会减少，所以每天咳嗽的次数成为病人好转的量化指标。病人的床上安装了小型的麦克风，用来及时记录和分析病人的咳嗽次数。但医务工作人员很快就发现他们对病情的分析结果和病人咳嗽的次数是相反的。当更为频繁地开出可待因[②]，病人的咳嗽会逐渐减少；毫无限制地给病人开出更多的可待因，会使病人咳嗽得更少；但不幸的是，病人的情况却越来越糟糕了，这是因为他们没有通过咳嗽来吐出肺部的充血。因此，咳嗽的量化指标早已被放弃了。

咳嗽的指标完全推翻了量化行为的准确性，因为人们习惯于抽象的数量指标，而不是具体本质上的健康目标。量化性目标带来的反常现象在讲述苏联计划的文学作品中得到过深刻的描述：用英尺来衡量织物的生产配额，螺栓就变窄了；用平方英尺来衡量，织物就变薄了；用重量来衡量，织物又变得太厚了。但是我们不必"不远万里"地到苏联去寻找例子。这种现象是普遍存在的。大学里教授是根据发表论文的数量来给以回报的，因此论文的长度正在变短，接近了可发表研究论文的最少字数，而与此同时合著的现象开始增加了，越来越多的人致力于越来越

---

① 海森伯原理，即测不准原理，由德国物理学家海森伯（Heisenberg，1901—1976）提出。
② 可待因（codeine），一种用以镇痛、镇咳、催眠的药。

短的论文。所最大化的不是内在理论知识的发现和传播，而是出现姓名的出版物的数量。

之所以举出这些证明量化的成功指标的背叛的例子是为了说明GNP就像它们一样，不仅是一个被动的错误测量，而且还活跃地对真实性实施扭曲的影响。GNP是流量的指标，而不是福利的指标。在无限资源和拥有无限接收废物能力的世界里，流量和福利是绝对相关的，但是在一个承载能力已完全用完的有限世界里，流量本身就是一种成本。追求GNP最大化的国民政策实在不是一项明智之举。实际上，它相当于在使资源使用和污染达到最大化。

对GNP这些为人熟知的批评，通常的反映是："虽然它是不完美的，但它又是我们所仅有的。你又能用什么来替代它呢？"这种反映暗示着我们必须要有一些数字的指标。但是为什么一定要这样呢？即使没有东西能够"替代GNP"，没有它的统计，难道我们就不会生活得更好吗？当医生和管理人员不得不依靠"软性"的质量指标作出判断的时候，难道没有咳嗽指标的肺结核病人就不会好转吗？1940年前的世界并没有计算GNP，但它是运作良好的。也许我们能够提出一个国民账户的更好体系，但我们不必要等到那时才把GNP抛弃掉。在政治上我们不可能很快地在任何时间抛弃GNP的统计。但是与此同时我们可以开始把它思考成"国民成本总值"。

"信息经济"的矛盾性　被吹捧得高高的"信息经济"常常被当作逃脱生物物理限制的策略。现代"信息经济"的崇拜者们宣称："尽管物质和能量会遵循熵定律而衰退……但信息是……不朽的。"而且，"宇宙本身就是由信息构成的——物质和能量只是它的简单形式"。这种半真的命题忘记了信息并不能脱离物质属性的大脑、书籍以及计算机而独立存在，更进一步说，大脑还需要身体的支撑，书籍还需要图书馆来存放，计算机还需要电来运转等等。最糟糕的是，信息经济还被看作是建立在计算机基础上的纸币经济进行符号操纵的一次爆发。当今日的"硅诺斯替教者"比原始的萨满教僧人还要敢于为他最钟爱的法宝而大声叫好的时候，更多的超自然力量开始归因于信息和它的处理者——计算机。尽管计算机有着巨大的合法重要性，但也不必如此的夸张。

信息经济的另外一层观念绝不是毫无意义的，那就是当它提到产品的性能改善，使产品变得更能服务于人、使用更持久、维修更方便，以及外观更漂亮时，我们便达到了先前所提到过的"发展"。当一个产品体现出更多的信息性时，我们就认为它的性能也同时得到了改善，这种想法是不无道理的。

然而，对信息经济的最好质问是 T. S. 艾略特在为露天历史剧《磐石》写的合唱队诗体唱词中所提出的："我们在知识中丧失的智慧在哪里？我们在信息中丧失的知识在哪里？"[①]为什么只是滞留在信息经济？为什么不是一种知识经济？为什么不是一种智慧经济？

知识是被整合和组织过的易于被人理解的信息，很难想象一个产品会表达出一些孤立的信息（在信息理论的意义上）。改善产品性能所需要的是知识——对使用目的和材料属性的理解以及在目的和原料属性限制的范围内进行的设计选择。也许，许多作家在使用"信息"这一术语的时候往往会把它等同于"知识"，事实上他们脑中早已有了"知识经济"的概念。现在，最重要的一步是要迈向一种"智慧经济"。

智慧包括技术性的知识、对目标和目标群之间相关重要性的理解以及对制约技术发展和目标实现的限制的重视。要在暂时的瓶颈中区分出真正的限制因素，在微弱的欲望中辨别出基本的目标，这些都需要明智的判断。没有明智的判断，经济增长狂热症就无法被诊断出来。因为事实已经迫使我们以信息经济这一术语来思考将来，我们想借着这股推力来全方位地讲一种智慧经济也许是不太可能的，我认为智慧经济的特征将会是呈现一种动态平衡的状态。

厄尔·库克在他的九个"新马尔萨斯的信仰"中预示了智慧经济的主要特征，我把它们列举如下：

---

① 引自艾略特 1934 年为该剧写的合唱队诗体唱词（共 10 部）的第 1 部。

1．"材料和能量的平衡限制生产。"

2．"消费水平对发明的促进作用大大增强，甚至超过了发明本身的必要性。"这就是说，科学和技术需要经济盈余的支撑，由人口激增带来的少数特别但贫困的天才人物对此是没有帮助的。

3．"真正的财富是依靠来自自然的技术。"或者，像威廉·佩蒂所说的，技术是财富的父亲，而自然是母亲。

4．"人类的适当目标是使精神收入最大化，精神收入最大化的目标是通过把自然资源转化成有用的商品并且最大限度地提高使用这些商品的效率来实现的。"同时，"对资源转化成人们精神收入的效率进行评价测量的适当方法是把人们的生命时间，用微积分拓展到尚未出生的人。"

5．"自然法则并不会屈服于人类对它的否定。"所有的经济法则和收益递减规律都会更加靠近自然法则。

6．"工业革命可以定义为，当基础资源，尤其是非人工的能源日渐廉价和丰富这一人类历史时期来临的时候。"

7．"上述定义的工业革命正在结束。"

8．"有足够的理由相信自然资源会变得越来越昂贵。"

9．"资源问题在各国之间是非常不同的，以致粗心的地理和商品积累会出现混淆，而不甚清晰。"这就是说，"把亚马逊河和萨赫勒地区的生物数量联合起来计算人均的木材使用量是没有用的。"

也许厄尔·库克是最后一个把上述九点作为智慧经济完整蓝图的人，但我认为他已经把我们引向了一个良好的开端。

（选自 [美] 赫尔曼·戴利《超越增长：
可持续发展的经济学》，诸大建、胡圣译）

第二十一讲　诗意地栖居于地球

[美] 霍尔姆斯·罗尔斯顿

霍尔姆斯·罗尔斯顿（Holmes Rolston，1932—　），出生于美国弗吉尼亚州，1958 年在英国爱丁堡大学获哲学博士学位。他曾在弗吉尼亚的阿巴拉契亚山区当过十年牧师，一边布道，一边体验那里的自然美景。1968 年，他到科罗拉多州立大学任教至今，1992 年，他成为该校第一位文科终身荣誉教授。1979 年他协助创办了环境伦理学的第一份专业杂志《环境伦理学》。1990 年他创导成立了国际环境伦理学协会，并出任第一任主席。主要著作有《哲学走向荒野》《科学与宗教：一个批判性的考察》《环境伦理学》《保护自然价值》《基因、创性与上帝》。2003 年，罗尔斯顿因对自然的内在价值的杰出辩护而获得田普敦奖（Templeton Prize），奖金为 120 万美元。

诗意地栖居于地球

[美]·霍尔姆斯·罗尔斯顿

【编者按：罗尔斯顿认为，人类是一个有道德的物种，是地球上的道德监护人。人类应当从道德上关心其他物种，欣赏并尊重自然的内在价值。环境伦理学是最具有利他主义的伦理学，它真正地热爱他者，并把人类残存的私我提升为地球中的环境利他主义者。作为成熟的公民，我们每个人都应把这种环境伦理应用于自己的生存环境，从而诗意地栖居于地球。】

自然进化的最高价值和最高角色

人们对他们栖息于其中的生态系统几乎没有什么工具价值，相反，他们表现出来的是某种工具性的负价值：打乱生态系统以便获取自然价值并把它们变为文化所用。不过，大自然仍然将较多的进化成就赋予了人类。地球系统（创生万物的自然）一直在强化（至少在热带是如此）有机体的个体性、感觉，甚至还有自由和灵性。人的手和脑是进化的产物，这个产物又结出了文化的果实——幸亏如此，价值椭圆形中以资源为基础的大部分价值和都市价值也是人的手和脑创造的。

但是，当人们创造出文化后，他们仍继续栖居在大自然中。人这个站在进化巅峰的物种应占有什么样的地位？这个在生态系统中不担任特定角色的与众不同的物种所扮演的是不是最重要的角色？我们能够描绘出典型的人种标本吗？我们能对人类的独特价值做出评价吗？

伦理学的一个痴心不改的回答是：甚至在文化中也不能从工具价值的角度来判断人的价值，更不用说在自然中了，只能从内在价值的角度来评判人的价值。人具有自在的价值。他们是目的，而不（仅仅）是实现目的的手段。康德认为，我们所拥有的认识自我和表达思想的能力，把我们提到了绝对高于地球上的所有其他存在物的高度。而那些力图确认人的内在价值的哲学家，也常常试图寻找某种可用来确保人的伦理权利的东西：人的生命所特有的，或"内在于"人的生命中的某种东西。如果内在价值的核心观念认为这种价值天生就存在于它的拥有者身上，那么，我们不必对环境做出评价也可证明内在价值的存在。成为一个人是件好事，无须弄清人的起源、他对环境的影响、他与环境的关系，也无须借助其他的价值参照系，我们也能知道这一点。人格（personality）是一种自在的善，是自然在向文化演进的过程中所结出的一个重要果实。

然而，根据那种深邃的哲学最近得出的结论，要说明人格的高级价值，就不仅要弄清人究竟是什么，而且要弄清他们在生态系统中的位置。人栖身于地球生态系统的顶峰，人格是地球生态系统顶端的一个体验中心，一种高级的进化成就。这最后一个成就是最重要的成就——可以这么说。现代生态学正是以这种方式捍卫了传统的伦理学。让我们看看达林（F. Darling）的这段话：

> 从生物学的角度看，人是一个贵族。他已经控制了地球上的其他存在物、植被和每一块地表。确实，人是享有特权的生物。从生态学的角度看，他位居食物链和生命金字塔的顶端。人是生命庄园的地主，他的特权来自他的优越性。我并不认为，这种贵族制是人的自负的产物，它是一种可在大自然中观察得到的现象。[①]

---

① 达林《人对环境的责任》，载艾伯林（F. J. Ebling）编《生物学与伦理学》（伦敦，1969），第117—122页，引文见第117页。——原注

确实如此。但达林提醒说，对这一真理，我们要保持几分警觉。上述观点容易使人以为，人的内在价值是超越于地球生态系统的，或人是地球上的其他存在物的主人。道德关怀的焦点可以指向人类的自我利益。但这种认为人类享有某种优越的内在价值、人应尊重他们内部的这种内在价值的观点，容易使人产生这样的误解：这种优越价值赋予了人以一种不负责任的特权。一个处于进化顶级的存在物不应提出这样一种孤傲的人类中心论的价值观。这种价值观不过是用人的优越性来为人的自我中心性进行辩护，它犯了自傲的错误。

从逻辑上讲，关于人处于进化顶峰的这一生态学真理，应当能使人看到他之外和之下的其他存在物的价值，使他形成开放的全球整体观，使他产生一种对自然界具有贵族气派的责任感。因此，我们力图使各种各样的——自然的和文化的——内在价值去适应工具价值和系统价值。我们认为，内在价值是深深植根于其环境中的，尽管在某种意义上，它是一个无须以其他价值参照系作评判标准的重要价值。不论在生态上还是伦理上，都没有任何事物是圆满自足的。我们想要的是某种相互影响的内在价值，人们应赞赏他们的地球环境。在自由和责任之间存在着某种辩证关系。

当然，自负的贵族头衔也会使人主动承担某些伦理责任。人际伦理学的目的，就是为了把人们关心的焦点从自我中心推开，使之转向人际共同体中的其他人。单个的自我必须要适应文化对他提出的要求，一个人在伦理上要适应他/她的邻居。这就是从古至今的伦理学所力图实现的主要目标——尊重人的内在价值。人类在培养利他主义以对抗利己主义的斗争中已取得了引人注目的（尽管是不完全的）成功。这使得人们形成了一种人在伦理上具有优先性的观念，而这其实是一种伦理排外主义。人高高在上，只有人才与道德有关。爱邻（人）如己。

从更宽广的生态系统的角度看，这种观点没有意识到：迄今为止，生态系统所容纳的无数相互依赖的物种（它们之间保持着一种冲突与和谐的关系），除非能够因地制宜地适应其环境，否则，它们就不能使自已得到最大的发展。从这个更具包容性的角度看，那些推崇流行的伦理体系的人，对他们在其历史悠久的栖息地中的位置是很无知的，对他们的大多数地球邻居也是熟视无睹的。他们把创生万物的自然的其他部分和进化生态系统的所有产物都当作资源来看待。

从一种狭隘的有机体主义的观点看，这一论点似乎是正确的，因为，在人类出现以前，所有的生物都尽其所能地把其他自然物当作资源来利用。文化只能建立在那些从自然中掠夺来的价值之上。地球上的所有其他生物都只捍卫其同类。人也这样行动，使其同类得到最大限度的发展——而且，通过宣称人是拥有道德关怀能力且值得给予道德关怀的唯一物种来维护其地位。大自然对人类情有独钟，文化优先于自然。

出现于自然史中的伦理超越

但是，主张这种观点的人文伦理学家并未真正超越他们的环境。他们把人的内在价值拔高到了所有其他存在物之上。他们对人的完美（excellence）的理解是正确的，他们只捍卫他们自己的同类，就此而言，他们并未超出其他存在物。他们与其他存在物处于同一档次，仅仅依据自然选择的原理在行动。在与其他物种打交道时，他们是道德代理人，但在与大自然打交道时，他们却没有成为道德代理人。他们没有发现，他们对其栖息地的适应是一种新型的适应。在力图捍卫人的高级价值时，他们的行为与兽类并无二致。传统的人类中心论伦理学力图把人类理解为价值的唯一"聚集地"，认为人超然存在于这个毫无价值的世界之外。这种狂妄的意图阻碍了人性的健康成长，因为它并不知道人的真正的完美性——对他者的无条件的关心。人本应高瞻远瞩，可他们却变得目光短浅。

毋庸置疑，人类已把他们的领地扩展到了地球上的每一个角落，但是，要生活在这个遍布全球的领地上，人应选择一种什么样的恰当生活方式？是使人的高级内在价值得到最大化的实现，不再关心别的任何事情吗？环境伦理学给我们提供的较好回答是：人应当是完美的监督者——以这样一种方式来运用他们那种在其环境中是如此独特的完美的理性和道德，以致他们能够真正超越其他存在物，实现一种与其环境和谐相处且对其环境有益的有价值的层创进化（emergence）。不是把心灵和道德用作维护人这种生命形态的生存的工具，相反，心灵应当形成某种关于整体的"大道"观念，维护所有完美的生命形态。人类（humans）与腐殖土壤（humus）是同根同源的，二者都由尘土构成，只不过人因赋有反思其栖息地的高贵能力而成为万物之灵。他们来自地球又遍观地球（人类一词的希腊语词根 anthropos 的含义就是：来源于、察看）。人类有其完美性，而他们展现这种完美的一个途径就是看护地球。

人的层创进化的一个全新之处，就是进化出了一种能与（只关心同纲同门利益的）自利主义同时并存的（关心同纲所有动物的）利他主义倾向，进化出了一种不仅仅指向其物种，而且还指向生存于生态共同体中的其他物种的恻隐之心。人类应当从伦理学家所说的"万物之母"的角度（original position）、站在地球的角度来思考问题，客观地把地球视为一个生生不息的生态系统。当站在这一角度来思考问题后，人类主体就能够从意义的角度来理解地球上那些历史悠久的进化成就，并对这种成就做出自己的贡献。人际伦理学已花了过去两千年的时间来唤醒人的尊严。在我们走向新的一千年之际，环境伦理学要求人们意识到地球上那个更为伟大的生命进化过程，人只是这个过程中的一个最重要的部分。

这是一个全新的伦理问题（至少在主要的西方国家是如此），而下述两点考虑又使得这个问题变得更为紧迫：第一，随着进化生物学和生态学的出现，人类在过去的一个世纪中所获得的关于自然史的知识大大增加了；第二，现代科学提供给人类的既可用于为善亦可用于作恶的技术力量也大大增加了。

人类是有慧眼的，他们是地球的观察者——现在比过去更为在行。观察的结果，是对人类提出了道德要求——比过去更高的要求。这就是或应该是《圣经·创世记》所说的人的治理（dominion）的潜在含义，也是我们现在所理解的治理地球的含义。它要求人类超越那种把地球当作资源来使用的观念，而把地球当作栖息地来看待，并用道德来限制人类的政治、经济、科学和技术的行为。成为一位"栖息者"所要求于人的，要远远多于最大限度地利用自然环境，尽管它也要求人们明智地利用自然资源。人需要成为"栖息者"，这包含的内容要多于成为"公民"。公民一词包含有太多的狭隘的政治含义，这个词只适用于价值椭圆形中那些都市价值占主导地位的领域。作为一个观察者栖息在共同体中，这要求我们不仅要考虑人对自然物的管理问题，而且更为重要的是要考虑人与自然的道德关系问题。

人类应成为赞赏（在**发现其中的价值**和**增添其中的价值**的双重意义上）其栖息地的居民。人类是有评价能力的，能够赞赏这个世界，能够发现（而且能够创造）那里的价值。他们能够保持生命的奇迹，因为他们具有好奇的能力。这种主观能力在地球这片客观的神奇之地上正好派上用场。人类价值的主观性与地球价值的客观性相得益彰。人类比其他生命更能"神游于"其他价值。他们能够与其他生命共享某些价值，在这个意义上他们是利他主义者。人类是最重要的价值，因为他们是最重要的评价者。

在人类历史的童年，人类需要逸出自然以便进入文化，但现在，他们需要从利己主义、人本主义中解放出来，以便获得一种超越性的视境，把地球视为充满生命的千年福地，一片由完整性、美丽、一连串伟绩和丰富的历史交织而成的大地。这不是对自然的逃逸，而是在希望之乡的漫游。对大自然的这种治理要求我们遵循自然。

在这个意义上，人类是或者能够是优越的、高贵的、不同寻常的，甚至（在一种较易引起争论的意义上）是超自然的，在自然之上的。他们摆脱了自发性的环境，因为他们是环境的看护者，他们具有内在的超越性。如果要玩弄辞藻，那么我们可以说，人类是地球上的一道风景，因为他们能观赏地球上伟大的生命进化故事（他们是这个故事的一部分）。动物只能从自己的角度来欣赏这个世界，他们拥有单纯的内在性。

人类却能从其他存在物的角度来观赏这个世界。怀疑论者和相对主义者可能会说，人类只不过是从另一个角度来欣赏这个世界。确实，当人类把土壤或木材当作资源来赞赏时，他们只是从自己这个物种的角度来欣赏这个世界。但是，人类能够从其他物种和那支撑着这些物种的生态系统的角度来欣赏这个世界，他们研究刺嘴莺，从太空上观看地球。其他任何物种都不可能具有这种超越的观察力和卓绝的慧眼。

栖息者的环境利他主义

环境伦理学并不否认人类价值的优越性，但它并不就此停步。那把人与其他存在物区别开来的，不仅仅是我们所拥有的认识自我和表达思想的能力、发挥自己潜力的能力，它还包括我们欣赏他者（other）、看护这个世界的能力。康德认识到了他者在道德上的重要性，然而，他虽是一个杰出的伦理学家，但他所关注的他者却仅仅是其他人，是那些能够认识自我且能表达其思想的人。环境伦理学号召我们关注非人类存在物，关注生物圈、地球、生态共同体、动物、植物以及那些虽不具有自我意识却拥有明显的完整性和（独立于人的主观价值的）客观价值的存在物。环境伦理学超越了康德的伦理学，超越了人本主义伦理学，因为它把其他存在物也当作与人并列的目的来对待。环境伦理学家在道德上更具慧眼。他们既能从自己的角度，也能从其他存在物的角度来欣赏这个世界。他们理解了雨果和施韦泽所憧憬的"关于整体的伟大伦理"，他们真正发现了耶稣命令我们去爱的邻居：麻雀（它的衰落引起了上帝的注意）和田野里郁郁葱葱的野百合花。在这个意义上，与人类自我实现的能力一样，诗意地栖息于地球的能力以及与其他非人类存在物融为一体的能力，也是道德的前提条件。在这种伦理看来，实现自我也就是去超越自我。

我们可以说（尽管这会引起争论），根据其伦理学目标来看，康德仍是一个残留的利己主义者。他虽然对伦理主体谆谆教诲道：他们应成为人本主义的利他主义者，但他本人并不是他们所希望的那种真正的利他主义者。他认为，只有"自我"（个人）才与道德有关，他还没有足够的道德想象力从道德上关心真正的"他者"（非人类存在物）——树木、物种、生态系统。他只是一个人本主义意义上的利他主义者，还不是一个环境主义意义上的利他主义者。然而，人类与非人类存在物的一个真正具有意义的区别是，动物和植物只关心（维护）自己的生命、后代及其同类，而人却能以更为宽广的胸怀关注（维护）所有的生命和非人类存在物。

动物和植物不具有"自我"（ego），他们至多只具有"自身"（self）——客体性的细胞体，尽管在某些高级动物那里，这些细胞体发展成了一种主体性的"自身"。植物和动物并不具有真正的利他主义精神，即使是那些学会了以互利的方式彼此合作的有一定智慧的动物也不具有。这并不是在责难动物和植物，因为它们不是、也不可能是道德代理者，但这确实道出了人类与非人类存在物的一个重要区别，这个区别对于理解人类的道德潜能极为重要。人类能够培养出真正的利他主义精神，当他们认可了他人的某些权利——不管这种权利与他们的自我利益是否一致——时，这种利他主义精神就开始出现了，但是，只有当人类也认可他者——动物、植物、物种、生态系统、大地——的权益时，这种利他主义精神才能得到完成。在这个意义上，环境伦理学是最具有利他主义精神的伦理学。它真正地热爱他者。它把残存的私我提升为栖息地中的利他主义者。这种终极的利他主义是或应该是人类的特征。在这个意义上，最后产生的人类这个物种是最伟大的物种，而这个理解了现代环境伦理学的晚生物种，是第一个发现了发生在地球上的伟大生命故事的物种。这个晚生的物种扮演的是榜样的角色。

在地球上，只有人类——通过他们的理性、道德、世界观，他们理解和敬佩自然界的**主观经验**——才**能够客观地**（至少在某种程度上）评价非人类存在物（从有机体到生态系统）的技能、成就、生活和价值。而这种**客观评价**（欣赏自然中的**客体**）的**主观能力**（主体的能力），是一种值得格外加以赞赏的高级价值。这种能力应该得到实现——饱含仁爱的，毫无傲慢之气的。那既是一种特权，也是一种责任，既是赞天地之化育，也是超越一己之得失。

诗意地栖息于地球

构建一门伦理学，就是在从事一种创造性的工作，就是在撰写正在发生的生命故事的一个恰当章节，不管作者是生活在文化抑或自然中。在撰写环境伦理学著作时，需要对环境做出解释，因为不具有某种自然观（它决定着人们的精神气质和生活方式），一个人就不能或难以生活。人们都会形成某种或好或坏的自然观，但他们应当拥有某种较好的自然观。人的生活还有、也应当有其他的层面——家庭伦理、商业伦理、社区伦理，充满意义的事业。我们已认识到，生活于不同地方的人会形成不同的关注焦点。但是，如果人们以麻木不仁的态度对待其环境——作为其生活背景的动物、植物和大地——那么，他们的道德生活就是不完整的。

人类的职责之一就是，通过欣赏环境从而增加环境价值的种类。古典伦理学呼吁人们生活在其文化空间中。环境伦理学则呼吁人们生活在其自然空间中。这种伦理学除了认可人之外的内在价值的存在之外，还要求人们以恰当的方式适应自然。人类应恰当地理解自然事实，人的主体性应适应大自然的客体性，人应成为大自然的精神化身，意识的进化正是通过大自然而在人这里变得"澄明"起来。

伦理学应以理性为标的，但理性也栖息于历史悠久的生态系统中。我们将从道德上予以关怀的那些自然环境都拥有自己的历史，因而适合这些环境的伦理学也将以某种历史的形态表现出来，伦理学也将拥有自己的历史。我们需要从两个视点（再次回到椭圆模型）来切入我们的研究领域。一个视点是关注普遍性和典型事例，另一个观点则关注特殊性和特殊事例。

从特殊性的视角看，我们的伦理关怀将指向那些具有历史意义的特殊事例，这种关心将尽量避免诉诸那些典型性或普遍性的事例。人们保护科罗拉多大峡谷，因为它是一个特殊的地方，独一无二，足以享有一个专有名词——不是因为它是一个具有代表性的峡谷地带，更不是因为它有助于证明均变论 ①。从前面两个视角出发，环境伦理学将把普遍性和特殊性结合起来。人们保护美洲鹤，给它们套上了蓝色的、红色的和金色的脚环——这些美洲鹤是在爱达荷州格雷湖（Gray Lake）被套上套环的，现在它们已迁徙到科罗拉多州的圣·路易斯峡谷——因为这种鹤是展现了某种内在价值的活生生的个体，还因为它是一种正在消失的物种的生存记号。从普遍性的视角出发，环境伦理学将高度重视自然力、自然趋势或典型的物种标本。保护残存荒野地的一个理由是，它们是自然进化过程的活生生的博物馆。这一理由适用于所有那些被保护下来的独特的荒野区。

伦理的理性以及伦理所关注的领域都是历史性的。也就是说，普遍性的"道"将与生命的进化故事融为一体。逻辑学家曾普遍地认为，要想建立一种可信的自然主义伦理学，就必须首先解决从**是**到**应该**的过渡问题。现在这种过渡被理解成了一种与生命的进化故事同伴而行的过渡。它变成了一个从实然到**生成**（becoming）的过渡，而这种历史性的过渡也成了**应然**的一部分。伦理学成了一部叙事史诗。

人们认为，伦理原则应当是形式的、概括性的、普遍性的，适用于所有的时代和所有的地方，适用于整个地球，适用于所有存在着道德代理人的星球。遵守诺言、诚实、己欲立而立人、毋导致不必要的痛苦、尊重生命，这些都千真万确，但在生活中，伦理学并不是以这种方式发生作用的，这些原则是用来给个人的一生盖棺论定的。每一个人都生活在具体的时空环境中，这些抽象的原则并不是有血有肉的道德，只不

---

① uniformitarianism，一种认为地质变化并非由突然的剧变引起而是由缓慢的渐变过程所致的理论。

过是一具"道德骨架"。每一种伦理都有它的生存环境，都有它"栖息"的"小生境"。像物种一样，它也是由它所生存的环境所决定的。伦理学是不断进化的，它也和物种一样，有着一部引人入胜的进化史。

栖息于自然史中的非人类存在物

在人类产生以前，大自然就已经历了漫长的进化过程。地球被居住的历史并不始于人类。人类在经历了数千年漫长历史发展后，只是在上个世纪才开始了解地球的历史。从长远的观点看，在数千年漫长的历史中，进化的生态系统一直在地球上编织着充满戏剧色彩、从不彼此雷同的生命故事。而人类只是在上个世纪才开始了解这一点。只有从有限的角度看，地球上才存在着季节变化、再循环、内部平衡、稳定的模式、重复的秩序。在这个意义上，这些概念——体内平衡、资源保护、环境保护、稳定、物种和生态系统——对于环境伦理学来说并非是至关重要的，尽管正是借助于这些概念，环境伦理学才得以产生。自发性的生态系统创造了不断更新的秩序，编织了无数惊心动魄的故事。不断地发展变化，是生态系统最重要的特征。

柯林伍德和黑格尔曾说："大自然没有历史。"[1]巴思（K. Barth）也认为，"只有人类才生活在历史中"，"由于生存于历史中，人类明显地远离了且区别于所有其他的生命形式"[2]。确实，植物和动物不知道它们自己的历史。它们的历史被编成了遗传密码储存在其DNA——一种具有选择性和规范性的系统——之中。基因是一个历史地变化的系统，但它意识不到这一点。植物和动物是客观的历史存在物，只不过它们主观上不知道这一点而已。某些动物是有记忆力的，因而动物也许拥有某种历史意识的雏形。当然，在这个历史悠久的客观的自然界中，人是唯一的历史

---

① 柯林伍德《历史的观念》（纽约，1956），第114页。——原注
② 巴思《教会释义学》，第3卷第2部（爱丁堡，1960），第174，178页。——原注

主体。当人类变成了历史的存在物时，他们就能更好地适应世界，假如他们不仅能继承其文化遗产，而且还能解读大自然的历史的话。

应用科学的历史，是一部人类学会根据其利益观察大自然、学会把环境当作资源来利用的历史，但纯理论科学的历史，却一直是一部发现大自然的本质、探明我们自己的根源的历史。早期的科学以为，大自然的变化是遵守规则、多次重复的；但现代科学却发现，地球拥有一部不断进化的历史——我们生活于其中的世界的历史。地球的历史演化还在进行着，新的生命还在源源不断地到来。与其说，地球的历史是一段由前提和结论组成的枯燥的三段论，毋宁说，它是一段有待解读的文本。它是一部正在撰写的小说。

就像我们的图书馆中的书籍一样，地表也是一本有待阅读的、积淀着地球以往的历史的手稿。就像我们的报纸中充满着各种各样的故事一样，地表也适时地把进化过程中的新故事"记载"下来。生物科学已经揭去了盖在生命进化史上的许多神秘的面纱，它根据地表所记载的历史事件，探明了当代的许多生物事件得以发生的原因。但是，生物科学对于这段已发生的历史也只能提供非常有限的解释——它只提供了非常有限的理由（有限的论据）来说明下述现象：远古地球最初是如何形成的、原生动物为何产生于前寒武纪、三叶虫为何产生于寒武纪、恐龙为何产生于三叠纪、哺乳动物为何产生于始新世、灵长目动物为何产生于上新世、人类为何产生于更新世。没有一个理论能够依据一些原初的理论假设，来推导出这些现象的必然产生。生物科学也不能预测，在未来的历史中，地球上还会出现哪些重要的生物学事件。

相反，从一种最具说服力的理论——描述了最适者如何生存，且主张最适者生存的自然选择理论——的角度看，整个漫长的进化过程似乎是由随机选择和宿命（tautology）组成的大杂烩。任何一种生物学理论都不能预言某个生物学事件的结果，即使在逆向推出了某些生物学事件的原因后，它也不能说明，为什么这种生物学过程发生了，而其他上千个与该理论并不矛盾的生物学事件则没有发生。也许，解释这种现象的一种理论是：大自然的变化已从越来越多地遵循普遍性的原理（原子、引力、元素、共价键、恒星、银河系、行星）转向遵循特殊性的规则（细胞色素 C 分子、三叶虫、尼安德特人、梭罗）。这也许是解释大自然的复杂性趋势和个体性趋势的一种途径。

同样，在从科学走向伦理学时，环境伦理学也不能提供任何伦理学上的依据来证明，为什么这些生命故事会发生。我们只得把它们当作美好的故事接受下来。也许，我们还得重构这个故事，我们正是通过这个故事而猜测出了地球上所发生的一切。我们或许会不由自主地爱上生命进化的这部史诗，喜爱对这部史诗的叙事表达，而不太喜欢抽象的命题，不太喜欢这样的理论——这种理论认为，生命的进化要么是不可避免的，要么是依据某种完美的设计路线展开的。在这个意义上，无论是科学还是伦理学，都不能提供一种理由来证明，为什么500 万物种——我们与它们共居于地球——中的每一个（或任何一个）的存在都是必然的或合理的。但是，我们已能够勾勒出地球上复杂而又精彩的生命进化故事的大致轮廓。我们找不到任何逻辑的理由来为延龄草、盾叶鬼臼树（mayapple）、鱿鱼或狐猴的存在作辩护，但是，它们在其小生境的生存却使地球的历史变得精彩迷人。仅这一点就足以证明它们存在的合理性。

历史地栖息于大自然中的人

当人类出现以后，一种具有极高价值的现象就出现了。这种现象源于人类所拥有的那种叙述地球上正在发生的生命故事的能力。从其诞生的那天起，人类就是一个"故事大王"。流传于古代社会的故事，就其最深沉的内容而言，大多是关于人类所居住的地球的神话故事。我们在此不可能澄清这一问题，即这些神话故事是否曾经（甚至在近代科学产生以前的时代）被认为是，或在什么意义上被认为是真实的（或虚假的），目前，科学史中的一个激动人心的方面就是，地球的历史正在得到较好的叙述，尽管科学最不擅长的就是叙述历史。从这个意义上说，尽管智人在几百万年以前就已经出现了，但我们仍在不断地生成，我们仍在想弄清：我们身居何方，我们在这个地球扮演的究竟是个什么样的角色。

目前，科学只能提供某些支离破碎的理论来说明人类是如何产生的，并不能真正提供一个严密的逻辑框架（充分的论据），根据这个框架，我们能得出结论说：地球的进化最终必然会导致智人的出现。并不存在任何一种这样的理论（以及某些初始条件），依据它，我们能够推导出上面的结论。这样一种理论的缺乏，曾令达尔文时代的许多人寝食不安，他们不喜欢这种观点：人在地球上的出现纯粹是一个偶然事件。真正具有真理性的观点似乎是：人的产生、多样化的物种的形成以及个性的增加，都是地球系统进化的方向（heading）之一。但是，我们得用故事的形式把这一进化趋势表述出来。这一趋势不可能从某种理论中推导出来，尽管在某种意义上，人的产生是地球系统进化的潜在趋势。

同样，当我们再次从科学走向伦理学时，道德哲学也不能给我们提供任何理由来证明，人类为什么应当在地球上出现。哲学能够做的就是和科学一道，引导作为主体的人去欣赏那些发生在他所栖居的地球上的客观的生命故事，引导他通过讲述这个故事并在这个故事中扮演一定的角色而使这个故事变得更为丰富多彩。人类是宏观地球的一个微观缩影，而且对他们能诗意地栖息于地球倍感欣慰。也许，人类更喜欢上面这种角色，而不喜欢下面这种角色：作为某些在经验上具有必然性的决定性过程的产物，或作为具有概然性的统计性趋势的产物，或作为某些随机过程的产物而存在着。

确实，无须别的理由（尽管人们还能说出许多理由），仅这一条理由就能证明人的存在的合理性。对生命故事的叙说本身或许就能使人在这故事里的所作所为变成正确的、适宜的、恰当的。让人承担起生命故事叙述者的角色，这本身或许就能使这个故事本身，以及这个故事中有关人类的章节，变得意味深长，尽管这种叙述缺乏可以据之把人类的出现理解为必然性的足够的逻辑前提或理论。也许，我们更喜欢这种关于我们的"根源"的具有历史色彩的系统解释，而不喜欢那种只把人理解为内在价值，而把所有其他事物都理解为工具性的"资源"的观点。

以个人身份栖息于环境中

在新的千年到来之际，人类终于确认了智人（这一智慧物种）作为地球历史观察者的身份，并根据现代科学的发现回答了"人是谁？身居何方？"的问题，还创立了一种关于栖息地的新伦理（和史诗）。但是，人类所扮演的这一重要角色，似乎要求人类具有较发达的建构自然史的能力、较高的科学素养和较强的理解环境的能力——这些都大大超过了地球上大多数其他栖息者的能力。只有少数人具备了或能够具备这样一种地球整体观。生存于其人工环境中的大多数人，在其一生的大部分时间中，很少具有进化时间意识。事实上，他们几乎不具有生态演替那种以几十年为单位的生态时间意识。我们能带着栖息意识来关注本地的环境吗？我们在其中度过自己的一生的环境是个什么样的环境？对栖息于本地环境中的个人而言，什么样的栖息哲学更适合于那片他生于斯长于斯的大地？尽管我们要从全球环境的角度来思考问题，但我们只能生存于本地的环境中。我们需要一种能与研究自然史的科学协调一致的生活方式。

…………

在这个意义上，环境伦理需要植根于有地方特色的环境之中，植根于对自然物的特殊欣赏之中——这并不是说，环境伦理要植根于一个固定的地方，而是说它要适应各个不同的地区，打上各个地方的自然环境的烙印，这样，它才能成为那极其戏剧性的个人生活的一部分，成为诗意地栖息的一部分。自然主义者和环境主义者的生活不是，也不应是由松散的生活片段组成的，他们的生活将是由日常的生活事件组成的连贯的故事。有些事件在被整合进较大的生活故事中去以后，就变成了生命故事的迷人篇章。没有这种整合，即使是那些最丰富的人生经验也索然无趣。这种诗意的栖息方式使一个人在大自然中占有一席之地。

环境伦理学本身的历史，与具体个人的独特生活经历密不可分。环境伦理原则的合理性，要由环境伦理学家所生存于其中的社会文化背景来决定。我们所生活的这个世界，曾发生了许多特殊的环境保护案件（赫泽赫奇河谷案件、印第安纳州沙丘案件、雷德里蒙地区的翔羊围栏案件），还出现了许多环保组织（荒野协会、沙漠鱼类保护委员会）及其创始人和指导者、许多以法庭裁决告终的令人难忘的环境问题辩论（特里科大坝的修建问题、濒危鳉鱼的保护问题）、许多因某些重要人物（S. 马瑟、平肖、P. 比斯特）的建议而新成立的州政府机构和联邦政府机构、许多由立法者们在特定时间通过的法律（1964 年 9 月 3 日《荒野保护法》；1976 年 10 月 21 日《联邦土地政策与土地管理法》）；还有卡逊家族（R. Carsons）和埃林顿家族（P. Erringtons），他们的名字已被人们刻在海中和陆地上。环境保护运动的领导人需要其支持者，但是，环境保护运动从开始的那天起，就是一种基层性的群众运动，在这种运动中，领导人只是那些弥漫在乡村的环境主义情感的代言人，因为各地的公民们也发现了他们所栖息的环境的重要性。

利奥波德在其《沙乡年鉴》的结尾部分曾呼唤一种"大地伦理"，他以一条概括性的原则来总结他的大地伦理："一件事情，如果它有助于保护生命共同体的完整、稳定和美丽，它就是正确的。反之，它就是错误的。"①利奥波德的原则恰如其分地体现了他对威斯康星的沙乡的挚爱。《沙乡年鉴》的前一部分记载了冰雪在 1 月的融化，葶苈花在春天的开放，丘鹬鸟在 4 月的求偶舞蹈，对于大地伦理来说，这种描绘并非是可有可无，而是至关重要的。利奥波德的独特的栖息方式，是他的大地伦理的人格背景，正如罗德曼（J. Rodman）所说：

---

① 《沙乡年鉴》第 224—225 页。——原注

　　我们不能简单地从这本精雕细琢的著作的最后部分抽取出这样一种观点：扩展伦理学，使之把大地及其栖息者都包括进来。大地伦理贯穿于整部著作中，它是"大地情结"（sensibility）的一个内在部分，这种情结是通过细腻的观察、对大地的投入性体验和反思而形成的。它是一种几乎已被人遗忘的"生活之道"意义上的"伦理"。因此，谈论大地伦理是非常做作的，除非我们能够怀着好奇心观察那只刚从冬眠状态中清醒过来的臭鼬、能够心领神会地聆听那只降落在湖边的野天鹅的叫唤、能够在锯那棵倒在地上的古树的同时研究它的历史、能够在射中（只一次）狼后以它那弥留之际的眼光环顾四周认识到我们的笨拙、能够尽量从一只生活于沼泽中如鱼得水的麝香鼠的角度看待这个世界。最后我们会发现，并且终于认识到，麝香鼠的心灵所包藏着的秘密是我们永远也无法弄清的。①

　　居住在同一个地方的人会有不同的栖息体验。栖息在不同的自然环境、以及（概而言之）在地理位置和历史背景方面都各不相同的文化环境中的人，也会产生各异的栖息感受。这使得不同的人对自然环境的敏感程度各不相同——这一切都增加了地球上的人类共同体（即一群以一种敏感而负责任的方式与其自然环境共同生活在一起的人）的丰富性。人类共同体中的这种丰富性和多样性使得一种更为高级的价值复合体（它比存在于人之外的自然界中的价值更为高级）的存在以及在时空范围内的延续成为现实。大自然的生命故事，与欣赏它的文化故事结合起来后，就导致了更为伟大的价值事件的产生，这些事件比那些单独地发生在自然领域或文化领域中的事件更为伟大。

　　这是一种系统性的、共同体的成就。它产生于亿万个心灵与大自然的亿万次碰撞，尽管每次碰撞都只发生在一个地方和一个心灵身上。正

---

① 罗德曼《大自然的解放》，《探索》第 20 期（1977），第 83—131 页，引文见第 110—111 页。——原注

如我们曾赞美过的生态系统——在其中，无数不同个体的技能和成就、它们的冒险和生存竞争都被整合成了一个整体，在这个整体中，个体既最大限度地适应其环境，同时又有足够的自由空间以保持其个性——一样，现在，在文化共同体中，无数个人的独具特色的栖息方式也被整合进了对大自然的全球性的观照（oversee）之中，这种全球性的观照是任何个人的关注都望尘莫及的，尽管每个人都对这种观照做出了贡献。那种以常规的、普通的、普遍的方式发生的有价值的行为（人对地球的观照），不过是不同的、地方性的、特殊的、个人的观照行为的总和。我们第一个人的具体的栖息方式，被整合成了某种超越了个人的有限性的、有关人类整体在这个地球上的生存的宏伟史诗。人类的文化有助于人类在地球上的诗意的栖居，这种文化是由智人这个智慧物种创造的。存在着许多各有千秋的栖息方式，但只存在着一部有关人在地球上的栖息的完整故事。在这个意义上，我们正在讨论的私人伦理学，再次结出了法人伦理学的果实。但这之所以成为现实，也仅因为那些个人性的栖息方式累积成了一种对地球的整体观照。由于有了这种地域性和全球性的栖息方式，伦理学将自然化。通过做出对其栖息地有益的行为，智人将能使他们自己的利益得到最大限度的实现。诗意地栖息是精神的产物。它要体现在每一个具体的环境中，它将把人类带向希望之乡。

我们所扮演的是这样一种角色，即依据一种具有地域性、全球性和历史性的伦理，生活在地球上，阐释地表上发生的一切，并选择地表上那些令我们挚爱的一切。我们接受一个我们愿意接受且乐于融入其中的世界。在这个意义上，我们需要的是一种带有情感的环境伦理，而不是那种只有感情（像这个词通常所表明的那样）的空洞无物的伦理。这种伦理存在于人对其周围自然环境的精心呵护之中，存在于心灵的三个部分——理性、情感、意志——对大自然的真正适应之中，这种适应是对大自然（在其中，心灵得到展现）的创造性的回应。在这种伦理中，知识就是力量，就是爱，就是信心。人在大自然中所占据的并不是最重要的位置，大自然启示给人类的最重要的教训就是：只有适应地球，才能分享地球上的一切。只有最适应地球的人，才能其乐融融地生存于其环境中。但这不是以不自然或不近人情的方式屈服于自然，它实际上是为了获得爱和自由——对自己的栖息环境的爱以及存在于这个环境中的自由——所做的冒险。从终极的意义上说，这就是生命的进化史诗所包含的、现在又被环境伦理学高度概括了的主题：生存就是一种冒险——为实现对生命的爱并获得更多的自由，这种爱和自由都与生物共同体密不可分。这样一个世界，或许就是所有各种可能的世界中最好的世界。

（选自 ［美］霍尔姆斯·罗尔斯顿《环境伦理学》，杨通进译）

第二十二讲　新儒家人文主义的生态转向

　　杜维明，1940 年生于云南昆明，祖籍广东南海。国际著名学者，现代新儒家重要代表人物。曾任教于普林斯顿大学和加州大学伯克利分校，1981 年开始任哈佛大学中国历史和哲学教授，曾任东亚语言和文明系主任等职；1988 年获选美国人文社会科学院院士，1996—2008 年出任哈佛燕京学社社长，目前任北京大学高等人文研究院院长。主要英文著作有《中与庸：论儒学的宗教性》《近日的儒家伦理：新加坡的挑战》《儒家思想：以创造性转化为自我认同》等。其大部分著作都有中文版。

新儒家人文主义的生态转向

[美] 杜维明

【编者按：杜维明先生认为，以钱穆、唐君毅、冯友兰为代表的儒家神圣人文主义强调人与自然之间的互动共感，倡导人类－宇宙的和合观念。他们的这种人文主义代表了儒家人文主义的生态转向。新儒家人文主义的这种生态转向对于中国和世界都具有深刻的意义。】

　　为了人类的绵延长存，无论在理论上还是实践上，我们与自然的关系都需要有一个根本性的转变，这是一个紧迫的任务。有关人类和自然的关系的重新阐述要求我们有选择地回归世界各宗教传统的精神本源并做出有鉴别的重估。这样一个回归和重估的过程可能会自然而然地更新传统本身。从历史的角度来看，富有活力的宗教传统总是在不时地发生重大转变，而这种转变往往是由经济、政治、社会和文化等因素所致的人们未曾预料的结果。今天，轴心时代的文明实际上都在经历着各自的转变，以各具特色的不同形式回应着现代性的种种挑战。就目前日益严重的环境危机而言，轴心时代的各种文明面临的一个关键问题是，创造怎样的精神财富才能为现代世界人类的发展重新定向。

　　中国及其儒家传统在这一重新定向的创举中起着极其重大的作用。在近二十五年里，在新儒学思想家中出现了一个令人关注的现象。那就是，台湾、香港和大陆的三位领衔的新儒学思想家钱穆（1895—1990）、唐君毅（1909—1978）和冯友兰（1895—1990）不约而同地得出结论说，儒家传统为全人类做出的最有意义的贡献是"天人合一"的观念。我不妨把这种观念称为人类－宇宙统一的世界观。这种世界观认为，人类置身于宇宙的序列之中，而不是像人类中心的宇宙观所断言的那样，人类出于选择的需要或者疏忽之故而远离自然界。通过把天人合一解释为儒学对现代世界的重大贡献，新儒学的这三位重要学者的出现标志着一个回归儒家并重估儒家思想的运动。

就回归而言，人类－宇宙统一的世界观通过强调天人之间的互动共感唱出了不同于当代中国世俗人文主义的曲调。就重估儒家思想而言，这种世界观通过强调人与大地之间的相互作用标志着儒学的生态转向。作为关心现代世界之前途的著名知识分子，这三位重要的新儒学思想家都以自己独特的方式，论述了天人合一、天人相通和天人互动的观念。

钱穆认为这一观念的特征是人心与天道的合德。香港的唐君毅强调"内在超越"：因为性自命出，所以我们能够通过理解人心而领悟天命；天的超越性就内在于人类共同的自我意识之中。冯友兰放弃了他先前承认的马克思主义的斗争观念，强调和谐的价值不仅可用于人的世界，而且可用于人与自然的关系。由于这三位思想家都是在他们的晚年表明了他们的最后立场，因此，天人合一可以说概括了中国思想史界老一辈的智慧。我认为，新儒家的天人合一观念标志着一个生态转向，这个转向对于中国和世界具有深刻的意义。

生态的转向

钱穆称他的新认识是自己思想上的重大突破。当他的夫人和弟子们对他的见解的新颖性（天人合一本是一个古老的观念）表示怀疑时，已经九十高龄的钱穆断然回答，他的理解不是复述传统的智慧，而是个人的洞见，是全新的和彻底原创的。由于钱穆从来没有对儒家的形而上学表示过强烈的兴趣，他对人心与天道无碍说的珍视和他断言这个观念是中国对世界的独特贡献引起了文化中国几位带头知识分子的注意。

唐君毅从比较文化的角度提出了他的观点。他把儒家的自我修养与希腊的、基督教的和佛教的灵修进行了比较，得出结论说，儒家对世界的理解蕴含着他们对天的深切敬意，这一点为当今世界人类的繁荣昌盛做出了独特的贡献。植根于尘世、身体、家庭和社群的儒家世界观不是要"顺从世界"，屈服于人的身份地位，或被动地接受人类处境中物性的、生理的、社会的和政治的制约，相反，支配它的是超越意识下形成的一种责任伦理。我们不可能靠疏远或超越尘世、身体、家庭和社群来变成"灵性的"，而只能靠我们在人世间的努力来做到这一点。确实，我们的日常生活不仅仅是世俗的，也在回应着宇宙的号令。由于责成我们参赞天地之化育的天命就蕴含在我们的本性之中，我们是天的伙伴。在唐君毅的描绘下，人的终极意义是让"天德"流行。他的重建俗世人文精神的方案就具有天人合一的意味。

冯友兰先前立场的根本改变暗含着对阶级斗争思想和人类征服自然思想的批判。他重新回归张载的和谐哲学意味着他放弃了马克思的词句而重新言说他在19世纪40年代提出来的那些儒学观念。张载的《西铭》开篇就说："乾称父，坤称母，予兹藐焉，乃混然中处。夫天地之塞，吾其体，天地之帅，吾其性。民吾同胞，物，吾与也。"《西铭》被视为宋明儒学的核心典籍，它说出了天人合一的观念。与此相应，冯友兰认为人生自我修养的最高境界的特征就是体现"天地精神"。

从表面上看，钱穆、唐君毅和冯友兰的生态转向只是想通过发掘古代典籍和宋明理学中的精神资源让新儒家人文主义的"地方知识"呈现普遍的意义，他们努力使用儒家的观念来阐明自己的最后立场似乎也没有越出他们各自的哲学风格，然而他们三人都坚定不移地相信，他们所钟爱的传统为形成中的地球村带来了消息，他们用了他们所知道的最佳方式来宣告这个消息。他们使用的预言口吻意味着，儒家带来的信息不仅是向中国人发布的，也是向全人类发布的。他们确实不只是希望把荣耀归于自己的祖先，而是同时表明，他们关心着未来一代又一代人的福祉。因此，他们就不仅在回归一个传统，也是为了当下的需要在重新理解这个传统。

神圣的儒家人文主义

在受到现代西方启蒙思想冲击之前，儒家人文主义在很大程度上规定了东亚社会的政治意识形态、社会伦理道德和家庭价值。由于东亚的知识精英都熟知儒家经典，这三位现代思想家宣称的儒学对人类之独特贡献，实际上是前现代时期在中国、越南、韩国和日本广为分享的一种精神取向。要对这种精神取向的特质做出准确的概括并不容易，区域、阶级、性别和种族差异都会引起解释上的冲突，这无异于世界上的其他宗教。《大学》首章的著名"八条目"有助于我们理解儒家人文主义的这种精神取向：

> 古之欲明明德于天下者，先治其国；欲治其国者，先齐其家；欲齐其家者，先修其身；欲修其身者，先正其心；欲正其心者，先诚其意；欲诚其意者，先致其知；致知在格物。物格而后知至，知至而后意诚，意诚而后心正，心正而后身修，身修而后家齐，家齐而后国治，国治而后天下平。自天子以至于庶人，壹是皆以修身为本。

平天下的整体观以个人的自我修养、家庭的和睦相处和国家的井然有序之间的有机联系为基础，其核心则是这样一种意识："家"不仅意味着家庭，而且意味着自然界和更广大的宇宙。狄百瑞就上述这段引文指出："就传统而言，中国文化和儒家文化是关于大地上栖居着的人群的，他们在大地上繁衍生息并滋养着大地。正是从这样一个自然的、有机的过程中，儒家的自我修养导引出了它的所有类比和隐喻。"①他注意到乡村诗人温德尔·德里证明了儒家的论点："家是核心，不首先建成家园（而不仅仅是自我和家庭）作为我们努力的基地，我们不可能指望就环境做任何事情。"狄百瑞得出结论说："由于我们一起生活在一个比家庭和国家更为广大的世界里，要想在全球范围内彻底解决生态问题，家庭与国家（民族的和国际的）之间的基础结构的稳固非常重要。失去了家园，我们就无以立足，更遑论上层建筑了。这是温德尔·德里传递给我们的信息，也是来自儒家和中国历史的教导。"②

从修身齐家到治国平天下，人类繁荣昌盛的这样一幅图景实际上展现了一种世界观：在整个宇宙的背景下看待人类的处境。这样的眼光使"家"的观念越出了地域共同体的界限，人因此成为宇宙进程的积极参与者，肩负着关怀环境的责任。因此，在儒学的古典时期，《大学》已经向我们展示了一种神圣的人文精神，这种精神与《中庸》的宇宙观紧密相连。以下选自《中庸》的一段引文简明地呈现了这一宇宙观的本质："惟天下至诚，为能尽其性；能尽其性，则能尽人之性；能尽人之性，则能尽物之性；能尽物之性，则可以赞天地之化育；可以赞天地之化育，则可以与天地参矣。"

显然，天、地、人相互联系的观念正是三位思想家在强调"天人合一"概念的重要性时所想到的。重新发现儒学的这个核心概念多么令人激动，同时未免心酸地提醒人们：传统中有多少意义重大的思想被人遗忘！

儒家人文主义的世俗化

虽然儒教中国自 1839 年鸦片战争以来的命运已经历历在录，但是儒家人文主义的现代转化还是一个尚未讲述的故事。对于儒家人文主义

---

① 狄百瑞：《"思考全球和为了本土"及其中间地带》，见 Mary Evelyn Tucker 和 John Berthrong 编：《儒学与生态：天、地、人的相互关系》，第 32 页。
② 同上。

来说，最重大的事件是 1919 年五四运动的精神骚动。反偶像是"五四"精神的一个方面，而针对儒家的反偶像却简单地用了实用主义的语词来进行解释：为了挽救民族危亡，有必要超越我们的"封建过去"，向西方学习。断定儒学价值的唯一标准是看它与西方定义下的现代化是否吻合。这是儒学的现代主义转向，它把儒家人文主义改造成为一种世俗的人文主义。毫无疑问，在这种格局的儒学中，不会有生态关怀的位置。

科学与民主的观念被广泛接受，并且成为促使中国转变为现代国家的最有影响的西方思想。激励中国知识分子接受这些观念的动力不是追求真理的执着，也不是维护个人尊严的愿望，而是使中国富强的决心。这些观念成为动员民众的手段，许多人从中感到，中国有必要作为一个统一的民族重新站起来。他们要求进步和富强的吼声里充满了唯物主义、科学主义、进步主义、实用主义和工具主义的回声。作为世俗人文主义的形式之一，西方的启蒙精神被当作中国人民救亡图存的意识形态。

来自生态转向的批评：新儒家与地球宪章

从儒家传统的内部和外部都出现了批评的声音，批评占统治地位的世俗化观点、唯理性主义和发展进步不计代价的观念。甚至在"五四"那一代人完全沉溺在现代化就是西化的迷梦之中时，某些最有原创精神的新儒家就已经对隐含在启蒙方案中的个人主义世界观和实用主义伦理学表示了怀疑。他们的观点对于儒家的生态转向具有意义深远的影响。两个重要的例子是熊十力（1883—1968）和梁漱溟（1893—1988）。熊十力提出了发人深省的自然活力论，梁漱溟鼓吹以调和折中的态度对待自然。

熊十力用佛教唯识学的基本观念析理辩证，来重建儒家的形而上学。他认为儒家的"大化"观念表明人参与宇宙进程，而不是把人的意志强加在自然之上。他进一步指出，作为一个不断进化的生物类别，人类不是脱离自然的创造物，而是生生之力的有机组成部分。赋予人类创造力的活力同时就是使山川大地欣欣向荣的生命力，我们与天地万物同源共感。由于熊十力的自然活力论哲学以《易经》为基础，他的与自然同体的伦理观在他的道德理想主义中有着显赫的位置。[①]

梁漱溟认为儒家人生态度的特征是在疏离自然和征服自然两者之间保持平衡。虽然他也承认中国必须向西方学习，增强竞争力以挽救民族危亡，但是他预言，从长远发展的角度来看，抛弃俗世的印度精神必将流行。[②]梁漱溟在晚年时已经预见到了汤因比的伦理告诫：

> 在汤因比看来，20 世纪对技术的迷恋已经导致了环境的毒化，使人类的自我毁灭成为可能。汤因比相信，解决当前危机的任何方案都有赖于自我控制。然而，对自我的把握既不能通过过分的自我纵容来实现，也不能通过过分的自我禁锢来实现。21 世纪的人们必须学会走中道，走中庸之道。[③]

尽管梁漱溟只是暗示了人类发展的另一种可能的选择，他的比较文化研究却在西化一统天下的中国掀起了一股潮流：重新评价儒家，使它恢复活力。

两位思想家的不同贡献可以归纳为儒家的生态转向。就熊十力而言，他以"生生"的概念使自然活力论接续在《易经》及其宋明阐释的传统之中。就梁漱溟而言，他认为环境伦理需要调和折中，而调和折中正是儒家修养达到平衡、和谐、均衡的一个标志。这样，强调自然进程的活力论要求的就是调和折中的态度。

然而，无论是熊十力还是梁漱溟都没有提出赞同非人类中心的伦理

---

① 熊十力：《新唯识论》第一卷（台北，光文出版社，1962 年重印），第 4 章，第 49—92 页。
② 梁漱溟：《东西方文化及其哲学》（台北，文学出版社，1979 年重印），第 200—201 页。
③ 池田大作：《一种新的人文主义》（纽约：韦斯希尔，1979 年），第 120 页。

观，也没有涉及保护生态的伦理。现代主义的路向太强大了，儒家人文主义已经被深刻改造成为一种世俗的人文主义。决定儒学与中国现代化转向之相关性的游戏规则已经明显改变了，就儒学本身呈明儒家观念的努力只是在学术象牙塔之内的少数学者中保持着，在象牙塔之外则基本上被忽略了。现代化和发展经济的目标压倒了人文主义和民胞物与的更大关怀。

正如阿玛蒂亚·森（Amartya Sen）和其他一些人所指出的那样，现代化进程被简单地理解为指向实用主义目标的发展对于人类的全面繁荣是远远不够的。于是，一种视野更加开阔的理解开始出现，这种理解认为，发展不仅应该包括经济指标，还必须考虑人的幸福、环境的保护和精神的健康成长。在这一前提下，人们渐渐自觉到：有必要建立一种更为全面的全球伦理来保障可持续发展的可能性。自从 1992 年联合国地球峰会在里约热内卢召开以来，以地球宪章为契机形成国际合作，并在最近十年间取得了很大的进展。专门为此目的成立的一个国际委员会用了三年时间草拟了地球宪章，地球宪章委员会于 2000 年在巴黎向全世界正式发布。在世界各地，各种组织和个人召开了数百次协商会，以确保这个宪章具有最大的包容性。这个宪章就生态的完整性、社会和经济公平、民主、非暴力以及和平等议程提出了一系列原则。参照这些为了维护人类的持续发展而建立的全球伦理原则，像中国那样对现代化进程的狭隘理解就未免有所欠缺。对于工具理性指导下产生的启蒙模式及其所限定的现代化的评判，中国对发展的理解可以作为一个重要的外部比照。

如果中国的现代化方案追求民主理想，要建设一个如《地球宪章》所规划的"公正的、参与的、可持续发展的和和平的"社会，那么，它就会全面检讨中国的发展观念。然而相反的事实比比皆是。毋庸讳言，《地球宪章》所提及的全球问题在现代西方也远未解决，但是，如果它们在中国被纳入国策充分讨论，中国知识分子会有更多呼应和平文化和环境伦理的回声。毕竟，"把根除贫困作为伦理、社会和环境问题的要务"，促进人类繁荣和物质进步既是社会主义的理想，也是儒家的理想。

虽然"无偏见地承认所有人对于维护人的尊严、身体健康和精神健全所必需的自然和社会环境保障的权利"看起来是一个高远的目标，其实它就相当于儒家的人的全面实现的概念。更进一步，"坚持男女平等是可持续发展的前提"和"保障教育、医疗和经济的平等机会"也被明确承认是现代中国的抱负。传统儒家关于经济平等、社会良心和政治责任的观念是与这些重大问题的讨论相关的，也是具有深远意义的。儒家人文主义世俗化的代价太高了。简单地用唯物主义的词语来理解进步实际上是把国策的范围只定在富强之内。完全背离自己本土拥有的与自我实现相关的精神资源而采取的一系列寻求发展的努力其实极大地损伤了自己的精神本源，而且无益于自身的长远利益。

儒学复苏：一种现代意识形态

第二次世界大战以后儒学开始复苏，最初是在工业化的东亚，近来是在社会主义的东亚。

在现代主义气质的影响之下，出现在社会主义东亚的儒家伦理通常是启蒙精神下的一种坚信，而不是启蒙精神下的一种反省。由于采用工具理性作为方法，儒学的训条很容易被那些手法娴熟的社会工程师用来作为施控的机制。科学主义成为一种基本的人生态度，而宗教成了倒退落后的思想意识。这种理性主义和科学主义的精神气质是彻底人类中心主义的。一方面，成功的国家建设要求积累经济资本、拥有技术能力、提高认识水平、改善物质条件。另一方面却毫不在意社会资本、文化能力、道德觉悟、精神价值和生态伦理的长远意义。热衷于用技术手段解决问题和专家治国的思想模式意味着，非量化的问题往往不受重视或得不到恰当的理解。结果是生态学和宗教被严重误解。

仅仅把儒学当作世俗的人文主义是不幸的，因为它丰富的资源可以发展出一种真正放眼全球的世界观和全球伦理却没有得到应有的开发。成为重心的反而是仅仅追求物质进步的一种狭隘观念，而不是为了人类繁荣昌盛的阔大胸襟。儒家人文主义不是世俗的人文主义，作为人类－宇宙统一即天人合一的观念，它断然拒斥那种使人性枯竭的人类中心主义。然而，简单地回归人类－宇宙统一的观念仍然是不够的，还需要重新发掘它潜在的用途。例如，儒家强调，自我实现的旅程始于我们承认自己就植根于此刻当下的世界之中。对待世界的这种积极的态度使我们能够欣赏自然和社会环境，把自然和社会都视为人性的不可分割的部分。滥用儒家的价值观并把它作为实施新权威主义控制的正当理由所造成的危险将会永远难以消除。

亚洲（儒家）价值已经被当作有利于经济增长、政治稳定和社会和谐的积极因素得到积极弘扬。自律意识、责任感、勤俭的品性、关系网的重要性、合作和协调意识和舆论的控制都被认为是儒家经济、政治、文化的显著特征。在现今中国历史转型的关键时刻，这些价值可能被认为更多地与国家建设相关，而没有考虑它们对于自由、权利和个人自主的意义。对亚洲价值的讨论，作为对人权话语的反省，本身也是启蒙心态的反映，而启蒙心态鼓吹的价值是人类中心主义、社会管理、进步主义、科学主义和工具理性。只要重建的儒学被纳入现代主义的话语之中，它的人类－宇宙统一的洞见就会失落，它倡导"一种整体的、非人类中心的、一视同仁的、环境保护的世界观，尊重自然和用同情之心对待生命的一切形式"[①]的可能性将大大降低。

人性：仁爱之心和同情共感

钱穆、唐君毅和冯友兰提供了一个新的视野，儒家人文主义由此呈现为中和着仁爱之心和同情共感的宇宙人文主义。无论他们的思想是有意识地批评启蒙心态还只是隐含着对现代性话语的批评，他们的新视野都超越了具有征服特性的人类中心主义和工具理性。进而，他们超越了

---

① Donald K. Swearer：《佛学的生态学资源》（代达罗斯论文），第 2 页。

"非此即彼"的思维模式，提出了人类－宇宙和合的观念。这意味着他们开始复归和重新评价传统的核心价值：对天、地、人的相互贯通而非二分的理解。

排斥性的二分模式，即精神与物质、心灵与形貌、神圣与世俗、主体与客体的对立排斥是现代意识的特征，直接来自启蒙运动，它与儒家所偏爱的"混然同体"、合二为一的结构全然不同。在儒家传统中，本末、显隐、前后、上下、始终、分全和内外等概念是用来表示相互影响、相互改变、相互依赖和一体同感的。在这样的眼光下，天人之间是相互蕴含的。地球不是"外在的"物质实体，而是我们之为我们的根本。地球不仅仅是我们的居住地，更是我们的家园；不仅仅是"客体的集合体"，更是"主体的共同体"，通过"气"与我们的本性联系在一起。因为我们与天地是一体的，所以我们人类为了精神的自我实现，就应该不仅成为自然的保护者，还要以审美的、伦理的和宗教的态度，成为协同自然的能动创造者。

《地球宪章》提出的挑战是，我们如何能够"尊重地球和生命的多样性"，"以理解、同情和爱心关怀生命共同体"，"保障地球的恩惠和美好能够施及当代和未来的一代又一代"？无论如何，我们必须超越如下这种观念：地球只是一片不洁的土地，一件没有灵魂的物体，一具没有精神的躯壳。正如《地球宪章》所言："人性存在于一个更广大的宇宙之中，是其中的一个部分。地球，我们的家园，是生机勃勃的生命共同体。"儒家则是这样说的，天地与我们贯通，因为使我们生长发育的"气"，也是容纳木石禽兽于宇宙大化的生命活力。我们当以敬畏之心对待自然的丰富创造，它们就在我们的身边：

> 今夫天，斯昭昭之多，及其无穷也，日月星辰系焉，万物覆焉。今夫地，一撮土之多，及其广厚，载华岳而不重，振河海而不泄，万物载焉。今夫山，一卷石之多，及其广大，草木生之，禽兽居之，宝藏兴焉。今夫水，一勺之多，及其不测，鼋龟蛟龙、鱼鳖

生焉，财货殖焉。(《中庸》)

自然之富饶和创生洋洋可观，处处可见，但是只有通过深切的自觉，我们才能够完全理解我们在其中的位置和我们与它的精神联系。这就是宇宙视野下的儒学所具有的综合观。

正如《地球宪章》所言，承认"地球，我们的家园，是生机勃勃的"，是能动包容的，这种承认能够激励我们把保护"地球的活力、美好和多样性"作为"神圣的天职"。然而，我们建立全球安全保障作为地球与人类关系之基础的能力却明显地被当今世界占主导地位的发展模式逐渐损害了。尽管有经济指标的增长，不公正、不平等、贫穷和暴力仍然在扩散。中国背负着沉重的人口负担，尤其担忧它日渐减少的耗材资源。中国如何才能成为地球大家庭的负责成员，同时又不丧失对自身基本需要的关注呢？

实现现代化的要求使中国意识到接受启蒙价值的需要，诸如自由、理性、法制、人权和个人尊严等等。然而，回归和重估本土资源以增强儒家伦理的独特特征同样紧迫，诸如公平分配、同情心、礼仪、责任感、人际关系和天人相通等等。否则，它将发现很难进入文明对话并积极参与到创建地球宪章所倡导的"全球公民社会"之可能性的探索之中。工具理性下的行为、态度和信念需要从根本上加以改变，只有这样，它才能对地球宪章所提出的为"形成中的世界共同体的伦理基础提供一个共享的基本价值"做出自己积极的贡献。就中国而言，最紧要的是发展一种健全的环境伦理，培育和平文化，促进社会和经济发展的公正性。

严格说来，钱穆、唐君毅和冯友兰并不是生态思想家。然而，关于中国未来的思考中，他们认为中国作为一种文明是植根于儒家人文主义传统的精神气质之中。这为我们带来了一种文化信息，其中蕴含的伦理和宗教含义对于人类与地球的关系具有深远的意义。具体说来，他们认为仁爱之心和同情共感是人性的特性。人的独特之处就在于能够以爱心关怀宇宙间所有形态的存在。钱穆认为，温心相待、含而不露、巧妙维持政治经济的平衡安宁是中国文化生命源远流长之关键所在。唐君毅探讨了中国哲学的核心价值后指出，儒学关注的是蕴含着良知良能的人性，而不是只考虑理性，这一点有助于发展一种全方位的人性观。冯友兰格外欣赏张载的四句话，认为说出了儒家关于人之为人的理念：

> 为天地立心，为生民立命，为往圣继绝学，为万世开太平。

天地之心、生民之命、神圣之学和恒久的普遍太平使人生在时空中呈现出全然不同的意义。用冯友兰的话来说，"天地境界"代表着最高的人生境界。钱穆、唐君毅和冯友兰都相信，人性表现为仁爱之心和同情共感，人因此能够与万物一体。这不仅是儒家的理念，也是对全球共同体发出的道德命令。

万物一体：王阳明的宇宙人文主义

王阳明（1472—1529）的《大学问》为儒家的这一思想提供了一个简洁的解释：

> 大人者，以天地万物为一体者也，其视天下犹一家，中国犹一人焉；若夫间形骸而分尔我者，小人矣。大人之能以天地万物为一体也，非意之也，其心之仁本若是。

"心之仁"即大人能够知觉宇宙的理性，据此，王阳明做出了一个本体论的断言：与天地万物同情共感的能力是人之为人的根本特征。甚至普通人也能够实现这一看似高不可攀的理想。人心含无限知觉，这使我们能够容纳和回应宇宙间各种形态的存在，无论是幽幽碧草还是璀璨群星。大人能够以天地万物为一体，却不是刻意为之，如果是刻意为之，那么从根本上说，是因为我们忽略了我们天性之中知觉灵敏的心。

为了表明这一点，王阳明提供了一系列具体的说明：

> 是故见孺子之入井而必有怵惕恻隐之心焉，是其仁之与孺子而为一体也；孺子犹同类者也，见鸟兽之哀鸣觳觫而必有不忍之心焉，是其仁之与鸟兽而为一体也；鸟兽犹有知觉者也，见草木之摧折而必有怜悯之心焉，是其仁之与草木而为一体也；草木犹有生意者也，见瓦石之毁坏而必有顾惜之心焉，是其仁之与瓦石而为一体也。

这些事例表明，"一体之仁"不是浪漫空想，而是对万物息息相关的高度体认。而"一体之仁"作为心的无限知觉，就植根于我们的天性之中。王阳明进一步认识到，对人类生存的物质现实的顾虑使我们不能够与任何事物、任何人建立起超越物质范畴的有意义的联系：

> 及其动于欲，蔽于私，而利害相攻，忿怒相激，则将戕物圮类，无所不为，其甚至有骨肉相残者，而一体之仁亡矣。

其中对人类生态问题的暗示是很明显的。我们既能够以人与人和天人之间的有意义关联来造就宇宙的和谐，也可能出自欲、私、贪、忿、怒而破坏了家庭内最为亲近的关系。

道德选择的一个简单而又容易产生歧义的观念来自如下一个坚定的信念：人类作为宇宙秩序的共同创造者，不仅要对自己负责，也要对天地万物负责。我们超越自我中心越远，就越能实现我们自己。我们就植根于这个世界，植根于我们的家园之中。我们不可能在大地之外、身体之外、家庭和社群之外造就精神的避难所，因为我们就在其中。不离其外这一点使我们能够与孺子、鸟兽、草木、瓦石成为一体，正因为如此，我们能知觉体会其他人。去私欲之弊，进入不断扩大的关系网络，才能使我们实现人性的所有潜能，因为我们的自我实现既具有个性，又为他人共有，并不是以某一人为中心的自私行为。

作为天的同伴，我们个人和全体都被赋予了神圣的使命。用赫伯特·芬格莱特（Herbert Fingarette）的话来说，我们的使命是承认"凡俗为神圣"[①]。确实，"使大地、身体、家庭和社群转而进入天德流行，就是创造生命力甚至创造本身"[②]。承认大地、身体、家庭和社群的神圣性是转化的第一步，通过改变观念，外部世界就从"客体的集合体"转化为"主体的共同体"了。[③]这种神圣的宇宙观奠基在天人相应的观念之上：天人"合一"远不是一种静态的关系，而是一个不断更新的动态过程。

身处当今之世的我们深切感到，我们已经严重污染了我们的家园，耗尽了我们能够得到的不可再生资源，危及和灭绝了无数生物种类，因此严重威胁到我们自己的存在。显然，我们需要重新思考人与大地的关系。由于发展中国家实际上把经济发展和根除贫困放在首位，发展战略又是在现代主义的意识形态下制定的，这就把对环境的关怀挤到了边缘。以发展为首的强烈要求在价值上明显超过了对环境恶化的担忧。紧迫的环境危机往往被搁在了后面。

人类处境中最令人沮丧的一幕是，如果我们日益明确地知道我们应该做什么，环境的恶化还不至于到了严重威胁人类的生存的程度，然而出于结构的、心态的、观念的和其他一些原因，我们却正在走向最终难以回头的不归路。先觉者教我们科学地、经济地、政治地、文化地和宗教地辨识这种自我毁灭的发展轨道，然而他们竭尽全力奔走呼号却未能力挽狂澜，这一点令他们十分痛心。在这样背景之下，提倡天人合一的观念是一种反潮流的哲学立场、一种文化的反省：确实，它是对未来的展望，而不是对过去的怀念。

---

① 赫伯特·芬格莱特：《孔子：以凡俗为神圣》（纽约，1972）。
② 杜维明：《危机与创造：儒家对第二轴心时代的回应》。
③ 狄百瑞：《"思考全球和为了本土"及其中间地带》。

儒家天人合一的人文主义

钱穆、唐君毅和冯友兰看到了儒家人文主义具有在比较文化的研究中占有一个新的位置的潜力。作为文明对话的参与者，儒家能够向其他宗教团体和整个地球村发布什么消息呢？简单地说，儒家人文主义所携带的人类-宇宙统一的信息能够深化有关宗教和生态的讨论吗？特别是，儒家的修身哲学能否激发出一套新的家庭价值、社会伦理、政治原则和环境意识，来帮助文化中国发展一种全球的责任意识，从而既有利于自身，又能改善世界的状况呢？儒家的思想家能够丰富他们的精神资源，拓宽启蒙方案的界域，使之能容纳宗教与生态吗？天人合一的观念意味着人类境况中四个不可分割的层面：自身、社群、自然和上天。每一层面特征的充分展开都能够促进而不是阻碍四个层面的完全整合。自身作为关联的中心，通过与群体的互相作用来建立自己的身份，从家庭到地球村甚至更为深远。人与自然之间的一种可持续的和谐关系不仅仅是一个抽象的概念，也是对生活的具体引导。人心与天道的互动是人类繁荣昌盛的终极道路。以下四个特征构成了新儒家生态转向的本质：

1. 自身与社群之间富有成效的相互作用

由于社群作为"家"必须扩展到"地球村"甚至更远，自身与社群之间富有成效的相互作用就必须不仅超越独我和区域，还要超越民族主义和人类中心主义。用应用伦理的术语来说，修身（这让我们想起汤因比的"自我克制"）是整体观的人文主义成为可能的关键。它引进了一个自我超越的不断过程，永远关注着大地、身体、家庭和社群，并以此为立足之地。通过修身，人心"像同心圆一样一圈一圈地向外扩展，从自身出发到家庭，到身居其中的社群，再到国家，最后直到全人类"[①]。

---

① Huston Berry：《世界宗教》（旧金山，1991），第 182 页。

把同情从自身扩大到家庭，人就超越了自私。从家庭扩大到社群，就超越了裙带关系。从社群扩大到国家，就超越了地方主义。扩大到全人类就绝不会搞大国沙文主义。"要成为完整的人，就要依次超越自我主义、裙带关系、地方主义、种族主义和大国沙文主义"，因为人文主义不可能是"孤立的、自满的人文主义"。① 如果我们停留在世俗的人文主义之上，我们的傲慢和自满就会破坏我们与宇宙的联系，使我们局限在人类中心主义的危险境地。

2. 人类与自然之间可持续的和谐关系

世俗人文主义的问题在于它作茧自缚。在它的影响之下，我们迷恋权力，对环境施以控制，并把它排斥于精神和自然领域之外，这使我们完全立足自己考虑生态问题。这种摈除精神和自然的人文主义严重地破坏了人性的美学、伦理和宗教意义。结果是，几乎不关心宗教和自然生态问题的傲慢和激进的人类中心主义却成为科学主义、唯物主义和现代主义的不言自明的世界观。

因此，一种生态的关注是对现代主义进程的必要校正，而现代主义进程已经把儒家的世界观降低成为一种有限的世俗人文主义。儒学在现代主义的思想形式下被误用为专制政治的合法性证明。只有把宗教和自然的层面完全整合到新儒学之中，儒家的世界才能避免以牺牲人类－宇宙的统一为代价，只强调社会控制、工具理性、直线进步、经济发展和专家统治的危险。儒学必须摆脱发展不计代价的现代主义思想方式，重新检讨它与权威政治之间的关系，以此作为它创造性转化的前提。促进天人之间和谐而可持续的交通关系是向着它自身的基地回归，而不是离开它的源头。确实，儒学自新的最好方式是使旧学恢复生机，因此，在现代西方影响下误入歧途而走进世俗人文主义的儒学不是一个持久的转向。

---

① Huston Berry：《世界宗教》（旧金山，1991），第 186，187 页

3. 人心与天道的互动

1990 年在莫斯科全球论坛上，科学家们发出的呼吁激励着宗教和精神领袖们用新的眼光看待人与地球的关系，科学家们说：

> 作为科学家，我们中的许多人有敬畏宇宙的深刻经验。我们懂得，被当作神圣的东西更可能得到关怀和尊重的对待。我们的地球家园就应该这样对待。保护和改善环境的努力需要注入这样的神圣观。[①]

显然，生态问题促使所有宗教传统重新检讨它们关于地球的预先设定，只做有限的调整以便容纳生态的层面是不够的。我们需要的不是别的，就是把自然神圣化。这可能需要在基本理论上进行重建工作，把地球的神圣性视为天授。在科学家们的呼吁中隐含着这样的暗示，有必要在更阔大的人－神关系中思考有关自然的理论。

对于新儒家而言，最紧迫的问题是强调与自然和谐的精神层面。陈荣捷在他著名的《中国哲学资料选》中说："如果有一个词能够概括整部中国哲学史，这个词会是人文主义，不是那种否认或淡化至上力量的人文主义，而是承认天人合一的人文主义。在这个意义上，人文主义从一开始就主导着中国思想的历史。"

"天人合一的人文主义"既不是世俗的，也不是人类中心主义的。它充分认识到我们植根于大地、身体、家庭和社群之中，因此它从不否认我们与宇宙秩序的和谐。为大地的、身体的、家庭的和社群的存在注入超越的意义，不仅是儒家的一个超迈的理想，也是儒家的基本实践。

[①] 引自 Mary Evelyn Tucker：《宗教与生态的联盟》，见 Stewen Lchase：《理解的门径》，第 111 页。

4. 知性、修身以达到三才同德

儒家相信，上天赋予人人性，所以人通过自我认识，就能够知道天道。儒家还相信，为了理解天命，我们必须不断地修养我们自身。这是实现天、地、人三才同德。自然作为转化的无尽过程而不是一个静态的呈现，不断启发我们去理解天的生生之力。《易经》卦位图就象征着天的生生不已，永远健行。这里给人的教训是，效仿天之健行，为促进人类的繁荣昌盛而"自强不息"。对宇宙的敬畏感来自我们回应最终实在的渴望，而最终实在为我们的生活指示了方向并赋予意义。无论是从创造的角度还是从进化的角度来看，我们的存在都受惠于天地万物。为了报答这一份恩惠，我们修养我们自己，以便在存在的奇迹中完全实现我们所具有的人性。

孟子简洁地把知性、事天和立命作为人对待天的态度："尽其心者，知其性也，知其性，则知天矣。存其心，养其性，所以事天也，夭寿不贰，修身以俟之，所以立命也。"

自我实现最终有赖于知天和事天，人心与天道的互动是以自然的和谐关系为中介的，而自然的和谐关系有赖于人的培育。通过这种培育，他们实现了天、地、人三才同德，因此成为完全的宇宙存在。互动的意识和三才同德的意识根本不同于人类征服自然的欲望，也不是把人的意志强加于上天。

落实生态转向：公众知识分子的作用

1995 年哥本哈根社会峰会确认贫穷、失业和社会分裂是危害人类社会稳定的三大严重问题。就理念而言，全球化应当增加本土化的价值，然而反对世界贸易组织的抗议游行却质疑这个假定。（说近年的抗议游行就是反对世界贸易组织似乎也有点问题）。我们的共同体被说成是"村庄"，但是它远没有达到有机整合，四起的喧嚣暴露出差异、分歧和彼此毫不掩饰的蔑视。要南半球赞成北半球的环境运动，生态与发展的冲突就会出现。如果南半球考虑的是发展，是在最基本的物质需求上满足生存的必要条件，那么，北半球鼓吹的幽雅明净作为一种可供选择的生活方式，就不具有说服力。中国作为一个发展中的社会认同南半球是可以理解的。如果中国的责任感不是简单地定位在国家建设上，中国就能够成为全球环境问题的积极贡献者。假如北半球的国家和地区，尤其是美国，能以实际行动表明自己的道德带头作用，中国也许能被敦促着努力关心和解决世界环境问题。没有来自发达国家的敦促和相互尊敬，中国不太可能独立开辟这样的路径。实际上，中美之间，中国与欧洲国家之间就宗教、生态、人权、贸易、教育和科学技术等议题的互惠对话已经在一定规模上开始了。

就此而言，儒学的生态转向作为一种可供选择观念，意义尤其重大。一种健全的生态伦理是否可能，在很大程度上有赖于中国知识分子是否有能力超越世俗人文主义所塑造的民族主义，是否愿意在人类尊严和自我实现的思索中严肃地对待宗教问题。当中国的公众知识分子开始领会儒家生态转向所蕴含的深刻宗教意味时，当他们感到回归和重新评价本土资源以发展环境伦理的重要性时，他们就会参加到不同文明有关宗教和生态的对话中来。

新儒家的生态转向清楚地表明，可持续的天人关系的一个不可分割的方面是通过人类社会全体成员的自我修养来创建和谐的社会和仁慈的政府。同时，儒家认为，与变化中的自然保持一致对于协调人际关系、规范家庭伦理和建立一个反映民众愿望的负责任政府是至关重要的。玛丽·伊夫琳·塔克（Mary Evelyn Tucker）指出：

> 儒家天、地、人三才同德有赖于三者浑然天成并且充满活力的交汇。不能与自然保持和谐，随顺它的奇妙变化，人类的社会和政府就会遭遇危险。①

---

① 引自 Mary Evelyn Tucker：《宗教与生态联盟》，见 Steven L. Chase：《理解的门径》，第 120 页。

　　因为每一个人的自我修养对于社会和政治的井然有序都是重要的，所以公众知识分子不是精英主义者，而是生活世界中平常事务的积极参与者。忧国忧民的儒家学者有可能受益于哲学家的智慧、先知的洞见、神父的信念、佛陀的悲心和灵师的说法，但是，公众知识分子的责任才是他们最恰如其分的职守。儒家提醒我们，要健全完整的世界观和健康的生态伦理，我们需要把我们渴望天人和谐的意愿与我们建设一个公正社会的共同努力结合起来。

　　重新使儒家的天人合一观焕发活力将为公众知识分子提供灵感的源泉，使他们能够建构新的世界观和新的伦理。新儒家生态转向对于中国精神的自我认同具有重大意义，因为它敦促中国转身回家，重新发现自己的灵魂。全球共同体可持续发展的未来将因此而受惠，甚至有赖于此。

（选自杜维明《新儒家人文主义的生态转向：对中国和世界的启发》，陈静译，原载《中国哲学史》2002 年第 2 期）

选文书目

《漫步遐想录》［法］卢梭，徐继曾译，人民出版社（1987）

《瓦尔登湖》［美］梭罗著，徐迟译，吉林人民出版社（1999）

《爱默生文选》［美］爱默生著，张爱玲译，生活·读书·新知三联书店（1986）

《草叶集》［美］惠特曼著，楚图南、李野光译，人民文学出版社（1987）

《敬畏生命》［法］阿尔贝特·史怀哲著，陈泽环译，上海社会科学院出版社
（1996）

《我们的国家公园》［美］约翰·缪尔著，郭名倞译，吉林人民出版社（1999）

《沙乡年鉴》［美］奥尔多·利奥波德著，侯文蕙译，吉林人民出版社（1997）

《寂静的春天》［美］蕾切尔·卡逊著，吕瑞兰、李长生译，吉林人民出版社
（1997）

《增长的极限》李宝恒译，四川人民出版社（1984）

《创造中的上帝》［德］莫尔特曼著，曾念粤译，生活·读书·新知三联书店
（2002）

《生态政治：建设一个绿色社会》［美］丹尼尔·科尔曼著，梅俊杰译，上海译
文出版社（2002）

《环境哲学前沿》张岂云、舒德干、谢扬举主编，杨通进译，陕西人民出版社
（2004）

《所有动物都是平等的》［澳］彼特·辛格著，江娅译，《哲学译丛》（1994 年第 5 期）

《为动物权利辩护》［美］汤姆·雷根著，杨通进译，《哲学译丛》（1999 年第 4 期）

《是否且应该存在单一的、普世的、国际的环境伦理》［美］尤金·哈格洛夫著，郭辉译，《南京林业大学学报》（2013 年第 1 期）

《自然的终结》［美］比尔·麦克基本著，孙晓春、马树林译，吉林人民出版社（1999）

《还自然之魅：对生态运动的思考》［法］塞尔日·莫斯科维奇著，庄晨、邱寅晨译，生活·读书·新知三联书店（2005）

《大自然的权利：环境伦理学史》［美］罗德里克·弗雷泽·纳什著，杨通进译，青岛出版社（2005）

《消失的边界：全球化时代如何保护我们的地球》［美］希拉里·弗伦奇著，李丹译，上海译文出版社（2002）

《超越增长：可持续发展的经济学》［美］赫尔曼·戴利著，诸大建、胡圣译，上海译文出版社（2001）

《环境伦理学》［美］霍尔姆斯·罗尔斯顿著，杨通进译，中国社会科学出版社（2000）

《新儒家人文主义的生态转向：对中国和世界的启发》杜维明著，陈静译，《中国哲学史》（2002 年第 2 期）